高等职业教育农业农村部"十三五"规划教材
高等职业教育"十四五"规划教材

食用菌栽培

第三版

张瑞华　常明昌　主编

SHIYONGJUN ZAIPEI

中国农业出版社
北京

内容简介

　　本教材根据我国现阶段高等职业教育特点、人才培养目标及教育部园艺技术、食用菌生产与加工技术专业教学基本要求，为适应高等职业教育食用菌栽培课程的教学需要，以培养食用菌制种、栽培技术、病虫害防治技能人才为目标编撰而成。

　　本教材兼顾南北方食用菌传统栽培及工厂化栽培技术，共分为 5 个项目、30 个任务、13 个技能训练。主要介绍了平菇、香菇、双孢蘑菇、黑木耳、鸡腿菇、草菇、银耳、猴头菇、灵芝、秀珍菇、榆黄磨、竹荪、茶树菇、巴西蘑菇、蛹虫草的发展状况、生物学特性及实用栽培新技术；介绍了当前我国工厂化生产程度最高的金针菇、杏鲍菇和真姬菇工厂化栽培技术；系统阐述了食用菌价值及其产业发展状况，以及形态结构、生理生态、菌种生产、病虫害识别与防治方面的知识等。每个任务设有目标要求和复习思考题，并安排了食用菌技能训练，加强可操作性和实用性。本教材是编者多年从事食用菌教学、科研和生产实践的经验总结，图文并茂，通俗易懂。本教材适用于高等职业院校园艺技术、食用菌生产与加工技术、现代农业技术等相关专业，也可供农业科技工作者、食用菌生产从业者参考。

SHIYONGJUN ZAIPEI

SHIYONGJUN ZAIPEI

第三版编写人员名单

主　编　张瑞华　常明昌

副主编　邓正正　张术丽

编　者　（以姓氏笔画为序）

邓正正（辽宁生态工程职业学院）

龙家艳（贵州农业职业学院）

刘遂江（江西农业工程职业学院）

李建波（南阳农业职业学院）

张术丽（黑龙江农业职业技术学院）

张瑞华（潍坊职业学院）

和林涛（晋城职业技术学院）

常明昌（山西农业大学）

SHIYONGJUN ZAIPEI

第一版编审人员名单

主　编　常明昌

副主编　沈淑平

参　编　周希华　张淑霞　何培新　魏天儒

审　稿　刘　波

SHIYONGJUN ZAIPEI

第二版编审人员名单

主　编　常明昌

副主编　周希华　陈世昌　马　兰

编　者　（按姓氏笔画排序）

马　兰（黑龙江农业职业技术学院）

沈淑平（重庆三峡职业学院）

陈世昌（河南农业职业学院）

周希华（潍坊职业学院）

孟俊龙（山西农业大学）

常明昌（山西农业大学）

谢春芹（江苏农林职业技术学院）

审　稿　刘　波（山西大学）

刘茵华（山西生物应用职业技术学院）

第三版前言

　　本教材根据《国家职业教育改革实施方案》（国发〔2019〕4号）和《教育部关于深化职业教育教学改革全面提高人才培养质量的若干意见》（教职成〔2015〕6号）等文件精神，在中国农业出版社的组织下，由全国多所院校的教师共同编写完成。本教材根据产业行业的发展特点，结合教学对象的培养目标，力求实用、新颖、重点突出、深浅适度，突出科学性、实践性、时效性和针对性，以尽可能满足我国高等职业院校培养技能人才的需求。

　　本教材共5个项目，项目一为食用菌生产基础，介绍了食用菌价值及其产业发展状况、形态结构及生理生态。项目二为菌种生产，主要介绍了消毒与灭菌、生产设备、固体和液体菌种生产与分离，以及菌种质量的鉴定、保藏和复壮等。项目三主要介绍了各种常见食用菌、珍稀食用菌及部分药用菌的发展状况、生物学特性及实用栽培新技术。项目四介绍了当前我国工厂化程度最高的金针菇、杏鲍菇和真姬菇工厂化栽培技术。项目五阐述了食用菌病虫害及其防治技术。

　　根据近年来我国食用菌的发展状况，本教材在第二版的基础上，增加了液体菌种生产技术及秀珍菇、榆黄磨的栽培技术，增加了金针菇、杏鲍菇和真姬菇的工厂化栽培技术，并补充和完善了其他食用菌栽培的一些新技术。本教材理论联系实际，深入浅出，较为全面系统地介绍了食用菌栽培的基础理论和实用技术，可供高等职业院校相关专业师生及食用菌爱好者、生产者使用。

　　本教材的编写分工如下：张瑞华撰写项目一，项目二，项目三中任务一，项目四中任务一、任务二，技能训练一至五；邓正正撰写项目三中任务二、任务四、任务九、任务十，项目五，技能训练六至九；张术丽撰写项目三中任务八、任务十一、任务十五，项目四中任务三，技能训练十至十三；刘遂江撰写项目三中任务三、任务五；李建波撰写项目三中任务六、任务七；和林涛撰写项目三中任务十二、任务十三；龙家艳撰写项目三中任务十四。全书由张瑞华和常明昌进

行统稿。

　　本教材在编写过程中得到中国农业出版社、学术界同行以及朋友们的大力支持和帮助，在此一并表示感谢。由于编者水平有限，加之编写时间仓促，教材中的不妥之处在所难免，敬请广大读者批评指正。

编　者

2021 年 5 月

第一版前言

食用菌是人类理想的健康食品。发展食用菌生产是一项投资少、见效快、能变废为宝、丰富菜篮子工程的新兴产业，这对于农民脱贫致富、农业产业结构调整和出口创汇有着重要意义。

本教材是根据《教育部关于加强高职高专教育人才培养工作的意见》及《关于加强高职高专教育教材建设的若干意见》的精神和要求进行编写的。供农业高职高专农艺、园林、园艺、林学、种植专业教学使用，也可供农林大学本科、中专院校广大师生参考。

为了满足我国南北方不同地区的教学需要，在主要食用菌的教学内容安排上，以典型食用菌和传统教学为主，并适当增加了栽培新技术的内容，同时，将一些发展前景较好的食用菌及栽培技术也编入教材中，以供各学校选择教学。

编者根据多年来从事食用菌教学、科研和技术开发的切身体会，特别是食用菌的大规模生产、栽培技术培训、实用技术推广的经验，参阅了国内外有关文献资料，吸取了全国各地的先进经验而完成此书。

在编写过程中，编者始终坚持实践是检验真理的唯一标准，实事求是，注重理论联系实际，力求技术要适合中国的国情，简单易行，经济有效，对食用菌大规模生产具有指导意义，并能行之有效；力求深入浅出，较为全面系统地介绍了食用菌的基础理论和实用栽培技术，从而为学生及广大食用菌爱好者更好地掌握食用菌栽培技术起到抛砖引玉的作用。

本教材共分15章，常明昌同志担任主编，撰写了绪论、第1章、第4章、第6章、第15章及全书插图的绘制和修改；沈淑平担任副主编，撰写第3章、第12章和实训指导；周希华撰写第2章和第8章；张淑霞撰写第7章和第9章；何培新撰写第10章、第11章和第14章；魏天儒撰写第5章和第13章。本教材

1

由著名真菌学家、山西省政协副主席刘波教授审稿。在编写过程中，自始至终得到同行及朋友们的大力支持和帮助，在此一并致谢。

由于编者水平有限，编写时间仓促，不妥之处在所难免，敬请广大读者批评指正。

编　者

2001 年 11 月

第二版前言

　　本教材根据教育部《关于加强高职高专教育人才培养工作的意见》和《关于全面提高高等职业教育教学质量的若干意见》（教高〔2006〕16号）等文件精神，在中国农业出版社的组织下进行修订。主要作为高职高专农艺、园艺、食品、资源与环境、林学、种植、微生物、生物学专业学生的教材。根据教学对象的培养目标，教材力求新颖、重点突出、深浅适度和实用的特点，注重理论知识与实践操作的有机结合，突出科学性、实践性、时效性和针对性，以尽可能满足我国农业高等职业院校培养种植类人才的需要。

　　本教材共23章，前4章为食用菌栽培的基础知识，阐述了食用菌栽培简史和我国发展食用菌的状况，食用菌的形态与分类、生理生态、消毒与灭菌和菌种生产。第五章至第二十一章重点介绍了各种常见栽培食用菌、珍稀食用菌以及部分药用食用菌的发展状况、生物学特性、常见栽培品种以及最实用和最新的栽培技术，编写顺序基本按我国各种食用菌的总产量由高到低进行。第二十二章较为系统地介绍了食用菌工厂化栽培。最后一章简单阐述了食用菌的病虫害及其防治。

　　在编写的过程中，作者始终坚持实践是检验真理的唯一标准，实事求是，注重理论联系实际，实际联系市场，力求技术要适合我国的国情，对我国食用菌产业的发展有一定的指导意义。根据近年来我国食用菌的发展状况，本教材在第一版的基础上，增加了白灵菇、杏鲍菇、滑菇、竹荪、蛹虫草的栽培技术，以及先进的食用菌工厂化栽培技术，并补充和完善了其他食用菌栽培的一些新技术。力求深入浅出，较为全面系统地介绍食用菌的基础理论和实用栽培技术，从而为广大师生及食用菌爱好者更好地掌握食用菌栽培技术起到抛砖引玉的作用。

　　本教材的编写分工如下：常明昌撰写绪论、第一章、第四章、第六章、第十二章、第二十二章及全书统稿和插图的绘制、修改，同时提供了全书的彩色照

片；谢春芹撰写第二章、第九章和第十一章；陈世昌撰写第三章、第十三章、第十七章、第十八章、第十九章和第二十章；沈淑平撰写第五章、第十六章；周希华撰写第七章和第十章；马兰撰写第八章、第二十三章及食用菌实训；孟俊龙撰写第十四章、第十五章和第二十一章。本教材由著名真菌学家、山西省原政协副主席、山西大学刘波教授和山西生物应用职业技术学院刘茵华教授审稿，提出了宝贵意见和建议，在此表示衷心感谢。

在编写过程中，自始至终得到中国农业出版社、学术同行以及朋友们的大力支持和帮助，在此一并致谢。由于编者水平有限，编写时间仓促，不妥之处在所难免，敬请广大读者批评指正。

编　者
2009 年 4 月

SHIYONGJUN ZAIPEI

目　录

食用菌生产基础

任务一 食用菌价值及其产业发展状况

任务目标

◎ **知识目标 >>>**

● 掌握食用菌的定义。
● 了解食用菌的营养价值和药用价值。
● 了解食用菌生产的现状。
● 了解食用菌发展的前景和发展趋势。

能力目标 >>>

● 能结合当地的原料资源，分析当地是否具有发展食用菌产业的可行性。

相关知识

一、食用菌概述

食用菌是指能形成大型肉质或胶质的子实体或菌核类组织，并能供人们食用或药用的大型真菌。常见的食用菌如香菇、金针菇、黑木耳、猴头菇、银耳、杏鲍菇、双孢蘑菇、草菇、灵芝、巴西蘑菇、羊肚菌、蛹虫草等。食用菌也常被人们称为食用菌蕈或食用蕈菌，因为古代人把生长于木上的食用菌称为菌，长于地上的称为蕈。

食用菌是营养丰富、味道鲜美的理想食品，也是人类的三大食物之一，同时它还具有很高的药用价值，是人们公认的高营养保健食品。

食用菌种类多、分布广，与人类的生活密切相关，在自然界中占有重要的地位。有研究统计显示，目前自然界中现存的真菌有 20 万～30 万种，能形成大型子实体的真菌约有 14 000种，其中可以食用的有 2 000 多种。中国已报道的食用真菌将近 1 000 种，其中已被食用的有 350 多种，具有药用价值的达 300 多种。能够人工栽培的有 92 种，商业化栽培的有 30 多种。当然，新的菌种还在不断地被发现。

1

二、食用菌的生产价值

（一）食用菌的营养价值

评价食物的营养价值主要依据蛋白质及其氨基酸组成、糖类、脂肪、维生素、矿物质和膳食纤维六大营养素的含量和比例。食用菌具有高蛋白质，低脂肪、低糖，无淀粉、无胆固醇，多维生素、氨基酸、矿物质及膳食纤维的特点，且比例平衡，结构合理。

1. 蛋白质　食用菌粗蛋白质含量为其干重的 $13\%\sim46\%$，远高于水果、蔬菜和粮食作物，可与肉、蛋类食物媲美，营养价值较高（表 1-1-1）。并且食用菌蛋白质被人类利用的吸收率达 75%，而对大豆蛋白质的利用率只有 43%。生产高质量的食用菌类食品，是 21 世纪"白色农业"的发展方向之一。

表 1-1-1　部分食用菌与蔬菜、粮食每 100g 中蛋白质含量的比较（g）

食用菌		蔬菜		粮食	
种类	蛋白质	种类	蛋白质	种类	蛋白质
双孢蘑菇	36.1	白萝卜	0.6	小麦	12.4
香菇	13.4～18.5	大白菜	1.1	稻米	8.5
平菇	10.5～30.4	菠菜	1.8	玉米	8.5
草菇	25.9～30.1	黄瓜	0.8	高粱	9.5

蛋白质所含氨基酸种类也比较齐全，含 18 种氨基酸，其中包括人体必需的 8 种氨基酸。18 种氨基酸的总量在 $10.71\%\sim24.81\%$，8 种人体必需氨基酸在总氨基酸中的比例为 $30\%\sim50\%$，是极好的营养保健食品。

2. 矿质元素　食用菌含有多种丰富的具有生理活性的矿质元素。它不仅含有人体必需的大量元素钙、镁、钾、磷、硫，还含有人体必需的微量元素锌、铜、铁、锰、镍、铬、硒、锗等，元素的总量在 $2.37\%\sim4.5\%$，为矿质元素十分丰富的食品。食用菌保健益寿，与食用菌中有益微量元素的含量有密切关系。例如 100g 双孢蘑菇干品中含钾 640mg，含钠只有 10 mg，这种高钾低钠的食物是高血压患者的优选食品。食用菌都不同程度地含有被称为"当代最神奇的元素"——硒元素。不同的食用菌种类或其不同部位的矿物元素含量存在一定差异。

3. 维生素　食用菌还含有丰富的维生素，如维生素 B_1、维生素 B_2、维生素 B_{12}、维生素 D、维生素 C 等（表 1-1-2）。食用菌中维生素的含量是蔬菜的 $2\sim8$ 倍。一般每人每天吃 100g 鲜菇可满足对维生素的需要，见表 1-1-2。

表 1-1-2　部分食用菌每千克鲜品中维生素含量的比较

菌类	维生素 B_1（mg）	维生素 B_2（mg）	维生素 B_3（mg）	维生素 C（mg）	维生素 D（IU）
双孢蘑菇	1.6	0.7	48.0	131.9	1 240.0
香菇	0.7	1.2	24.0	109.7	2 460.0
平菇	4.0	1.4	107.0	93.0	1 200.0
草菇	12.0	33.0	919.0	206.27	—
金针菇	3.1	0.5	81.0	109.3	2 040.0

4. 糖类与脂类　糖类是食用菌重要的组成物质。食用菌不仅含有与植物相同的单糖、双糖和多糖，还有一些氨基糖、糖酚类、糖酚苷类、多糖蛋白类等植物少有的糖类。各种真菌多糖是食用菌重要的生理活性物质，具有调节人体免疫活性的能力。食用菌中的脂肪含量很低，占干重的 $1.1\% \sim 8.1\%$。其中的油酸、亚油酸、亚麻酸等可有效地清除人体血液中的垃圾，延缓衰老，还可以降低胆固醇含量和血液黏稠度，预防发生高血压及脑血栓等心脑血管系统的疾病。如双孢蘑菇含脂肪 2%，只是猪肉的 1/16。

（二）食用菌的保健价值和药用价值

食用菌是菜、是药，又是保健品，如灵芝、天麻、木耳、冬虫夏草等早在古代就被当成保健品和药物，我国是最早利用食用菌治病的国家，在汉代的《神农本草经》及明代李时珍的《本草纲目》中就有记载。随着科学技术的发展，食用菌的药用价值日益受到重视，有许多新产品如食用菌的煎剂、片剂、糖浆、胶囊、针剂、口服液等应用于临床治疗和日常保健。

存在于食用菌菌丝体、子实体、菌核或孢子中的氨基酸、蛋白质、维生素、酶类、有机锗、多糖、苷类、生物碱、甾醇类及抗生素等多种物质，对人体有保健作用，对疾病有预防、抑制或治疗作用。

食用菌含有各种酶，能利尿、健脾胃、助消化；含有能强身滋补，清热解毒，抗病毒和抗癌等的药效成分，但是不同的食用菌含有的药效成分不同。

存在食用菌中的真菌多糖和糖蛋白可有效增强人体的免疫力。目前已在临床应用的有多种食用菌多糖，如香菇多糖、云芝多糖、猪苓多糖、灰树花多糖、灵芝破壁孢子粉等，被作为医治癌症的辅助药物。

食用菌中的各种不饱和脂肪酸、有机酸、核酸和多糖类物质有预防和辅助治疗心脑血管系统疾病的作用。实验表明，高血压和高血脂患者每天食用 0.5kg 平菇，20d 就可明显见效。有关医学研究还表明，长期食用香菇、平菇、金针菇等食用菌，可以降低人体血清中胆固醇的含量；木耳和毛木耳含有破坏血小板凝聚的物质，可以抑制血栓的形成；凤尾菇通过降低肾小球滤速起降血压作用，对肾性高血压有较好的食疗效果；灵芝可有效地降低人体的血液黏稠度。因此，食用菌是各种心脑血管疾病患者的理想疗效食品。

许多食用菌中含有抗菌的生物活性物质，如冬虫夏草中的虫草素，牛舌菌发酵液中的牛舌素，亮菌中的假蜜环菌甲素，马勃中的马勃素，茯苓、硫黄菌中的齿孔酸等，对结核杆菌、肺炎球菌、金黄色葡萄球菌及革兰氏阳性和阴性菌均有明显的抑制作用。

部分食用菌含有干扰素诱导剂，可诱导人体产生干扰素而抑制病毒，其中以香菇为典型，香菇生产者、经营者和常食用者不易患流感，这可能是香菇含有双链核糖核酸等诱导干扰素，增强了人体免疫力的缘故。

三、食用菌产业的现状、前景与发展趋势

（一）产业的现状

我国具有丰富的食用菌菌种资源，传统栽培和现代化生产方式并存，食用菌产量占世界总产量的 70% 以上，其总产值在我国种植业中的排名仅次于粮、棉、油、菜、果，居第六位。除了丰富的野生菌资源，我国食用菌的栽培种类已达 70 多种，大宗品种有香菇、平菇、黑木耳、双孢蘑菇、金针菇、草菇等，一系列的珍稀品种有白灵菇、杏鲍菇、茶树菇、真姬菇、灰树花等也受到市场青睐，成为中国食用菌产业新的增长点。

在政府一系列方针政策的引导下，食用菌产业迎来了前所未有的良好机遇。全国已建立有数千个食用菌种植村、数百个食用菌种植基地县，工厂化生产食用菌也逐步成熟。生产及加工技术的进步，带动食用菌消费量的增长，专业化的食用菌交易市场应运而生，完善了食用菌流通环节，促进了国内乃至国际贸易量的提升。香菇、木耳、银耳等已出口到亚洲、美洲、欧洲及非洲国家和地区。

1. 产业化基地规模日益壮大　目前，全国食用菌年产值千万元以上的县有 500 多个，亿元以上的县有 100 多个，从业人口逾 2 000 万，形成了黑龙江东宁、辽宁岫岩、河北平泉、河南西峡、浙江庆元、四川金堂等一大批全国知名的食用菌主产基地。这些主产基地通过发展食用菌产业带动农民增收、农业增效，起到了良好的示范作用。

2. 龙头企业发展迅速　全国从事食用菌生产加工及贸易的企业众多，仅工厂化生产的企业就有近 800 家，集中分布在江苏、福建、山东等省。上海雪榕生物科技股份有限公司、天水众兴菌业科技股份有限公司及武汉如意情集团股份有限公司等龙头企业日产鲜菇量达150t 以上。规模化生产企业近 200 家，其主要产品有双孢蘑菇、金针菇、真姬菇、杏鲍菇、白灵菇等。全国百万元以上规模的食用菌加工企业超过 300 家，有食用菌加工产品和以食用菌产品为主要原料的深加工产品，如调味品、保健品等近 500 种，加工增值能力不断提高，产业效益和出口创汇迅速增加。

3. 食用菌专业合作社组织化程度提高　食用菌专业合作社是近年来出现的一种新型的合作组织形式，我国食用菌专业合作社已超过 4 000 家，这些专业合作社通过规范自我，建立与菇农有效的利益联结机制，增强了菇农风险抵御能力，并使菇农分享到食用菌生产、流通等多层次、多环节的增值收益。

4. 科技创新实力增强　我国食用菌产业的快速发展离不开科学技术的进步。我国拥有众多从事食用菌产业的科学家，他们很多来自中国科学院、中国农业科学院、上海市农业科学院食用菌研究所、昆明食用菌研究所、吉林农业大学、华中农业大学等科研院所，企业也建立了自己的技术研究开发队伍，为食用菌产业科技创新提供了智力支持。在产业科技工作者带动下，推广优良品种，更新栽培原料，改进栽培技术，提高设施调控水平，新材料与自动控制技术等在食用菌领域的应用日益广泛。

中国政府高度重视科技创新，科技投入总量逐年增加，食用菌产业科研人员与国外高等院校开展了多方面的学术交流与合作，大大增强了我国产业科技创新能力。

5. 食用菌流通网络渐成规模　食用菌流通形成了以批发市场、集贸市场为载体，以农民经纪人、专业合作社、运销商贩、加工企业为核心的格局。全国各类食用菌批发市场近100 家，其中常年交易、规模较大的批发市场 60 多家，年交易额超亿元。这些市场分布纵横交错，成为我国食用菌流通中心。同时，庆元县、古田县已实现了渤海商品交易所香菇、银耳现货电子交易，实现了从传统模式到现代营销的转变。

6. 循环利用取得成果　食用菌产业是变废为宝的循环农业。近年来，中国食用菌协会不断加大对循环经济的宣传、推广力度，并组织行业利用各种形式进行经验总结交流，以食用菌—有机肥—农作物、食用菌—饲料—养殖场—沼气—农作物等多种循环利用模式在全国广泛应用，农村废弃资源得到多次利用，实现多元增值，净化了环境，改善了脏和乱的面貌。

7. 文化底蕴得以弘扬　我国已被证明是食用菌栽培起源最早的国家之一。7 000 年的菇类发展史，积累了深厚的文化底蕴。为了弘扬食用菌的发展历史，多个食用菌产区通过设立食用菌博物馆、主题园、生态园，出版发行菌文化图书、画册，举办节会活动等形式，挖掘菇菌文化，使具有千年深厚底蕴的菇菌文化焕发出生生不息、蓬勃发展的精神动力。

（二）产业发展前景

1. 原料广、价低廉　培育食用菌的原料都是农副产品的下脚料，如秸秆、木屑、玉米芯、棉籽壳、麦麸、米糠等。据联合国粮农组织提供的报告，仅农作物秸秆，全世界每年产量约有23.53亿t，通过光合作用，全世界生成有机物约2 000亿t，其中只有10%的有机质被转化为人类或动物可以食用的淀粉和蛋白质，其余都以粗纤维的形式存在，任其在大自然自生自灭。这是一笔取之不尽、用之不竭的可再生的生物资源。

仅以稻草为例，若以每公顷稻田产7 500kg稻谷计算，大约有同等数量的稻草可以收获。将这些稻草用来栽培凤尾菇，至少可以生产3 750kg鲜菇，从中可获得75kg蛋白质，约合1 065kg大米的蛋白质含量。在荒地不可再垦伐，单产幅度和复种指数还难以获得大幅度增加的今天，利用农作物秸秆来发展食用菌生产有着重要意义。

我国是一个农业大国，每到收获季节，大量农作物下脚料堆积在农村的房前屋后，人们通常将其用作肥料、饲料、燃料。还有人采用更简单的处理办法，将这些下脚料堆在土里烂掉，或者直接焚烧，这是极大的浪费，甚至会造成环境污染。我国每年约产农业下脚料5.25亿t、工业下脚料0.5亿t、畜禽粪便2.5亿t，此外还有野草资源，目前仅利用其0.5%～0.6%栽培食用菌。这些广泛存在的下脚料看似是废弃料，也是很大的污染源，而对食用菌来说却是"宝"。菌丝分解纤维素、木质素等复杂有机物的能力很强，在常温常压下，能将人类不能利用的粗纤维转化成可食用的优质菌体蛋白。

2. 不争人地力、效快益高　进行食用菌生产完全可以利用庭院空地、闲散劳动力，不会与农业生产发生矛盾。食用菌不与人争粮、粮争地、地争肥、农争时。食用菌的生长期短，从种到收一般30～40d，草菇仅需十几天，是理想的短平快的项目，流出的汗水很快就能变成财富。栽培技术易学、易懂，生产设备简单，投入较低，产出较高，体现出良好的经济效益。

3. 市场广阔　随着生活水平的提高，人们对食用菌的消费量越来越高。营养学家提倡的科学饮食结构是"荤—素—菌"搭配。欧美不少国家把人均食用菌的消费量当作衡量生活水平的标准。

中国人口众多，其膳食结构逐步向营养、抗病、保健、无公害方向发展，对食用菌消费量每年约以10%的速度上升；国际市场上食用菌及其加工品的交易日趋活跃，我国食用菌产品的出口量也逐年上升。无论是国际市场还是国内市场，食用菌的销路非常宽阔，属于供不应求的紧俏品，有潜在的巨大市场。

4. 菌糠用途广　培养料经食用菌菌丝体的一系列转化后，粗蛋白质含量明显提高，粗纤维含量大大降低，含有丰富的氨基酸、维生素、矿质元素、真菌多糖等物质，有浓重的菇香味，有很高的再利用价值。若用作饲料，可减少精料，增强家畜抗病力。若用作肥料，既能改良土壤，又是可溶性养分高的超级堆肥。若用于沼气生产，产量比一般沼气原料多产气70%以上。还可在菌糠中加入20%的新料，用于栽培多数食用菌。

（三） 产业发展趋势

1. 生产方式的组织化、规模化、规范化、标准化和专业化 我国的食用菌产业发展起源于一家一户的家庭式分散小生产，生产出的食用菌产品质量不稳定，特别是食品安全不能得到有效控制，不能满足市场对食品安全要求的需要，食用菌产品质量问题时有发生。特别是 2000 年我国加入世界贸易组织（WTO）后，国际市场农产品门槛不断提高，这种分散生产方式难以建立生产的可追溯体系，国际市场的开拓受到严重制约。国内外市场的要求成为我国食用菌生产方式走向组织化、规模化、规范化、标准化的强大推动力。

2. 品种结构更加完善，草腐菌类发展潜力巨大 20 世纪 70 年代，我国商业栽培食用菌只有黑木耳、香菇、双孢蘑菇 3 种，80 年代发展到黑木耳、香菇、双孢蘑菇、平菇、金针菇、滑菇、草菇、银耳、毛木耳 9 种，90 年代以来新的商业栽培种类剧增，现已发展到 20 种。在传统栽培的大宗种类产量稳定增长的同时，新增种类市场空间将更大。因此，未来食用菌产品的品种结构将更加完善，更加符合市场需求。随着国家大力倡导和发展循环经济相关政策的出台、建设节约型社会、促进解决"三农"问题各项措施的落实，草腐菌类增长将超过木腐菌，近年来这一趋势已经显现，特别是甘肃、宁夏、内蒙古等秸秆资源丰富并且同时具有独特冷资源的区域，双孢蘑菇成为当地反季节规模栽培的首选食用菌种类。

3. 南菇北扩，西部崛起，老产区稳定增长，全国性普遍增长 我国的食用菌产业发展起源于福建、浙江等南方地区，随着经济的发展，南菇北扩已经成为不可阻挡的发展趋势，这主要是因为：①南方沿海地区工业化和信息化进程加快，经济结构发生变化，农业向工业和信息业转移；②沿海地区经济发达导致劳动力成本增加，从而导致产业整体成本增加，比较优势下降；③多年的连续生产，导致当地资源枯竭，现有资源生产的产量不能满足市场的需求；④北方相对干燥冷凉，利于环境控制和优质品的生产，同时可以和南方时令错开，正好满足食用菌产品周年上市供应的要求。

南北方的市场各自不同，因此，北方食用菌产业的快速发展并不影响南方老产区产业的发展，老产区仍将保持稳定增长。随着各项惠农政策的出台，农业产业结构的调整，循环经济产业重视程度的增加，食用菌产业备受青睐，已经成为诸多地区的重点发展产业，新老产区的共同发展构成全国性的普遍增长。

4. 栽培模式多元共存并渐趋规范 根据不同种类食用菌对栽培基质要求的差异，可以分为木腐菌和草腐菌。木腐菌有黑木耳、香菇、灵芝、榆黄蘑等；草腐菌有草菇、鸡腿菇、双孢蘑菇、巴西蘑菇、大球盖菇等。栽培方式主要有露地全光栽培、露地遮光栽培、大棚栽培、林下栽培、仿野生栽培，以及与其他作物间作栽培等。

按照培养料的处理方式可以分为生料、熟料、发酵料、半熟料栽培。按照生产单元和生产规模，可以分为一家一户的小规模栽培，半工厂化中等规模栽培，工厂化大规模栽培等。按照机械化程度可以分为手工操作、小型机械化生产、中型机械化生产、大型机械化生产等。按照管理组织形式可以分为农户自管、合作社组织管理、公司组织管理。

5. 初深加工代表产业未来的发展方向 随着科学技术的发展和人民生活水平的提高，人们越来越追求"回归自然""返璞归真"，野生食用菌和大量的真菌产品被看作是天然、营养、多功能、调节机体免疫力的健康食品，很多科学家认为其营养价值达到了"植物性食品的顶峰"。其消费量每年以 5%～8% 的速度递增，市场前景看好。

目前，我国食用菌加工产品的主要种类有干制产品、冻干产品、盐渍产品、糖渍产品、罐头产品、保健饮品、浸膏产品、冲剂、糖果与休闲食品、即食食品、酱料、汤料，以及从食用菌中提取有效成分加工而成的药品、护肤品等。

我国食用菌主要以鲜品、干品、罐头和盐渍品这 4 种产品投放市场，占市场销售总量的98％左右；另有 2％左右以汤料、调味品、强化食品等产品形式销售。

复习思考题

1. 食用菌有哪些经济价值？
2. 为什么说食用菌产业有广阔的发展前景？

扫一扫，
看参考答案

任务二 食用菌的形态结构与分类

任务目标

◈ 知识目标 >>>

● 掌握初生菌丝、次生菌丝的形态结构和特点。
● 了解食用菌子实体的形态结构。
● 了解食用菌的分类。
● 熟知毒菌引起的中毒类型，了解中毒后的处理方法。

⚒ 能力目标 >>>

● 会利用显微镜观察次生菌丝的形态。
● 能识别锁状联合。
● 能熟练说出食用菌子实体不同部位的名称。

相关知识

一、食用菌的形态结构

食用菌的种类繁多，千姿百态，大小不一。不同种类的食用菌以及不同环境中生长的食用菌都有其独特的形态特征。虽然它们在外表上有很大的差异，但实际上它们都是由生活于基质内部的菌丝体和生长在基质表面的子实体组成的。

（一）菌丝体的形态

菌丝体是食用菌的营养器官，相当于绿色植物的根、茎、叶，生长在土壤、草地、林木或其他基质内，分解基质，吸收营养，能从基质内吸收水分、无机盐和有机养分，以满足其生长发育的需要。菌丝体是由基质内无数纤细的菌丝交织而成的丝状体或网状体，绝大多数呈白色。因其生于基质内，又十分纤细，人们一般很少注意到它的存在。如果环境条件适宜，菌丝体就能不断地向四周蔓延扩展，利用基质内的营养繁衍自己，使菌丝体增殖。达到

生理成熟时，菌丝体就会扭结在一起，形成子实体原基，进而形成子实体。食用菌生产中所使用的菌种，实际上就是纯菌丝体。

食用菌的菌丝都是多细胞的，由细胞壁、细胞质、细胞核所组成。菌丝是由管状细胞组成的丝状物，是由孢子吸水后萌发产生芽管，芽管的管状细胞不断分枝、伸长、发育而形成的。大多数大型真菌的菌丝都有横隔膜，将菌丝分成许多间隔，从而形成有隔菌丝。食用菌的菌丝都是有隔菌丝（图1-2-1）。食用菌的菌丝细胞中细胞核的数目不一。通常子囊菌的菌丝细胞含有一个核或多个核，而担子菌的菌丝细胞大多数含有两个核。含有两个核的菌丝称为双核菌丝。双核菌丝是大多数担子菌的基本菌丝形态。

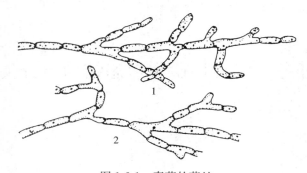

图 1-2-1 真菌的菌丝

1. 有隔多核菌丝 2. 有隔单核菌丝

根据菌丝发育的顺序、细胞中细胞核的数目，食用菌的菌丝可分为初生菌丝、次生菌丝和三生菌丝。

1. 初生菌丝 它是由孢子萌发所形成的菌丝。开始时菌丝细胞多核、纤细，后产生隔膜，分成许多个单核细胞，因此它又被称为单核菌丝或一次菌丝。单核菌丝无论怎样繁殖，一般都不会形成子实体，只有与另一条可亲和的单核菌丝质配之后变成双核菌丝，才会产生子实体。子囊菌的单核菌丝发达且生活期较长，而担子菌的单核菌丝生活期短且不发达，两条初生菌丝一般很快配合后发育成双核化的次生菌丝。由初生菌丝形成的菌丝体称为初生菌丝体，初生菌丝体在担子菌生活史中历时很短，两条初生菌丝体结合后即发育成次生菌丝体。

2. 次生菌丝 由两条初生菌丝经过质配而形成的菌丝称为次生菌丝或二次菌丝。由于在形成次生菌丝时，两个初生菌丝细胞的细胞核并没有发生融合，只是细胞质或原生质进行了融合，因此次生菌丝的每个细胞含有两个核，次生菌丝又被称为双核菌丝，它是食用菌菌丝存在的主要形式。食用菌生产上使用的菌种都是双核菌丝。只有双核菌丝才能形成子实体。由两个初生菌丝体的单核细胞经过原生质体融合发育而成的菌丝体称为次生菌丝体。

在大部分食用菌的双核菌丝顶端细胞上，常会发生锁状联合，它是一种状似锁臂的菌丝连接，是双核菌丝细胞分裂的一种特殊形式，也是鉴别菌种的主要内容之一。锁状联合现象主要存在于担子菌中，如香菇、平菇、灵芝、黑木耳、鬼伞等的菌丝（图1-2-2）。一些担子菌中没有锁状联合，如草菇、双孢蘑菇、红菇、乳菇等的菌丝。极少数子囊菌的菌丝也能形成锁状联合，如地下真菌中的块菌。

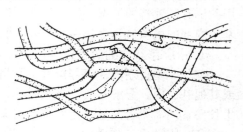

图 1-2-2 菌丝锁状联合结构

担子菌中许多种类的双核菌丝都是靠锁状联合进行细胞分裂，不断增加细胞数目，一个双核细胞就能形成两个新的双核细胞。先在双核菌丝顶端细胞的两核之间的细胞壁上产生一个喙状小突起，似极短的小分枝，分枝向下弯曲，其顶端与细胞的另一处融合，在显微镜下观察恰似一把锁，故称锁状联合。与此同时发生核的变化，首先是细胞的一个核移入突起内，然后两个核各自进行有丝分裂，形成四个子核，两个在细胞的上部，一个在下部，另一个在短分枝内。这时在锁状联合突起的起源处先后产生两个隔膜，把细胞一隔为二。突起中的一个核随后也移入另一个细胞内，从而构成了两个双核细胞（图1-2-3）。

动画：锁状联合

3. **三生菌丝**　由次生菌丝进一步发育形成的已组织化了的双核菌丝，称为三生菌丝或三次菌丝，也称结实性双核菌丝，如菌索、菌根、菌核中的菌丝以及子实体中的菌丝。

图1-2-3　担子菌的锁状联合形成

（二）　菌丝的组织体

菌丝体无论在基质内伸展，还是在基质表面蔓延，一般都是很疏松的。但是有的子囊菌和担子菌在环境条件不良或在繁殖的时候，菌丝体的菌丝相互紧密地缠结在一起，就形成了菌丝的组织体。菌丝的组织体实质是食用菌菌丝体适应不良环境或繁殖时的一种休眠体，并能行使繁殖的功能。有时人们也把它称为菌丝体的变态。常见的菌丝组织体如下：

微课：菌丝体的形态结构

1. **菌索**　有些食用菌的菌丝缠结而成的形似绳索状的菌丝组织体，称为菌索。菌索的外形似根须，顶端部分为生长点，可不断延伸生长，一般长数厘米至数米不等。菌索表面由排列紧密的菌丝组成，常角质化，对不良环境有较强的抵抗力。当环境条件适宜时，菌索可发育成子实体。典型的如蜜环菌、安络小皮伞等。

2. **菌核**　由菌丝体和贮藏营养物质紧密交织的有一定形状的休眠体，称为菌核。菌核初形成时往往为白色或颜色较淡，近似菌丝的颜色，成熟后呈现褐色或黑色，大小不一，形成球状、块状或颗粒状。菌核中贮藏着较多的养分，对干燥、高温或低温有较强的抵抗能力。因此，菌核既是真菌的贮藏器官，又是度过不良环境的菌丝组织体。菌核中的菌丝有很强的再生力，当环境条件适宜时，很容易萌发出新的菌丝，或者由菌核上直接产生子实体。常用的药材如猪苓、雷丸、茯苓等都是这些真菌的菌核（图1-2-4）。

3. **菌丝束**　由大量平行菌丝排列在一起形成的肉眼可见的束状菌丝组织称为菌丝束。它与菌索相似，有输导功能，但与菌索不同之处在于它无顶端分生组织。如双孢蘑菇子实体基部常生长着一些白色绳索状的丝状物，即它的菌丝束（图1-2-5）。

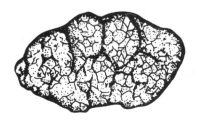

图1-2-4　茯苓的菌核

图1-2-5　双孢蘑菇的菌丝束

4. **菌膜**　有的食用菌的菌丝紧密地交织成一层薄膜即菌膜。如栽培香菇时，常见培养料表面形成褐色被膜。

5. **子座**　它是由菌丝组织即拟薄壁组织和疏丝组织构成的容纳子实体的褥座状结构。子座是真菌从营养生长阶段到生殖阶段的一种过渡形式。子座的形态不一，但食用菌的子座多为棒状或头状。如珍贵中药材冬虫夏草、蛹虫草、蝉花等的子座都呈棒状（图1-2-6）。

6. **菌根**　真菌的菌丝有的能和高等植物的根系生长在一起，组成互供养分的共生体，即菌根。在食用菌中较为常见的外生菌根菌，如松茸和赤松根系、某些块菌和栎树根系共生时，除有少量菌丝进入根皮细胞间与寄主交换营养物质外，大量的菌丝则在根的周围形成类似菌索的根状组织，这就是外生菌根。许多珍贵的野生食用菌属于外生菌根菌。

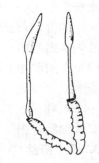

图1-2-6　冬虫夏草的子座

（三）子实体的形态

微课：食用菌子实体的形态结构

子实体是食用菌的繁殖器官，是由已分化的菌丝体组成，能产生孢子的菌体或菇体。食用菌的子实体实际就是指生长在基质表面，可供人们食用的部分，相当于绿色植物的果实，也就是人们通常称为"蘑、菇、蕈、菌、耳"的那一部分。食用菌的子实体一般都生长在基质表面，如土表、腐殖质上、朽木或活立木的表面，只有极少数食用菌（地下真菌）的子实体生于地下土壤中，如子囊菌中的块菌，担子菌中的黑腹菌、层腹菌、高腹菌、须腹菌等。

子囊菌的子实体能产生子囊及子囊孢子，是子囊菌的果实，故又称为子囊果。担子菌的子实体能产生担子及担孢子，故又称为担子果。因目前人工栽培的食用菌基本上都属于担子菌，所以人们日常吃的食用菌实际上几乎都是可食用的担子果。

食用菌子实体的形态、大小、质地因种类不同而异。大小一般为几厘米至几十厘米，常呈伞状（双孢蘑菇、香菇）、喇叭状（鸡油菌）、棒状（棒瑚菌）、珊瑚状（扫帚菌）、球状（马勃）、块状（块菌）、耳状（黑木耳）、花瓣状（银耳）、盘状（盘菌）、蜂窝状（羊肚菌）等。下面以伞菌为例，简单地介绍其子实体的形态（图1-2-7）。

1. **菌盖**　菌盖是人们食用的主要部分，也是食用菌的主要繁殖器官。菌盖是食用菌子实体的帽状部分，多位于菌柄之上，因种类不同，其形状有所差异，有的幼小时和成熟时形状也不尽相同。如平菇的菌盖为贝壳形，双孢蘑菇的为半球形，草菇的为钟形，灵芝的为肾形或扇形等。菌盖的形状是重要的分类依据，常见的形状如图1-2-8所示。

菌盖是食用菌最明显的部分，是由表皮、菌肉及菌褶或菌管三部分组成。

（1）表皮。菌盖表皮菌丝内含有不同的色素，从而使菌盖呈现出美丽的色彩。不同种类的食用

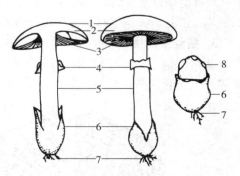

图1-2-7　伞菌子实体的形态结构

1. 菌盖　2. 菌肉　3. 菌褶　4. 菌环
5. 菌柄　6. 菌托　7. 菌丝束　8. 鳞片

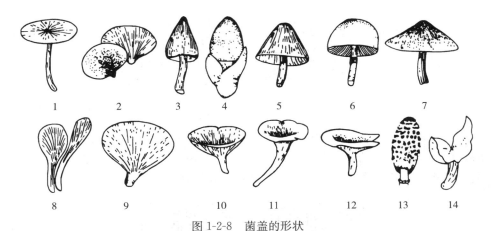

图 1-2-8　菌盖的形状

1. 圆形　2. 半圆形　3. 圆锥形　4. 卵圆形　5. 钟形　6. 半球形　7. 斗笠形

8. 匙形　9. 扇形　10. 漏斗形　11. 喇叭形　12. 浅漏斗形　13. 圆筒形　14. 马鞍形

(应建浙等，1984)

菌其表面的形状也不相同。菌盖表面有的干燥、湿润、黏滑，也有的光滑或具皱纹、条纹、龟裂，还有的表面粗糙具有纤毛、鳞片、小疣或呈粉末状等。菌盖中央有平展、凸起、下凹或呈脐状。菌盖边缘多全缘，或开裂成花瓣状，内卷或上翘、反卷，边缘表皮延生等（图 1-2-9）。

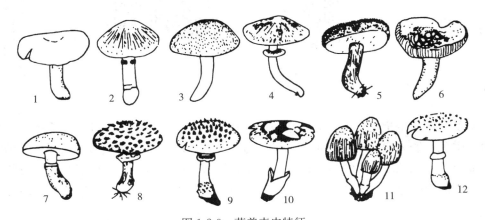

图 1-2-9　菌盖表皮特征

1. 光滑无毛　2. 具皱纹　3. 具纤毛　4. 具条纹　5. 具绒毛　6. 龟裂　7. 被粉末

8. 丛毛状鳞片　9. 角锥状鳞片　10. 块状鳞片　11. 具颗粒状结晶　12. 具小疣

(应建浙等，1984)

（2）菌肉。菌盖表皮下的松软部分就是菌肉。菌肉有厚有薄，质地有肉质、胶质、蜡质和革质等。菌肉的颜色、气味、味道、有无乳汁及乳汁的浓淡，因种类不同而异。菌肉多为白色或淡黄色。伞菌的菌肉是人们食用和药用的主要部分，大多数味道鲜美，少数气味辛辣或稍带苦，有的还有一些特殊的香味，如香菇、松茸、鸡油菌等。从结构上讲，菌肉一般由菌丝组成，少数种类如红菇、乳菇等是由泡囊状菌丝构成（图 1-2-10）。

（3）菌褶和菌管。菌褶是生长在菌盖下面的片状物，由子实层、子实下层和菌髓三部分组成。菌肉菌丝向下延伸形成菌髓。靠近菌髓两侧的菌丝生长形成的狭长分枝的紧密区称为

11

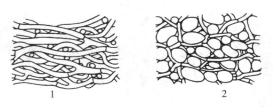

图 1-2-10　菌肉的构造

1. 丝状菌丝组织　2. 泡囊状菌丝组织

子实下层，即子实层下面的菌丝薄层。由子实下层向外产生栅栏状的一层细胞即子实层，子实层主要包括担子、担孢子、囊状体，有的还有侧丝（图 1-2-11）。

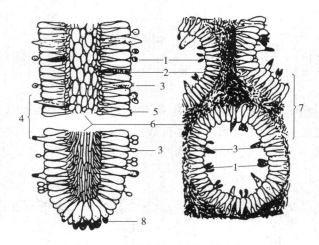

图 1-2-11　菌褶与菌管解剖示意

1. 孢子　2. 乳管　3. 囊状体　4. 菌褶　5. 担子　6. 菌髓　7. 管孔　8. 缘囊体

（应建浙等，1984）

菌褶是伞菌产生担孢子的地方，常呈刀片状，少数为叉状。菌褶等长或不等长，排列有疏有密。颜色一般为白色，也有黄、红等其他颜色，并随子实体的成熟而表现出孢子的各种颜色，如褐色、黑色、粉红色以及白色等。菌褶边缘一般光滑，也有波浪状或锯齿状。菌褶与菌柄之间的连接方式有离生、直生、弯生、延生等，是伞菌分类的重要依据（图 1-2-12）。

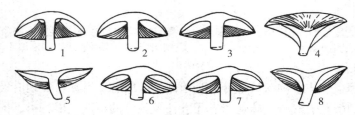

图 1-2-12　菌褶与菌柄着生情况及边缘特征

1. 离生　2. 弯生　3. 直生　4. 延生　5. 边缘平滑　6. 边缘波浪状　7. 边缘粗颗粒状　8. 边缘锯齿状

菌管就是管状的子实层。子实层分布于菌管的内壁。菌管在菌盖下面多呈辐射状排列。菌管的颜色、长短、排列方式，菌管间或与菌肉是否易分离，管孔的形状、大小以及与菌柄着生的关系都是分类的重要依据，特别是牛肝菌和多孔菌类的分类（图 1-2-13）。

图 1-2-13　菌管孔的排列特征

1. 菌管放射状排列　2. 菌管圆形　3. 菌管多角形　4. 菌管复孔

(应建浙等，1984)

子实层是着生有性孢子的栅栏组织，是真菌产生子囊孢子或担孢子的地方。它由平行排列的子囊或担子以及囊状体、侧丝组成（图 1-2-14）。

孢子是真菌繁殖的基本单位，就像高等植物的种子一样。孢子可分成有性孢子和无性孢子两大类。有性孢子有担孢子、子囊孢子、结合孢子等。无性孢子有分生孢子、厚垣孢子、粉孢子等。不同种类的真菌其孢子的大小、形状、颜色以及孢子外表饰纹都有较大的差异，

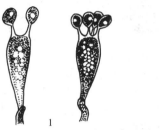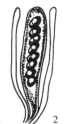

图 1-2-14　担子与子囊

1. 担子及担孢子　2. 子囊及子囊孢子、隔丝

这也是进行分类的重要特征和依据。孢子多为球形、卵形、腊肠形等。孢子表面常有小疣、小刺、网纹、条棱、沟槽等多种饰纹（图 1-2-15）。

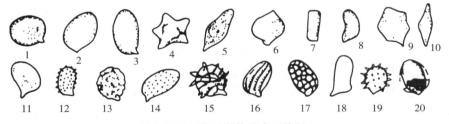

图 1-2-15　孢子形状及表面特征

1. 圆球形　2. 卵圆形　3. 椭圆形　4. 星状　5. 纺锤形　6. 柠檬形

7. 长方椭圆形　8. 肾形　9. 多角形　10. 菱形　11. 表面近光滑　12. 小疣　13. 小瘤

14. 麻点　15. 刺棱　16. 纵条纹　17. 网纹　18. 光滑不正形　19. 具刺　20. 具外孢膜

(应建浙等，1984)

孢子一般无色，少数有色，但当孢子成堆时则常呈现出白色、褐色、粉红色或黑色。孢子的传播十分复杂，有的主动弹射传播；有的靠风、雨水、昆虫等被动传播；还有少数种类靠动物来传播，如黑孢块菌、白块菌、夏块菌等。

2. 菌柄　菌柄生长在菌盖下面，是子实体的支持部分，也是输送营养和水分的组织。菌柄的形状、长短、粗细、颜色、质地等因种类不同而各异。菌柄一般生于菌盖中部，有的偏生或侧生。多数食用菌的菌柄为肉质，少数为纤维质、脆骨质。有些种类的菌柄较长，有的较短，有的甚至无菌柄。菌柄常呈圆柱形、棒形或纺锤形，实心或空心。其表面一般光滑，少数种类的菌柄上有网纹、棱纹、鳞片、绒毛或纤毛等。菌柄的颜色各

异，有的与菌盖同色，有的则不同。有些种类的菌柄上部还有菌环，菌柄基部有菌托（图 1-2-16）。

图 1-2-16　菌柄特征

1. 中生　2. 偏生　3. 侧生　4. 无菌柄　5. 圆柱形　6. 棒状　7. 纺锤形　8. 粗状　9. 分枝
10. 基部联合　11. 基部膨大呈球形　12. 基部膨大呈臼形　13. 菌柄扭转　14. 基部延长呈假根状

（应建浙等，1984）

3. 菌幕、菌环和菌托　菌幕是指包裹在幼小子实体外面或连接在菌盖和菌柄间的那层膜状结构。前者称外菌幕，后者称内菌幕。子实体成熟时，菌幕就会破裂、消失，但在伞菌的有些种类中残留。

随着子实体成熟，内菌幕有的残留在菌柄上发育成菌环；有的部分残留在菌盖边缘形成盖缘附属物。菌环的大小、厚薄、单层或双层以及在菌柄上着生的位置因种类不同而异。有的菌环在菌柄上部，有的在下部，而有的种类则生长在菌柄的中部。菌环多为单层，如毒鹅膏；也有双层，如双环蘑菇。大部分种类菌环都长久地留在菌柄上，少数种类菌环易消失或脱落。

在子实体的生长发育过程中，随着子实体的生长，外菌幕被撕裂，其大部分或全部留在菌柄基部，形成一个杯状、苞状或环状的构造，即菌托。其形状有苞状、鞘状、鳞茎状、杯状等，有的由数圈颗粒组成（图 1-2-17）。由于外菌幕的撕裂方式不同，菌托的形状各异。如果外菌幕顶裂，那么残留在伞菌盖表面的外菌幕就会形成多种形态的鳞片或疣突。还有很多伞菌有外菌幕，但是在子实体生长发育过程中逐渐全部消失，并没有形成菌托。

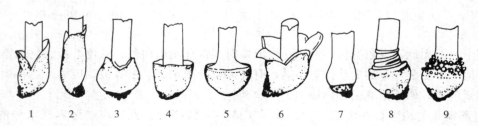

图 1-2-17　菌托特征

1. 苞状　2. 鞘状　3. 鳞茎状　4. 杯状　5. 杵状　6. 瓣裂　7. 菌托退化　8. 带状　9. 数圈颗粒状

（应建浙等，1984）

二、食用菌的分类

（一）食用菌在生物中的分类地位

食用菌的分类是人们认识、研究和利用食用菌的基础。野生食用菌的采集、驯化和鉴定，以及食用菌的杂交育种、资源开发利用都必须有一定的分类学知识。

视频：食用菌的一生

食用菌的分类主要是以其形态结构、细胞、生理生化、生态学、遗传学等特征为依据，特别是以子实体的形态和孢子的显微结构为主要依据。在分类学上，常根据各类群之间特征的相似程度，将其划分为界、门、纲、目、科、属、种七个分类等级。其中物种为分类学的基本单位。

食用菌的名称采用林奈创立的二名法，每个食用菌只有一个学名，由两个拉丁词（第一个词是属名，第二个词是种加词）和命名人姓名的缩写所组成。如中国块菌拉丁学名为 *Tuber sinense* Tao et Liu，香菇拉丁学名为 *Lentinula edodes* (Berk.) Pegler.。

随着科学技术的不断发展，人们对生物的认识也越来越深化、准确、科学。过去人们把整个生物分成植物和动物两大类，食用菌自然就被归属于低等植物之中。后来又根据生物的营养方式，把生物分成了三大类群，即植物、动物、菌物。植物是大自然中的生产者，动物是大自然中的消费者，菌物是大自然中的分解者。从农业的角度来看，发展植物生产是种植业，发展动物生产是养殖业，而发展菌物生产则是栽培业，因此说农业主要是由这三大产业所构成。现代许多学者都认为生物应分成原核生物和真核生物，后者又分为植物界、动物界、菌物界。食用菌就隶属于菌物界真菌门中的子囊菌和担子菌（图 1-2-18）。

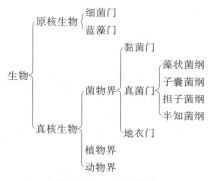

图 1-2-18　生物分类

食用菌是高等真菌中可供人们食用的肉质或胶质的一类大型真菌，而不是分类学中的分类单位。它们少数属于子囊菌，绝大多数是担子菌。

（二）食用菌的种类

全世界目前已发现大约 25 万种真菌，其中有 1 万多种大型真菌，可食用的种类有 2 000 多种，但目前仅有 90 多种人工栽培成功，有 30 多种在世界范围广泛栽培。我国的地理位置和自然条件十分优越，蕴藏着极为丰富的食用菌资源。

1. 子囊菌中的食用菌　少数食用菌属于子囊菌，我国子囊菌中的食用菌分别隶属于 6 个科，即麦角菌科、盘菌科、马鞍菌科、羊肚菌科、地菇科和块菌科。

尽管子囊菌中的食用菌种类不太多，但是其中的一些种类却具有很高的研究和开发利用价值。例如麦角菌科的冬虫夏草是著名的补药，因其有补肾益肺、止血化痰、提高人体免疫机能等作用，故有极高的经济价值，价格居高不下。块菌科中的黑孢块菌、白块菌、夏块菌等种类，因其独特的食味和营养保健价值，在欧美被誉为"享乐主义者的最好食品""厨房里的钻石""地下的黄金"，在国际市场上其价格更是惊人。目前块菌科的一些种类已在我国陆续被发现。又如羊肚菌科的许多种类如羊肚菌、黑脉羊肚菌、尖顶羊肚菌以及粗柄羊肚菌等，都是十分美味可口的食用菌，多年来深受国际市场的青睐。地菇科的网孢地菇、瘤孢地菇也是鲜美可口的食用菌。马鞍菌科的马鞍菌、棱柄马鞍菌也是分布很广的食用菌（图1-2-19）。

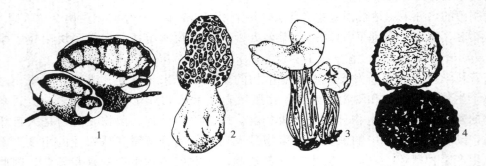

图 1-2-19　子囊菌中的食用菌
1. 林地碗　2. 羊肚菌　3. 马鞍菌　4. 夏块菌

因此，搞好这些食用菌的野生驯化、半人工栽培及人工栽培都具有十分重要的意义。然而遗憾的是，这些很有价值的种类到目前为止还不能进行完全商业化的人工栽培。只有采用蚕蛹培养基或大米、小麦培养基能成功培养出蛹虫草（北冬虫夏草）的菌丝体和子实体，已进入商业化生产阶段。

2. 担子菌中的食用菌　人们见到的绝大多数食用菌和广泛栽培的食用菌都是担子菌。在我国它们隶属于 40 个科，大致可以分为四大类群，即耳类、非褶菌类、伞菌类和腹菌类。

（1）耳类。这里的耳类主要指木耳目、银耳目、花耳目的食用菌。常见的种类如下（图1-2-20）。

图 1-2-20　耳类的食用菌
1. 琥珀褐木耳　2. 银耳

①木耳科的黑木耳、毛木耳、皱木耳以及琥珀褐木耳等。其中黑木耳是著名的食用兼药用菌。

②银耳科的银耳、金耳、茶耳、橙耳等。其中银耳和金耳是著名的食药兼用菌。

③花耳科的桂花耳。

（2）非褶菌类。它主要指非褶菌目的可食菌类。它们主要分属于珊瑚菌科、锁瑚菌科、革菌科、绣球菌科、猴头菌科、多孔菌科、灵芝菌科等。常见的种类如下（图1-2-21）。

图 1-2-21　非褶菌类的食用菌
1. 虫形珊瑚菌　2. 杯珊瑚菌　3. 硫色干酪菌　4. 棒瑚菌

①珊瑚菌科的虫形珊瑚菌、棒瑚菌、扫帚菌。

②锁瑚菌科的冠锁瑚菌、灰锁瑚菌。

③绣球菌科的绣球菌。

④革菌科的干巴菌，是我国云南特有的著名食用菌，其菌肉坚韧，纤维质细嫩，味美清香。

⑤牛舌菌科的牛舌菌。

⑥猴头菌科的猴头菇、珊瑚状猴头菇。其中猴头菇是著名的食药兼用菌，被誉为中国四大名菜之一。

⑦灵芝菌科的灵芝、树舌、紫芝。其中灵芝被誉为灵芝仙草，有着神奇的药效。

⑧多孔菌科的灰树花、猪苓、茯苓、硫黄菌。猪苓、茯苓的菌核都是著名的中药材。灰树花又称栗子蘑，近年来越来越受到国际市场的青睐。

⑨鸡油菌科的鸡油菌、小鸡油菌、白鸡油菌、灰号角等。鸡油菌近年来在国际市场上十分走俏，尤其是盐渍的鸡油菌。

（3）伞菌类。伞菌类的食用菌主要指伞菌目的可食菌类。伞菌目的食用菌种类最多，常见栽培的食用菌有侧耳、榆黄蘑、香菇、草菇、金针菇、双孢蘑菇、大肥菇、鸡腿菇等，几乎都是伞菌目的食用菌。常见的种类如下（图 1-2-22）。

①蘑菇科的双孢蘑菇、野蘑菇、林地蘑菇、草地蘑菇、大肥菇等。

②粪锈伞科的田头菇、茶薪菇。

③鬼伞科的毛头鬼伞、墨汁伞、粪鬼伞、鸡腿菇等均可食用，但不宜与酒同食。　·

④丝膜菌科的金褐伞、黏柄丝膜菌、米黄丝膜菌、白紫丝膜菌等。

⑤蜡伞科的鸡油蜡伞、朱红蜡伞、变黑蜡伞、鹦鹉绿蜡伞。

⑥光柄菇科的灰光柄菇、草菇、银丝草菇。

⑦粉褶菌科的晶盖粉褶菌、斜盖褶菌。

⑧球盖菇科的滑菇、毛柄鳞伞、多脂鳞伞（黄伞）、大球盖菇、尖鳞伞。

⑨靴耳科的靴耳。

⑩鹅膏科的橙盖鹅膏、湖南鹅膏、灰托柄菇。

⑪口蘑科的大杯伞、雷蘑、鸡𩐿、肉色香蘑、紫丁香蘑、长根菇、松口蘑（松茸）、棕

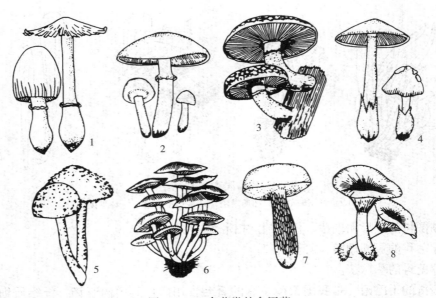

图 1-2-22　伞菌类的食用菌

1. 粪鬼伞　2. 野蘑菇　3. 白鳞环锈伞　4. 灰托柄菇
5. 尖鳞伞　6. 灰离褶伞　7. 美味牛肝菌　8. 大杯伞

灰口蘑、金针菇、堆金钱菌、红蜡蘑、蜜环菌、榆生离褶伞等。其中松口蘑是十分珍贵的食用菌，在日本享有"蘑菇之王"的美称，价格较高。

⑫牛肝菌科的美味牛肝菌、铜色牛肝菌、厚环乳牛肝菌、松乳牛肝菌、黏盖牛肝菌、褐疣柄牛肝菌。

⑬铆钉菇科的铆钉菇。

⑭桩菇科的卷边网褶菌、毛柄网褶菌。

⑮红菇科的大白菇、变色红菇、黑菇、正红菇、变绿红菇、松乳菇、多汁乳菇。

⑯侧耳科的香菇、虎皮香菇、糙皮侧耳、金顶侧耳、桃红侧耳、凤尾菇、小平菇。

（4）腹菌类。腹菌类的食用菌主要指灰包目、鬼笔目、柄灰包目、黑腹菌目和层腹菌目的可食用菌类。其中黑腹菌目和层腹菌目的食用菌属于地下真菌，即子实体的生长发育是在地下土壤中或腐殖质层下面土表完成的真菌。常见的种类如下（图 1-2-23）。

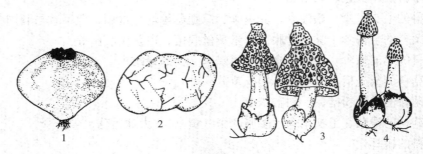

图 1-2-23　腹菌类的食用菌

1. 静灰球　2. 须腹菌　3. 裙竹荪　4. 鬼笔

①灰包科的网纹灰包、梨形灰包、大秃马勃、中国静灰球。

②鬼笔科的白鬼笔、短裙竹荪、长裙竹荪、棘托竹荪。

③黑腹菌科的倒卵孢黑腹菌、山西光腹菌。

④须腹菌科的红根须腹菌、黑根须腹菌、柱孢须腹菌。

⑤层腹菌科的苍岩山层腹菌、梭孢层腹菌。

3. 常见栽培食用菌分类检索表 为了便于人们了解和区分食用菌各主要类群之间的差异，并对我国目前所栽培的常见食用菌有概括了解，下面以分类检索表的形式做简单介绍。

─────────── **食用菌分类检索表** ───────────

1. 子实体盘状、马鞍状或羊肚子状；孢子生于子囊之内 ……………………… 子囊菌亚门

1. 子实体多为伞状；孢子生于担子之上 ………………………………………… 担子菌亚门

2. 子实体胶质、脑状、耳状、瓣片状，无柄，黏，担子具有分隔或分叉 ………… 耳类

2. 子实体肉质、韧肉质、革质、脆骨质或膜质、木栓质，有柄或无柄，黏或不黏；担子不分隔 ………… 3

3. 子实体革质、脆骨质或幼嫩时肉质，老熟后革质或硬而脆；子实层体平滑、齿状、刺状或孔状 …………………………………………………………………………… 非褶菌类

3. 子实体肉质，易腐烂；子实层体若为孔状，其子实体一定是肉质 ……………… 4

4. 子实体为典型伞状，子实层体常为褶状，罕为孔状 ………………………… 伞菌类

4. 子实体闭合，子实层不明显，或在孢子成熟前才开始外露，或始终闭合 ………… 腹菌类

─────────── **常见栽培食用菌分类检索表** ───────────

1. 子实体胶质或半胶质，无柄；担子具纵或横的分隔 ………………………………… 2

1. 子实体肉质、木革质或近海绵质，多具菌柄；担子无隔 ………………………… 5

2. 子实体花叶状或脑状，白色或橙黄色；担子卵圆形，具纵隔 ……………………… 3

2. 子实体耳壳状至近杯状，黑色至黑褐色，偶带丁香紫色；担子柱棒状，具横的分隔 … 4

3. 子实体花叶状，白色 ……………………………………………………………… 银耳

3. 子实体脑状，橙黄色 ……………………………………………………………… 金耳

4. 子实体黑色，较薄，背面无明显的毛 …………………………………………… 黑木耳

4. 子实体黑褐色，偶具带丁香紫色，背面多具较明显的黄褐色毛 ………………… 毛木耳

5. 子实体肉质或木革质，子实层体刺状或孔状 ……………………………………… 6

5. 子实体肉质或近海绵质，子实层体非如上述 ……………………………………… 9

6. 子实体头状至近球状，白色，表面具明显的刺（子实层体） ………………… 猴头

6. 子实体非如上述，子实层体孔状 ………………………………………………… 7

7. 子实体平伏，无柄，可食部位为生于地下的菌核 ……………………………… 茯苓

7. 子实体由菌柄与菌盖组成，可食部位为生于地上的子实体 ……………………… 8

8. 子实体木革质，柄偏生至侧生，表面红褐色至黑褐色，具光泽 ……………… 灵芝

8. 子实体肉质，柄中生，多分枝，灰白色至浅褐色 ……………………………… 灰树花

9. 子实体伞形或扇状，子实层体褶状，孢子成熟时由担子上主动弹出 …………… 10

9. 子实体初闭合，卵圆形，后开裂露出具柄的海绵质子实层托，子实层托菌盖状，下部具有网状菌裙，孢子堆黏液状，成熟时不能从担子上主动弹出 ……………………… 21

10. 孢子印黑色，偶呈淡紫色 ………………………………………………………… 11

10. 孢子印黑色、黑褐色或酒红色 …………………………………………………… 18

11. 菌柄中生，具膜质菌环，菌盖圆形，黄褐色 ………………………………… 蜜环菌

11. 菌柄中生或偏生，无菌环 ………………………………………………………… 12

知识拓展

毒 菌

毒菌又称毒蘑菇、毒草等，是指对人和其他高等哺乳动物有毒的大型真菌。绝大多数毒菌属于担子菌的伞菌目，仅少数是其他担子菌或子囊菌。全世界有记述的毒菌有 1 000 余种，我国目前已知毒菌近 500 种，其中极毒而且致命的毒菌约 100 种，主要有鹅膏菌、白毒伞、毒红菇、包脚黑褶伞等。

（一） 毒菌引起的中毒类型

毒菌的大小、形状、颜色、花纹等变化多样，没有实践经验或经过专业训练很难准确鉴定。毒菌因含有毒素而具毒性，不同种类的毒菌所含的毒素种类多不相同，同种毒菌所含毒素的种类和数量多少也因时间和地点的不同而有差异。中毒的症状与毒素的种类、侵害身体的部位、误食者体质强弱、进食的数量、误食前后的饮食以及烹调加工方式等关系密切，因此，误食毒菌尤其误食多种毒菌后的症状往往十分复杂。依据中毒后的临床表现，中毒类型可分为胃肠中毒型、神经精神型、溶血型、肝损害型、呼吸与循环衰竭型、光过敏性皮炎型 6 种类型。

1. 胃肠中毒型 多数在食后 2h 左右发病，发病快的十多分钟即有症状，恶心、剧烈呕吐、阵发性腹痛、水样便腹泻，不发热。这种类型病程短，恢复较快，一般不引起死亡。毒粉褶菌、臭黄菇和毛头乳菇、黄黏盖牛肝菌和粉红枝瑚菌、大青褶伞等毒蘑菇可引起此类型中毒。

2. 神经精神型 中毒症状是精神兴奋、精神错乱或精神抑制等神经性症状。如毒蝇鹅膏菌、半卵形斑褶菇中毒后可引起幻觉反应。表现复杂多样，潜伏期一般为0.5～4.0h，病人产生幻觉、狂笑、手舞足蹈、走路不稳、出现幻视症，或类似精神分裂症。重症病人出现抽风、昏迷等。毒蝇伞、毒鹅膏菌、豹斑毒伞、角鳞灰伞、拟臭黄菇及有毒牛肝菌可引起此类型中毒。

3. 溶血型 潜伏期6～12h，最长可达2d。最初表现为恶心、呕吐、腹泻等胃肠症状，发病3～4d即皮肤变黄，肝、脾肿大，肝区疼痛，严重者心律不齐、抽风、昏迷，可能引起急性肾衰竭死亡。此类型中毒主要由鹿花菌引起。

4. 肝损伤型 引起这类中毒的种类约有20余种，有秋盔孢伞、鹅膏菌类。此类型中毒病情凶险，死亡率极高。病人的潜伏期一般为10～24h，表现为恶心、呕吐、腹痛、腹泻，继而出现休克、昏迷、抽风、全身出血，在短时间内死亡。病人在病程中有的会出现假愈期导致误诊误治，如经过及时积极治疗，可痊愈。

5. 呼吸与循环衰竭型 此型中毒症状以中毒性心肌炎、急性肾衰竭和呼吸麻痹为主，无昏迷，无副交感神经兴奋样症状，也无黄疸、肝大，肝功能检查一般正常。引起这种中毒类型的毒菌主要是亚稀褶黑菇，死亡率较高。

6. 光过敏性皮炎型 此型中毒症状是在毒素的作用下，露光部位发痒、红肿、灼烧或疼痛、嘴唇肿胀等，病程达4～24h或更长，一般无生命危险。潜伏期0.5～2.0h。我国目前发现引起此类症状的是污胶鼓菌和叶状耳盘菌，其毒素为光过敏性物质卟啉毒素。此外，丝膜属种类、黄棕丝膜菌等含有奥来毒素，中毒症状表现为口渴、腹泻、寒战或发热、剧烈头痛，然后神志不清或癫痫样反应，重者导致肾炎、肾衰竭死亡，死亡率10%～20%。潜伏期为30min至10d，甚至更长。

（二）毒菌引起中毒后的急救措施

我国毒菌种类多，分布广泛，中毒事件频频发生。国内外民间流传识别毒菌的方法很多，但事实证明这些都不是毒菌共有的特征。目前可靠的方法还是熟悉和掌握菌类形态特征及内部结构，运用分类学知识，结合当地民众经验，仔细鉴别，绝对不可随便采食。

误食毒菌后，当中毒症状出现时，应采取下列救护措施。

1. 立即呼叫救护车赶往现场。

2. 及时让中毒者大量饮用温开水或稀盐水，用手指伸进咽部催吐，以减少毒素的吸收。

3. 在等待救护车期间，让患者饮用加入少量食盐和食用糖的糖盐水补充体液，防止反复呕吐发生脱水和休克。

4. 对昏迷的患者不要强行向其口内灌水，防止窒息。为患者加盖毛毯保温。

复习思考题

1. 初生菌丝与次生菌丝有哪些区别？
2. 子实体和次生菌丝有何区别？
3. 鉴别锁状联合的意义是什么？
4. 在自然条件下，野生食用菌易在何时何地生长？采完后还能再长出吗？为什么？
5. 长时间在菇棚内操作容易出现呼吸道不舒服的感觉，这是为什么？应怎样避免？

扫一扫，看
参考答案

任务三 食用菌的生理生态

◇ **知识目标 >>>**

● 掌握食用菌对营养条件的需求特性。

● 掌握食用菌对环境条件的需求特性。

● 了解食用菌与微生物、动物、植物的关系。

人 **能力目标 >>>**

● 能结合食用菌的营养类型为不同种类的食用菌选择合适的营养物质。

● 能结合环境因素分析食用菌盖小柄长、龟裂、菌盖色泽异常等问题的原因。

相关知识

食用菌的基本生活条件包括营养因子和环境因子两个方面。研究不同种类的食用菌和同一种食用菌的不同生长发育阶段对营养因子和环境因子的需求规律，是进行食用菌高产栽培的需要。

一、食用菌的营养

食用菌属异养型生物，自身不能制造养分，需不断从外界环境中获得营养物质，才能进行生长、发育和繁殖。能够满足食用菌完成各种生理活动所需要的物质，称为营养物质。

（一）营养类型

根据食用菌生活方式的不同，可将其营养类型分为腐生、寄生和共生3种类型。

微课：食用菌
的营养

1. 腐生 从动植物尸体上或无生命的有机物中吸取养料的食用菌为腐生菌。绝大多数食用菌都属此类，在自然界有机物质的分解和转化中起重要作用。根据腐生对象，主要分为木腐生菌和粪草腐生菌。

木腐生菌也称木腐菌，在自然界中主要生长在死亡的树木、树桩、断枝上或活立木的死亡部分，从中吸取营养，破坏其结构，导致木材腐朽，但一般不侵害活立木，如香菇、银耳、灵芝、平菇、金针菇、茯苓等。有的对树种适应性较广，如香菇能在 200 余种阔叶树上生长；有的适应范围较窄，如茶薪菇主要生长在茶及枫香等阔叶树上。人工栽培木腐菌，以前多用段木，现在多用木屑、秸秆、玉米芯等混合料栽培。

微课：食用菌
的生理类型

粪草腐生菌也称为草腐菌，主要生长在腐熟的堆肥、厩肥、腐烂草堆或有机废料上，如草菇、双孢蘑菇、鸡腿菇、马勃等。人工栽培时，主要选用秸草、畜禽粪为培养料。

2. 寄生 生活于寄主体内或体表，从活着的寄主细胞中吸取养分而进行生长繁殖的食用菌为寄生菌。在食用菌中，专性寄生的十分罕见，多为兼性寄生或兼性腐生。以腐生为主，兼营寄生的为兼性寄生，如蜜环菌可以在树木的死亡部分营腐生生活，一旦进入木质部的活细胞后就转为寄生生活，常生长在针叶或阔叶树干的基部和根部，致其发生根腐病；以寄生为主，兼营腐生的为兼性腐生，如冬虫夏草是寄生在鳞翅目幼虫体上的一种药用菌，能从寄主身上吸取营养，并在体内繁殖使寄主僵化，在适宜条件下从虫体上长出子座，还有蜘蛛虫草、蛹虫草等。

3. 共生　两种生物共同生活在一起，形成互惠有利、相互依存的现象称为共生。食用菌与某些植物、动物及真菌之间都存在着共生现象。

菌根是菌根真菌与植物根系结合形成的共生体，大多数森林蘑菇都是菌根真菌，如牛肝菌、口蘑、松乳菇、大红菇等。它们与一定树种形成共生关系，菌根菌的菌丝紧密包围在根毛外围，形成菌套，不侵入根细胞内，只在根细胞间隙中蔓延的为外生菌根。外生菌根取代了根毛的作用，比根毛具有更大的吸收表面积，帮助树木吸收土壤中的水分和养料，并能分泌生长素，被植物利用。而树木也能为菌根菌提供光合作用所产生的碳水化合物。菌根菌的菌丝侵入根细胞内部的为内生菌根。如蜜环菌与天麻形成内生菌根；蜜环菌的菌索侵入天麻块茎中，吸取部分养料；而天麻块茎在中柱和皮层交界处有消化层，该处的溶菌酶能将侵入到块茎的蜜环菌菌丝溶解，使菌丝内含物释放出来供天麻吸收。菌根菌中有不少优良品种，但大多处于半人工栽培状态，是食用菌开发的一个方向。

（二）营养物质

食用菌的营养物质种类繁多，根据其性质和作用可分为碳源、氮源、无机盐、维生素和生长因子等。

1. 碳源　凡用于构成细胞物质或代谢产物中碳素来源的营养物质，统称为碳源。碳源的主要作用是构成细胞物质和提供生长发育所需的能量。食用菌吸收的碳素仅有 20% 用于合成细胞物质，80% 用于维持生命活动所需的能量而被氧化分解。碳源是食用菌最重要的，也是需求量最大的营养源。

食用菌在营养类型上属于异养型生物，所以不能利用二氧化碳和碳酸盐等无机碳为碳源，只能从有机碳化物中吸取碳素营养。单糖、双糖、低分子醇类和有机酸均可被食用菌直接吸收利用，而淀粉、纤维素、半纤维素、果胶质、木质素等大分子碳源必须经菌丝分泌相应的胞外酶，将其降解为小分子碳源后才能被吸收利用。

食用菌营养类型不同，所需要的碳源种类也不同，如木腐菌碳源主要有棉籽壳、木屑、甘蔗渣、玉米芯等；草腐菌碳源通常为稻草、麦秆、玉米芯等。

在食用菌生产中，通常向培养料中加入适量葡萄糖，以诱导胞外酶的产生和用于维持细胞代谢所需的能量，并促进菌丝在培养料中快速生长。

2. 氮源　凡用于构成细胞物质或代谢产物中氮素来源的营养物质，统称为氮源。氮源是食用菌合成核酸、蛋白质和酶类的主要原料，对生长发育有重要作用，一般不提供能量。食用菌主要利用有机氮，如尿素、氨基酸、蛋白胨、蛋白质等。氨基酸、尿素等小分子有机氮可被菌丝直接吸收，而大分子有机氮则必须通过菌丝分泌的胞外酶，将其降解成小分子有机氮才能被吸收利用。生产上常用的有机氮有蛋白胨、酵母膏、尿素、豆饼、麦麸、米糠、黄豆浆和畜禽粪等。尿素经高温处理后易分解，释放出氨和氢氰酸，易使培养料 pH 升高和产生氨味而有害于菌丝生长。因此，若栽培时需加尿素，其用量应控制在 0.1%～0.2%，用量不宜过大。

少数食用菌只能利用有机氮，多数食用菌除以有机氮为主要氮源外，也利用硝酸盐、铵盐等无机氮。通常，铵态氮比硝态氮更易被菌丝吸收利用，若硝酸根离子和铵根离子同时存在，则多数食用菌首先摄取铵根离子。但以无机氮为唯一氮源时，菌丝生长一般较慢，且有不长菇现象。这主要是因为菌丝没有充分利用无机氮合成细胞所必需的全部氨基酸的能力。

食用菌在不同生长阶段对氮的需求量不同。在菌丝体生长阶段对氮的需求量偏高，培养基中的含氮量以 0.016%～0.064% 为宜，若含氮量低于 0.016% 时，菌丝生长就会受阻；在子实体发育阶段，培养基的适宜含氮量为 0.016%～0.032%。含氮量过高会导致菌丝徒长，抑制子实体的发生和生长，推迟出菇。

碳源和氮源是食用菌的主要营养。营养基质中的碳、氮浓度要有适当比值，称为碳氮比（C/N）。一般认为，食用菌在菌丝体生长阶段所需的碳氮比较小，以（15～20）：1 为好；而在子实体生长阶段所需的碳氮比较大，以（30～40）：1 为宜。不同菌类对最适碳氮比的需求不同，如草菇的碳氮比是（40～60）：1，而一般香菇的碳氮比是（20～25）：1。若碳氮比过大，菌丝生长慢而弱，难以高产；若碳氮比太小，菌丝会徒长而不易转入生殖生长。

3. 无机盐　无机盐是食用菌生长发育不可缺少的矿质营养，是构成菌体细胞物质的组成元素。按其在菌丝中的含量可分为大量元素和微量元素。大量元素有磷、硫、钙、镁、钾等，其主要功能是参与细胞物质的组成及酶的组成，维持酶的作用，控制原生质胶态和调节细胞渗透压等。实验室配制营养基质时，常用磷酸二氢钾、磷酸氢二钾、硫酸镁、石膏粉（硫酸钙）、过磷酸钙等。其中以磷、钙、镁、钾最为重要，每升培养基的添加量一般以 0.1～0.5g 为宜。微量元素有铁、铜、锌、锰、硼、钴、钼等。它们是酶活性基的组成成分或酶的激活剂，但因需求量极微，每升培养基只需 $1\mu g$，营养基质和天然水中的含量就可满足，一般无需添加。

在秸秆、木屑、畜粪等原料中均含有各种矿质元素，只酌情补充少量过磷酸钙或钙镁磷肥、石膏粉、草木灰、熟石灰等，就可满足食用菌的生长发育。

4. 维生素和生长因子　维生素是食用菌生长发育必不可少而又用量甚微的一类特殊有机营养物质，主要起辅酶作用，参与酶的组成和菌体代谢。如维生素 B_1（硫胺素）、维生素 B_2（核黄素）、维生素 B_5（泛酸）、维生素 B_6（吡哆醇）、维生素 H（生物素或维生素 B_7）、维生素 PP（烟酸）等。因为维生素 B_1 是羧基酶的辅酶，维生素 B_2 是脱氢酶的辅酶，所以它们对各类食用菌都是必需的。维生素 B_1 的需要量大约为 $100\mu g/L$。食用菌通常还需要的维生素是维生素 H，其最适需要量大约为 $5\mu g/L$。维生素 H 在天冬氨酸的合成中起作用。凡对某种维生素不能自给的真菌（或菌株）称为营养缺陷型，如金针菇、香菇、鸡腿菇等自身不能合成维生素 B_1，是维生素 B_1 的营养缺陷型。

当基质中严重缺乏维生素时，食用菌就会停止生长发育。有的食用菌自身有合成某些生长素的能力，若无合成能力，则必须添加。马铃薯、麦麸、米糠、玉米粉、麦芽和酵母等材料中含有丰富的维生素，用其配制培养基时可不必添加维生素。由于大多数维生素在120℃以上的高温条件下易分解，因此，对含维生素的培养基灭菌时，应防止灭菌温度过高和灭菌时间过长。

生长因子是促进食用菌子实体分化的微量营养物质，包括核苷、核苷酸，特别是环腺苷酸（cAMP），有生育激素的功效。如美味牛肝菌，本来必须依靠活松树提供的营养才能形成子实体，但只要在人工培养基中添加 $0.1\sim10\mu$mol/L 的环腺苷酸，就可以使菌根菌形成子实体。

此外，萘乙酸（NAA）、赤霉素（GA）、吲哚乙酸（IAA）、吲哚丁酸（IBA）等生长激素和三十烷醇也能促进食用菌的生长发育，在生产上有一定的应用，但应严格控制其浓度。一般生长激素使用的适宜浓度，菌丝体阶段为 $1\sim2$mg/kg，子实体分化及生长发育阶段为 $2\sim5$mg/kg，最多不超过 10mg/kg，否则浓度过高反而会抑制食用菌的生长。三十烷醇是生理活性较强的一种生长刺激素，如用 1mg/kg 的三十烷醇喷双孢蘑菇菌丝，其增长率可达 27%，但浓度超过 2.5mg/kg 时就会对菌丝生长产生抑制作用。

5. 水分　水不仅是食用菌细胞的重要成分，而且也是菌丝吸收营养物质和代谢过程的基本溶剂。食用菌的一生都需要水分，在子实体发育阶段也需要大量水分。食用菌鲜品的含水量约为 90%，子实体长大主要是细胞贮藏养料和水分吸收的过程。食用菌生长发育所需要的水分绝大多数都来自培养料，培养料含水量因菇类不同也有差异，一般在 60%~70%。

培养料中的水分常因蒸发或出菇而逐渐减少。因此，菌丝体生长期间空气相对湿度要达到 60%~70%，出菇期间要达到 80%~90%。

二、食用菌的理化环境

适宜的温度、湿度、酸碱度、空气和光照等环境条件，是食用菌旺盛生长的保证。不同的食用菌种类对环境条件的要求不同，同一种食用菌在不同的生长阶段对环境条件的需求也不一样。

（一）温度

温度是影响食用菌生长发育的重要的环境因子。不同食用菌有不同的极限温度和适宜温度。一般来说食用菌是属于耐低温、怕高温的生物，在生长过程中，每一种食用菌对温度的需求均呈现前高后低的规律。具体来说，孢子萌发温度高于菌丝体生长温度，而菌丝体生长温度高于子实体分化和发育的温度，子实体分化所需的温度最低。

微课：温度对食用菌生长发育的影响

1. 温度对菌丝体的影响　除草菇外，食用菌菌丝体生长的适宜温度范围一般为 $20\sim30$℃。不同温度对菌丝生长速度有重要影响，如香菇菌丝最适生长温度为 25℃，培养温度每升高 5℃或降低 10℃，其菌丝生长速度只有在 25℃下的 1/2。最适生长温度一般是指菌丝体生长最快的温度，但不是菌丝体健壮生长的温度。在生产实践中，为培育出健壮的菌丝体，常将温度调至比菌丝最适生长温度低 2~3℃。如双孢蘑菇菌丝体在 24~25℃条件下生长最快，但长得稀疏纤弱；在 22~24℃条件下虽然生长略慢，但菌丝体粗壮浓密。

食用菌的菌丝体耐低温能力强，一般在 0℃左右不会死亡，段木内的香菇菌丝体能耐 -20℃的低温。若在 10% 甘油防冻剂保护下，大多数食用菌菌丝体可在 -196℃左右的液氮中超低温保藏数年。但草菇菌丝体抗寒力极差，在 5℃条件下极易死亡，故草菇菌种不能放冰箱内保藏。

食用菌的菌丝体一般不耐高温，如香菇菌丝体在 46℃条件下仅能存活 4h。多数食用菌菌丝体的致死温度在 40℃左右，草菇除外。

2. 温度对子实体分化的影响 子实体分化（原基形成）阶段所需的温度在食用菌一生中是最低的。如香菇菌丝体生长的最适温度是25℃，其子实体分化的适宜温度在15℃左右；双孢蘑菇菌丝体生长的最适温度是22～24℃，子实体分化的适宜温度是13～18℃，低于12℃会影响分化数量，高于19℃虽分化数量多，但品质差。常根据子实体分化所需的适宜温度，将食用菌分为低温型、中温型和高温型等。

（1）温度类型。

①低温型。食用菌子实体分化的适宜温度是13～18℃，如金针菇、猴头菇、双孢蘑菇等，多发生于早春、秋末或冬季。

②中温型。食用菌子实体分化的适宜温度是20～24℃，如银耳、黑木耳、大肥菇等，多在春、秋季发生。

③高温型。食用菌子实体分化的适宜温度是24～30℃，如草菇、灵芝等，多在盛夏发生。

（2）温度反应。根据子实体分化时对温度的反应，可分为变温结实性和恒温结实性菌类。变温对子实体分化有促进作用的食用菌为变温结实性菌类，如平菇、香菇等。如香菇在分化期，以15℃为中心，若每天有8～10℃的温差，就有利于原基出得快、多、齐；若缺乏温差刺激，则不利于成熟菌丝的扭结。变温对子实体分化无促进作用的食用菌为恒温结实性菌类，如草菇、黑木耳、灵芝等，较大的温差易使它们的菇蕾受损伤甚至死亡。

3. 温度对子实体发育的影响 不同食用菌子实体的最适发育温度也不同，但一般都略高于子实体分化的最适温度。子实体生长于空气中，所以受空气温度的影响较大，变温性或恒温性菌类在菇蕾形成后就应为其提供适宜的子实体发育温度。子实体发育的温度指的是气温，而菌丝体生长的温度和子实体分化的温度指的是培养料的温度。栽培管理时，既要注重料温，又要注意气温，生长前期的料温一般比气温高一些。

实际生产中要注意，子实体生长发育温度偏高，生长较快，发育周期缩短，子实体组织疏松，菌盖或耳片薄，干物质较少，菌柄与菌盖的比例不正常，容易开伞，菇质差；相反，温度偏低则生长缓慢，肉质紧密，但发育周期延长。

（二）水分和湿度

微课：水在食用菌生产中的应用

1. 水分 水分是食用菌细胞的重要组成部分，也是体内代谢、吸收营养、排除代谢物及分泌胞外酶不可缺少的基本物质。水的比热高，又是热的良导体，因而能有效地吸收代谢过程中放出的热量，具有调节细胞温度的作用。食用菌在生长发育的各个阶段都需要水分，在子实体发育阶段更需要大量水分。据测定，菌丝体含有70%～75%的水分，子实体含有90%左右的水分。

食用菌生长发育所需的水分绝大部分来自培养料，培养料的含水量是出菇的重要因素。培养料含水量是指水分在湿料中的百分含量。一般适合食用菌生长的培养料含水量在60%～65%。如双孢蘑菇在播种时的适宜含水量在65%左右，高于或低于这个标准均会导致不同程度的减产。若培养料含水量为40%～50%，菌丝生长慢而稀少，覆土后不易形成菌丝束；含水量在63%～68%时，菌丝束形成占优势，以后菌丝束的形成随含水量的增加而减少；若含水量超过75%，菌丝停止生长，并且易老化或因窒息而死亡。

在生产实践中，常用手握法测定培养料的含水量，一般以手紧握培养料，指缝中有水渗出而不易下滴为宜，料水比一般掌握在 1：1.3 左右。但培养料的适宜含水量应根据原料、菌株和栽培季节的不同而确定。有的原料吸水性强，如棉籽壳、玉米芯、甘蔗渣等，应加大料水比，反之则减少。高海拔地区、干燥季节和气温略低时，含水量应加大；在 30℃ 以上的高温期，含水量应减少。香菇培养料的含水量应掌握在 50%～55%，料水比在 1：0.9 左右。

2. 湿度 空气相对湿度是影响培养料含水量、子实体分化及发育的重要因素。食用菌在不同生长阶段对空气相对湿度的需求不同，一般呈前低后高的规律。菌丝体生长阶段的适宜空气相对湿度为 60%～70%；在子实体分化阶段，提高培养料表面的空气相对湿度，可促进分化速度；在子实体生长阶段，空气相对湿度应提高至 85%～90%。

空气相对湿度低，会使培养料大量失水，阻碍子实体的分化或使子实体停止生长，严重影响食用菌的品质和产量。如平菇菇房的空气相对湿度低于 60% 时，子实体的生长就会停止；当空气相对湿度降至 45% 以下时，子实体不再分化，已分化的菇蕾也会干枯死亡。但菇房的空气相对湿度也不宜超过 95%，空气相对湿度太高，不仅易侵染病虫害，还不利于菇体的蒸腾作用，影响细胞原生质的流动和营养物质的运转，而导致菇体发育不良或停止生长。如双孢蘑菇子实体长时间处在高湿环境中，就易产生锈斑菇和红根菇。

必须注意的是，保持空气相对湿度是相对的。应根据当时的气候条件，因地制宜，注意通风，干湿交替。一味追求增大空间湿度，易引起菇棚内二氧化碳浓度累积过高，蒸腾速度过分降低，营养物质传导受阻，也易导致病虫害的发生。因此，必须根据食用菌的生物学特性，采取灵活、全面的措施来调节空气相对湿度，以利于子实体的发育。

（三）酸碱度

培养料的酸碱度是影响细胞透性、酶的活性及代谢活动的重要因素。不同食用菌对酸碱度的要求不同，一般来说，木腐菌适于在偏酸性环境中生长，如猴头菇适宜 pH 为 4～5，黑木耳适宜 pH 为 5.5～6.5；草腐类食用菌喜欢在偏碱性的基质中生长，如草菇适宜 pH 为 7.5～9.0，双孢蘑菇适宜 pH 为 7.2～7.5。此外，共生及寄生性食用菌常出现在酸性环境中，这些是长期自然选择的结果。

微课：酸碱度、空气及光照对食用菌的影响

菌丝生长的最适 pH 并不是配制营养基质时的 pH，营养基质的 pH 是不断变化的，高温灭菌或菌丝生长的酸性代谢物都会引起 pH 下降。因此，在配制营养基质时应将 pH 适当调高。生产上栽培大多数食用菌时，常向培养料中加入一定量的新鲜生石灰（猴头菇、香菇除外），将 pH 调至高出最适 pH 2.0～2.5，在后期管理中，也常用 1%～2% 的石灰水喷洒菌床，以防止 pH 下降。实践证明，偏碱性的培养料能有效地抑制杂菌污染。此外，为使 pH 具有一定的缓冲性和稳定性，在配制母种培养基时常加入磷酸二氢钾、磷酸氢二钾和硫酸镁；在配制原种、栽培种、出菇培养基时常加入石膏粉、轻质碳酸钙。

微课：石灰在食用菌生产上的应用

（四）氧气与二氧化碳

氧气与二氧化碳是影响食用菌生长发育的重要生态因子。所有食用菌都是好氧性的异养型真菌，需要氧气来进行呼吸作用。食用菌在生长发育过程中，消耗氧气，排出二氧化碳。因此，栽培场所通风状况影响着氧气和二氧化碳的含量，通风好则氧气充足，二氧化碳含量较低，有利于食用菌生长发育。食用菌在不同发育阶段所需要的氧气量是不同的，

一般子实体生长阶段需氧量大于菌丝体生长阶段。不同食用菌种类，甚至不同品种或菌株，对氧的需求量也存在着差异。

1. 菌丝生长阶段对氧气和二氧化碳的反应 不同食用菌在菌丝生长阶段的需氧量存在着差异。如当二氧化碳含量达50%时，双孢蘑菇菌丝体生长量仅为正常空气条件下生长量的40%；平菇菌丝体对二氧化碳的耐受力较高，在20%～30%的二氧化碳浓度下能生长良好。由于培养料会随菌丝体的生长不断产生二氧化碳、硫化氢、氨等废气，若不适时适量通风换气，菌丝就会逐渐发黄、萎缩或死亡。生产实践中，一般在接种3～5d后就开始采取由弱到强的通风措施，以便及时排除废气，补充氧气，保证菌丝体旺盛生长。

2. 子实体生长阶段对氧和二氧化碳的反应 在子实体生长发育阶段，当氧气充足、二氧化碳含量较低时，有利于菌盖生长，抑制菌柄伸长；与此相反，若二氧化碳含量偏高，则抑制菌盖生长，刺激菌柄伸长。

子实体分化阶段对二氧化碳敏感，新鲜空气有利于多数食用菌子实体的分化。在子实体发育阶段，由于呼吸作用逐渐加强，需氧量和呼出的二氧化碳不断增加，通风换气就更加重要。如杏鲍菇原基形成时，二氧化碳含量高则培养基表面仅形成瘤状物，没有菌柄、菌盖的分化；香菇野外栽培时，子实体畸形率仅为1%～2%，而室内代料栽培时，第一潮菇畸形率高达70%～80%；灵芝子实体在0.1%的二氧化碳浓度环境中一般不形成菌盖，菌柄分化呈鹿角状；当二氧化碳浓度达到1%时，子实体就难以分化。由于较高浓度的二氧化碳易致子实体畸形，在生产上为获取菌柄细长、菌盖小的金针菇，往往在金针菇子实体生长阶段控制通气量，使子实体在二氧化碳浓度较高的环境中发育。

通风换气是贯穿于食用菌整个生长过程中的重要措施。适当的通风换气还能抑制病虫害的发生，并有利于空气相对湿度的调节。通风效果以嗅不到异味、不闷气、感觉不到风的存在，以及不至于引起温湿度大幅度的变化为宜。通风时应避开有干热风、对流风及低温或高温时间。

（五）光照

直射阳光不仅对无光合作用的食用菌有严重的杀伤作用，而且也易导致培养料水分的急剧蒸发和空气相对湿度的降低。因此，食用菌不能像种庄稼那样直接栽培在阳光下，而应种植在菇房、菇棚、坑窖或高秆作物的绿荫下，这些地方才是其适宜的生长场所。

散射光并非是所有食用菌必需的生活条件，如双孢蘑菇、大肥菇等可以在完全黑暗的环境中完成生活史。若光线明亮，则不易长出洁白、肥嫩、外形好的蘑菇。同一种食用菌在不同生长阶段对光线的需求也不一样，一般呈现前暗后亮的需求规律。大多数食用菌在菌丝体生长阶段不需要光线，在黑暗处长得快、齐、壮，光线对菌丝体有明显的抑制作用。如金针菇在接种3d后置于明亮环境中，菌丝生长速度比黑暗中生长的对照降低29%。光线越明亮，菌丝生长速度越慢。明亮的光线还易使培养料表面的菌丝不吃料、早扭结，导致出菇不齐，产量低。

多数食用菌在子实体分化阶段进入光敏感期，需要一定散射光的刺激。在黑暗环境中，子实体分化得慢、少、不整齐。所以，光照是成熟菌丝顺利扭结的重要环境因子。

子实体的发育仍需一定量的散射光，若光照不足，轻则菇色变浅，重则菇体畸形，直接影响其商品价值。因光照会影响子实体的颜色，改变菌柄长度与菌盖宽度的比例，并影响干重。平菇、金针菇、灵芝等菌类的子实体均有正向光性，光源应设置在利于菌柄直立生长的上方，改变光源易致子实体畸形。不同菌类的子实体在发育阶段需要的光照度不同，大多数需要"七阴三阳"的光度。但金针菇在子实体发育阶段则需在微弱的光照中才能形成色浅、盖小、柄长的优质菇；而香菇则需在"五阴五阳"的较强光照中才能形成花菇。

三、食用菌的生物环境

食用菌在生长过程中，与周围环境中的微生物、动物及植物有着密切的利害关系。

（一）食用菌与微生物

1. 对食用菌有益的微生物　用发酵料栽培食用菌成功率高，菌丝生长快。如双孢蘑菇分解纤维素的能力差，必须用发酵腐熟的培养料栽培。培养料的发酵就是利用了一些中温型和高温型微生物的活动，将复杂的大分子物质分解转化为结构简单、容易被食用菌吸收利用的可溶性物质。同时，这些微生物死亡后留下的菌体蛋白和代谢物对食用菌的生长有促进作用。发酵过程中所产生的70℃以上的高温，可杀死一些虫卵和不耐高温的有害微生物。培养料经微生物发酵后，变得疏松柔软，透气性、吸水性和保温性得到了改善，为食用菌菌丝的生长创造了良好的条件。

有的微生物可与食用菌伴生，如银耳与香灰菌。银耳芽孢子不能分解纤维素和半纤维素，甚至不能很好地利用淀粉，因此不能单独在木屑等培养基上生长。只有当银耳芽孢子与香灰菌丝混合接种在一起时，银耳才能因获得了由香灰菌丝分解的培养料养分而生长发育。生产上的银耳菌种不是纯银耳菌丝，而是银耳与香灰菌的混合物。

有的微生物可促进食用菌子实体的形成。如双孢蘑菇不覆土则难以出菇，因为双孢蘑菇菌丝体产生的乙烯、丙酮等挥发性物质被土壤吸附，这些代谢产物可吸引臭味假单孢杆菌等微生物在土壤中大量生长繁殖，而它们的代谢产物是刺激或诱导双孢蘑菇子实体分化的重要因素。此外，猪苓菌核只有被蜜环菌侵染后，才能成功萌发新苓。蜜环菌在猪苓菌核中生存，虽能消化猪苓菌丝并作为营养，但不会对菌核造成破坏，蜜环菌的代谢物及侵染后期的菌丝体都可成为猪苓的营养，并对猪苓的生长有促进作用。

2. 对食用菌有害的微生物　对食用菌有害的微生物可称为病原微生物，又称病原菌。病原菌是食用菌生产的大敌，潜伏于食用菌生产的各个环节，侵染后易造成食用菌生理代谢失调，产生传染性病害。病原微生物主要包括真菌、细菌、病毒等。按其危害方式可分为以下三大类。

（1）寄生性病原微生物。病原微生物直接从食用菌菌丝体或子实体内吸取养分，导致食用菌的生理代谢失调；有的病原微生物则分泌毒素杀死或杀伤食用菌后取其养分。如食用菌的病毒病、蘑菇疣孢霉病等属于此类。

（2）竞争性病原微生物。病原微生物主要在培养料中生长繁殖，与食用菌争夺水分、养料和生长空间，并改变培养料的pH。如毛霉、曲霉、青霉、细菌等。

（3）寄生兼竞争性病原微生物。病原微生物与食用菌争夺养料和生长空间时，还能直接吸取食用菌中的养分，并能分泌杀死或杀伤食用菌的有害物质。如木霉、蘑菇灰丝霉等。

食用菌的病原微生物是病害发生的直接因素，但病原菌的存在不一定都会引发病害，病害的发生与流行还取决于食用菌的生理状况和生长环境，是病原菌、食用菌和环境条件三者

互相作用的结果。发生与流行的病害会使菇体畸形或腐烂，菌丝消亡，培养料腐臭，产品质量下降，减产或绝产。

（二）食用菌与动物

1. 对食用菌有害的动物 食用菌的菌丝体和子实体常遭到一些动物的咬食，对食用菌有害的动物常称为害虫，主要是节肢动物和软体动物，如昆虫、螨类、线虫、蛞蝓等。通常以昆虫类发生量最大，危害最重。

害虫对食用菌的直接危害主要是咬食菌丝体和子实体，使菌丝伤亡、菌床腐朽、子实体千疮百孔，降低或丧失商品价值。间接危害主要在于害虫又是杂菌的携带者或传播者，被害虫咬过的伤口极易导致病原菌的侵入，所以害虫暴发常伴随病害流行，给食用菌生产带来毁灭性损害。此外，有些害虫以菇木或培养料为食物，使其发生污染或质变而不利于食用菌菌丝的生长。

2. 对食用菌有益的动物 有些食用菌的生长离不开相应的动物，如在自然界条件下，鸡枞只能生长在白蚁窝上，白蚁为鸡枞的生长提供营养基质。有经验的农民常在早春向白蚁窝泼水，以促进白蚁窝中鸡枞菌丝的生长，日后就能在蚁窝上收获较多的鸡枞。

有些动物是食用菌孢子传播的媒介。如竹荪的孢子是靠蝇类传播的；著名的块菌子囊果生长在地下，它的孢子只有通过一些动物的挖掘才能得到传播。

（三）食用菌与植物

1. 植物对食用菌的有益作用 森林是野生食用菌的大本营。森林不仅为食用菌的生长提供营养基础，还能创造适宜的生态环境。如树木的根系和堆积地面的枯枝落叶是食用菌的天然培养基；叶表面的蒸腾作用可调节温度与湿度；繁茂的枝叶使林中有一定的散射光及郁蔽度；光合作用产生的氧气使林中的空气清新。所以，不同的林木中生长出不同的菌类。如针叶林中常有松乳菇；栎林或混交林地里易长有蜜环菌；长白山赤松林中长有松口蘑；山毛榉林中长有猴头菇；竹林中长出竹荪等。若森林的自然生态受到破坏，许多珍贵的食用菌也会消失。

现在生产上采用的食用菌与高秆作物的立体栽培，就是对食用菌自然生态环境的模拟。将食用菌与粮、菜、果、桑等植物种植在一起，植物为食用菌提供氧气、郁蔽度及适宜的温湿度等条件；食用菌为植物提供二氧化碳，产菇后的废料又能充当植物的养料。两者互惠有利，可达到高产优质的效果。

树木的侧枝、农作物的秸秆、种壳等下脚料是人工栽培食用菌的原料，这些原料一旦枯竭，食用菌生产将无法进行。此外，有些菌根菌必须与相应植物共生才能生长发育，如牛肝菌与松树，松口蘑与红松等。

2. 食用菌对植物的有害作用 由于木腐型食用菌对林木有很强的分解作用，一些枕木、房梁、木制品等在温湿度较高时易遭到菌丝的破坏。有些兼性寄生性食用菌能侵入植物活体内，使植物发病或死亡。如蜜环菌能寄生在桑、茶、柑橘、松、杉、栎等植物上，造成根腐；硬柄小皮伞在草本植物上也会造成根腐；猴头菇常寄生在栎等阔叶树上，使其发生白腐病。

复习思考题

1. 食用菌生长需要哪些营养条件？
2. 哪些原料中富含生长因子？

3. 适合食用菌生长的培养料的含水量是多少?

4. 食用菌分哪几种营养类型? 了解营养类型在生产上有何意义?

5. 哪些因素有利于变温性食用菌子实体的分化?

6. 导致食用菌子实体畸形的主要因素有哪些?

扫一扫，看

参考答案

项目二

SHIYONGJUN ZAIPEI

菌种生产

任务一 消毒与灭菌

相关知识

在自然环境中，微生物分布十分广泛，食用菌生产中所涉及的原料、水、空气、土壤以及各种物体的表面和孔隙等都存在着大量微生物。在食用菌生产中，除要求培养的菌类以外的微生物统称为杂菌。一旦被杂菌污染，轻则造成减产，重则绝收，给食用菌生产造成极大的危害和损失。因此，在食用菌制种和栽培中，需采取一定的措施杀灭和抑制杂菌，对食用菌菌丝进行纯培养，以保证食用菌正常生长发育。消毒和灭菌是抑制或杀死杂菌的一种有效手段，是食用菌生产中的一项最基本的技术，也是生产成败的关键环节。

灭菌、消毒是不同程度杀菌的方法。灭菌是在一定范围内，用物理或化学的方法杀死栽培基质、容器、用具和空气中所有微生物，包括微生物的营养体和休眠体（如细菌的芽孢、霉菌的厚垣孢子等），使物料成为无菌状态，是一种彻底的杀菌方法。消毒是采用物理或化学的方法杀灭栽培基质、物体表面及环境中部分微生物，主要指微生物的营养体，但不一定杀死微生物的休眠体，是一种非彻底的杀菌方法。食用菌生产上常用的灭菌消毒方法有物理、化学、生物等方法。

一、物理消毒灭菌

（一）热力灭菌

热力灭菌法是利用热能使蛋白质或核酸变性来达到杀死微生物的目的，分为干热灭菌和湿热灭菌两大类，其中湿热灭菌分为常压蒸汽灭菌和高压蒸汽灭菌。

1. 干热灭菌

（1）火焰灼烧灭菌。将能忍受高温而不被破坏的器物，如接种针、铲、耙、镊子、接种环等接种工具的接菌端放在酒精灯火焰的2/3处，灼烧、来回过火两三次，即可达到无菌。

酒精灯火焰直径10cm范围内均是无菌状态。

（2）干烤（热）灭菌。利用干燥热空气（160～170℃）维持2h后，微生物细胞的蛋白质变性，可杀灭包括芽孢在内的所有微生物。适用于耐高温的玻璃器皿、瓷器、玻璃注射器等。

微课：消毒与干热灭菌

此法灭菌应注意以下几点：

①灭菌物在箱内一般不要超过总容量的2/3，灭菌物之间应留有一定空隙。

②灭菌玻璃器皿进箱前应晾干，以免温度升高引起破碎。

③棉花塞、包装纸等易燃物品不能与灭菌干燥箱的铁板接触，否则易引起棉塞或包装纸烤焦。

④升温时，可拨开进气孔和排气孔，温度达到所需温度（如160～170℃）后关闭，使箱内温度一致。

⑤如灭菌温度不慎超过180℃或因其他原因烘箱内纸或棉花烤焦或燃烧，应先关闭电源，将进气孔、排气孔关闭，令其自行降温到60℃以下，才可打开箱门进行处理。切勿在未断电前开箱或打开气孔，否则会促进燃烧酿成更大的事故。

⑥正常情况下，灭菌完毕让其自然降温到100℃后，打开排气孔促其降温，降到60℃以下时，再打开箱门取出灭菌物，以免骤然降温使玻璃器皿炸裂。

2. 湿热灭菌 湿热蒸汽易流动，湿热灭菌法比干热灭菌法更适合大批量物体的灭菌。蒸汽具有很强的穿透力，而且其与待灭菌物体接触时凝结成水的过程可以同时释放出潜热能，热不断地传导至物体的深处，逐渐达到内外热平衡，并能在相当长的时间内维持高温，从而达到彻底灭菌的目的。

（1）常压灭菌法。常压蒸汽灭菌是将待灭菌物品置于密封较好的蒸仓内，以自然压力下的蒸汽进行灭菌的方法（图2-1-1）。灭菌时要旺火猛攻，尽快使蒸仓

微课：食用菌生产常压灭菌

图2-1-1　用锅炉供蒸汽的常压灭菌灶

内温度上升至 100℃。在实际生产中，一般以灭菌仓上"冒大气"开始计时，中途不停火，保持 8～14h，颗粒度不同的物体灭菌时间不同，同时灭菌仓一端始终有活蒸汽流通。该法的特点是灭菌灶可自行建造，容量大，造价低，但灭菌时间长，能源消耗大。

（2）高压蒸汽灭菌。在密闭的容器内，水经加热后，由于蒸汽不能逸出，致使锅内压力升高，蒸汽的温度随之升高。在高温条件下，保持一定的时间，可以杀死待灭菌物品上的一切生物，包括耐高温的细菌芽孢、真菌孢子和虫卵。高压蒸汽灭菌是一种高效、快速的灭菌方法，生产上应用最为普遍。

①高压蒸汽灭菌锅的类型。高压灭菌锅类型较多，供热的形式差异较大，虽然结构上有所不同，但主要部件相似。实验室常见的高压灭菌锅有手提式高压灭菌锅、立式高压灭菌锅；大生产中常见的高压灭菌锅有圆形灭菌锅和方形灭菌锅（图2-1-2 至图 2-1-5）。

购买时，可根据生产规模，确定所购买高压灭菌锅的容积，向有高压容器生产许可证的厂家购买。

图 2-1-2　手提式高压灭菌锅

图 2-1-3　立式高压灭菌锅

图 2-1-4　圆形高压蒸汽灭菌锅

图 2-1-5 双开门方形灭菌柜

②高压蒸汽灭菌方法。高压蒸汽灭菌所采用的灭菌压力与灭菌时间，应根据待灭菌物品的性质、体积与容器类型等确定。液体和含琼脂的培养基一般在 0.098～0.105MPa，120～121℃，灭菌 20～30min；原种、栽培种培养基及熟料栽培培养料一般在 0.147MPa，128℃，灭菌 1.5～2.0h，才能达到满意的灭菌效果。使用高压灭菌锅的步骤为：加水至水位线→待灭菌物装锅→加盖→加热升温，打开排气阀，排尽冷空气后排气阀自动关闭排气→升压→保压→降压→开锅→取物；用锅炉供蒸汽的高压锅是锅内装物→关门→供蒸汽，其余步骤相同。

③高压蒸汽灭菌时的注意事项。

a. 排净冷空气。空气的膨胀系数大，若锅内留有冷空气，当灭菌锅密闭加热时，空气受热很快膨胀，压力上升，造成压力表指针虽然已指到要求压力，但锅内蒸汽温度低，灭菌不彻底。目前使用的全自动高压灭菌锅如果不排尽冷空气，则压力不升高。

b. 待灭菌的物品放置不宜过紧。待灭菌物品若放得过多、过密，会妨碍蒸汽流通，造成局部温度偏低，达不到彻底灭菌。

c. 灭菌结束应缓慢降压。灭菌完毕后，不可剧烈放气减压，否则瓶内液体会剧烈沸腾，冲掉瓶塞而外溢，甚至导致容器爆裂。须待灭菌器内压力降至与大气压相等后才可开盖。

（二）紫外线杀菌

紫外线是一种短光波，具有较强的杀菌力。其杀菌原理是紫外线会破坏菌体的核酸和蛋白质，从而造成细胞死亡。此外，紫外线照射时可使空气中的氧气转变为臭氧，臭氧有一定的杀菌作用。常用于接种箱、超净工作台、缓冲室的空间消毒净化。使用紫外灯杀菌时应注意以下几个问题。

（1）紫外灯每次开启 30min 左右，时间过长紫外灯管易损坏，且产生过多的臭氧，对工作人员不利。

（2）经过长时间使用后，紫外灯的杀菌效率会逐渐降低，所以隔一定时间后要对紫外灯的杀菌能力进行实际测定，以决定照射的时间或更换新的紫外灯。

（3）紫外线对物质的穿透力很小，比如不能穿透普通玻璃，因此紫外线只能用于空气及物体表面的灭菌。

（4）紫外线易损伤眼结膜及视神经，对皮肤有刺激作用，所以开着紫外灯的房间不要进人，工作人员更不能在紫外灯下工作，以免受到伤害。

（三）臭氧发生器消毒

臭氧发生器消毒是近年来新出现的物理消毒法，主要用于接种室、培养室、出菇房的消毒。因臭氧的分子量大，臭氧发生器放置的位置不要过低，并且使用臭氧进行空间消毒结束后至少30min才可进入房间操作。

二、化学消毒灭菌

可杀死微生物的化学药剂统称为消毒剂。理想的消毒剂应是杀菌力强、价格低、能长期保存、对人无毒或毒性较小的化学药剂。

常用的消毒药剂主要包括以下4类。

1. 氧化剂

（1）高锰酸钾。深紫色晶体，易溶于水。高锰酸钾能将细胞内的酶氧化，使酶失活，从而使菌体死亡。常用0.1%～0.2%溶液对床架、器皿、用具和皮肤表面消毒，用0.2%～0.3%的溶液于栽培种使用前进行袋表消毒（图2-1-6）。浓度为2%～5%时可在24h内杀灭芽孢，浓度为3%时可杀灭厌氧菌。随配随用。

图2-1-6　用高锰酸钾溶液消毒栽培种袋表

（2）漂白粉。漂白粉为白色颗粒状粉末，主要成分为次氯酸钙，有效氯含量25%～32%，溶于水生成次氯酸，有很强的氧化作用，易与蛋白质或酶发生氧化作用而使菌类死亡。一般用5%漂白粉对培养室、菇房的环境进行消毒，有时地面撒漂白粉消毒。

（3）二氧化氯。常温常压下为黄绿色气体，有刺激性氯臭味。对各种真菌、细菌营养体、病毒等均有很强的杀灭作用，对人无毒害。该消毒剂要随用随配，高浓度会发生爆炸，配制和使用时应避开烟火。目前市场上二氧化氯的商品制剂较多，如必洁仕等。

2. 还原剂　甲醛是常用的还原消毒剂，37%～40%甲醛溶液又称福尔马林，属强还原性杀菌剂。甲醛与菌体的氨基酸结合而使其蛋白质变性、失活。5%的甲醛溶液可杀灭细菌芽孢和真菌孢子等各种类型的微生物。

生产中常用甲醛对接种室、接种箱、培养室、菇房等处进行熏蒸消毒，用量为每立方米空间用8～10mL甲醛饱和溶液，熏蒸时将甲醛溶液倒入一容器内，加热使甲醛挥发，也可用2份甲醛与1份高锰酸钾混合，产生的热量使甲醛挥发，密闭24h，使用时按照每立方米用5g高锰酸钾、10mL甲醛的量计算，将甲醛加入高锰酸钾中。甲醛具有强烈的刺激性气味，影响健康，使用时要注意安全。熏蒸24h后用25%氨水喷雾，氨与空气中残留的甲醛结合，能消除甲醛气味。

3. 表面活性剂

（1）酒精。酒精是常用的表面消毒剂。酒精能降低表面张力，改变细胞膜的通透性及原生质的结构状态，引起蛋白质凝固变性。酒精不能有效杀灭芽孢、病毒等微生物，仅是常用的消毒防腐剂。以70％～75％浓度的乙醇杀菌效果最好，无水乙醇因使菌体表面蛋白质快速脱水凝固，形成一层干燥膜，阻止乙醇继续渗入，故其杀菌效果较差。

食用菌生产中，酒精消毒多用在分离材料表面、刀片、接种针、镊子、剪刀、菌种瓶口和操作人员手部的消毒，可直接浸泡或用酒精棉球涂擦。

（2）新洁尔灭。为一种季铵盐阳离子表面活性广谱杀菌剂，杀菌力强，通过破坏微生物细胞膜的渗透性来达到杀菌效果，对皮肤无刺激性，对金属、橡胶制品无腐蚀作用。新洁尔灭的成品为5％溶液，使用时稀释成0.25％的水溶液，用于双手和器皿表面的消毒，也可用于环境消毒。现用现配。

（3）甲酚皂溶液。又名来苏儿，主要成分为甲酚，甲酚含量为48％～52％，可溶于水，性质稳定，耐贮存，杀菌机理与苯酚相同，但杀菌能力比苯酚强4倍。一般1％～2％的溶液用于皮肤消毒，3％～5％的溶液用于环境喷雾消毒。

4. 其他消毒剂

（1）气雾消毒盒。气雾消毒盒属于烟熏杀菌剂。粉末状，主要用于接种室、接种箱、培养室和菇房的消毒，使用时按照2～6g/m³用量，夏天及阴雨天使用时用量可大些。点燃熏蒸30min以上，使用前预先用药剂或水将周围环境喷雾增湿，消毒效果则更佳。气雾消毒剂腐蚀性较强，使用后应将接种箱、接种工具、设备定期擦拭一遍。目前市场上的气雾消毒剂主要是以二氯异氰尿酸钠为主剂、以烟熏供热剂为载体的烟熏杀菌剂（如保菇王）。

（2）石灰。分为生石灰、熟石灰两种。以4份生石灰加入1份水，即化合成熟石灰。熟石灰为碱性物质，是一种广泛使用的廉价消毒剂，既可破坏培养料表面的蜡质，又可提高pH，抑制大多数酵母菌及霉菌的生长繁殖而达到消毒目的，还可提供钙素养料。1％～2％的石灰溶液用于拌料，5％～10％的溶液用于喷、浸、刷或干撒杂菌侵染处或潮湿环境。注意一定要用新鲜生石灰。

（3）多菌灵。多菌灵是一种高效、低毒、广谱的内吸性杀菌剂。常用于生料或发酵料栽培时消毒抑菌，添加50％多菌灵的用量为0.1％。因多菌灵不易与碱性物质混合，可于生料装袋前加入，用翻堆机翻拌均匀立即装袋。不同菌类对多菌灵的敏感性不一。木腐菌类中黑木耳、毛木耳、银耳、猴头菇均不能在配方中添加多菌灵，否则会严重抑制菇蕾的生长发育。

（4）甲基硫菌灵。甲基硫菌灵为高效、低毒、低残留、广谱、内吸型杀菌剂，生料拌料时可加入0.1％的70％可湿性粉剂。

（5）硫黄。硫黄常用于培养室和接种室熏蒸消毒，1m³空间用量为15g左右。消毒时将硫黄与少量干锯末混合，放于瓷制或玻璃容器内，点燃产生烟雾即可。为提高消毒效果，使用前应喷湿墙面、地面、器具表面，提高空气相对湿度，使二氧化硫遇水生成亚硫酸，增强杀菌效果，同时有较好的杀虫、杀鼠效果。

二氧化硫对人体呼吸道黏膜和眼结膜有刺激性，对金属有腐蚀性。

三、生物消毒灭菌

采用培养料堆制发酵的方法进行杀菌，即大多数微生物在 60～70℃下经过一段时间便会失活，从而达到消毒的目的。如栽培双孢蘑菇、鸡腿菇等菌类，采用培养料堆制发酵，其中嗜热微生物就会迅速繁殖，由于微生物的代谢热产生 60℃以上高温，使培养料发酵腐熟，同时杀死培养料中杂菌的营养体及害虫的幼虫和虫卵。

四、消毒灭菌实例及灭菌效果检查

（一）消毒灭菌实例

在食用菌的生产和科研中，应根据待灭菌物料要求达到的无菌程度、物料的理化性质和生产上的设备状况来选择适当的消毒灭菌方法。常用的消毒灭菌方法见表 2-1-1。

表 2-1-1　常用的消毒灭菌方法

消毒灭菌对象		消毒灭菌方法
培养基质	母种培养基	高压蒸汽灭菌，0.105MPa、121℃、灭菌 20～30min
	原种、栽培种培养基及熟料	高压蒸汽灭菌，0.147MPa、128℃、灭菌 1.5～2.0h；或常压蒸汽灭菌，当温度达 100℃保持 8～10h
	发酵料	料中拌入 0.1%多菌灵、1%～3%石灰，然后建堆发酵，当堆温达 60℃保持 24h 后翻堆，共翻 2～3 次
	生料	培养料中拌入 0.1%多菌灵、1%～3%石灰
接种环境	接种箱（室）	紫外线灯照射 30min，或用气雾消毒剂熏蒸
	超净工作台	紫外线灯照射 30min，然后打开风机过滤除菌
培养环境表面	培养室	5%甲酚皂喷雾，或用气雾消毒剂熏蒸，或使用臭氧发生器
	菇房	5%甲酚皂喷雾，或用气雾消毒剂熏蒸，或使用臭氧发生器
	环境、畦面	撒生石灰
	分离材料	子实层未外露的种菇和菇木用 75%酒精浸泡 2min；子实层外露的种菇用 75%酒精擦拭
	接种工具	先用 75%酒精浸泡或擦拭，然后用火焰灭菌
	手的表面	先用肥皂洗手，接种前再用 75%酒精擦拭
	瓶口、管口	先用 75%酒精擦拭，然后在火焰上方热区封口
	接种料袋表面	75%酒精擦拭
	台面	5%甲酚皂喷雾，或 75%酒精擦拭
	墙壁、菇床	涂抹 1%石灰水

（二）消毒灭菌效果检查

1. 斜面试管灭菌效果检验　灭菌后随便挑取 2～3 支斜面培养基试管放入 32～36℃恒温箱中培养 48～72h，如果斜面仍然保持光亮，无杂菌的菌落出现，则说明培养基灭菌彻底。

2. 原种、栽培种、出菇包培养基灭菌效果检验　从灭菌锅中随机取原种、栽培种、出菇包培养基一小镊放入 PDA 空白斜面培养基中，32～36℃恒温箱中培养 48h，如果斜面仍然保持光亮，无杂菌菌落出现，则说明培养基灭菌彻底。

3. 液体菌种培养基灭菌效果检验　用接种环蘸取液体菌种培养基在 PDA 空白斜面培养基上划线，在 32～36℃恒温箱中培养 48h，如果斜面仍然保持光亮，无杂

动画：超净工作台的使用及净化质量检测

菌菌落出现，则说明培养基灭菌彻底。

4. 环境消毒效果检验 通常采用尘埃沉降法检验环境中微生物的数量。以百级净化的接种室为例，用牛肉膏蛋白胨培养基制成无菌平板，将平板放于工作中的接种室中，放于操作台不同位置，但不要靠墙，打开皿盖，培养基暴露 10min，有两个不开皿盖的作为对照，而后将平板放于 32~36℃培养，48~72h 后计数菌落，平均每皿不超过一个为合格，否则为不合格。

复习思考题

1. 高压蒸汽灭菌和常压蒸汽灭菌各有何特点？使用时应注意什么？
2. 如何检测培养料的灭菌效果？
3. 常用的化学消毒剂有哪些？在实际生产中如何应用？

扫一扫，看
参考答案

任务二 菌种及制种条件

任务目标

◇ 知识目标 >>>

● 掌握菌种类型及特点。
● 掌握制种程序。
● 了解菌种生产所需要的条件。

⚒ 能力目标 >>>

● 会根据菌种特点对菌种质量做初步检查。
● 会鉴定不同食用菌生产场所整体规划设计是否合理。
● 会使用菌种生产的设备工具。

相关知识

一、菌种的概念与分类

（一）菌种的概念

食用菌的菌种相当于高等植物的种子。在自然界中，食用菌就是靠孢子来繁殖后代的。孢子借助风力或某些小昆虫、小动物传播到各地，在适宜的条件下，萌发成菌丝体，进而产生子实体。虽然孢子是食用菌的种子，但是在人工栽培时，人们至今都不能用孢子直接播种。因为孢子很微小，很难在生产中直接应用，而是用孢子或子实体组织、菌丝体萌发而成的纯菌丝体作为播种材料。

菌种是重要的生物资源，菌种的优劣直接影响着食用菌生产栽培的产量和质量。一个优良的菌种至少应满足以下三个条件：一是菌种本身的种性具备高产、优质、抗逆性强等优点；二是菌种具高纯度，无混杂；三是菌种无老化现象。

（二）菌种的分类

菌种按使用目的可分为保藏菌种、实验菌种、生产菌种；按物理性状可分为固体菌种和液体菌种；按照菌种的来源、繁殖代数及生产目的与级别可分为母种（一级种）、原种（二级种）和栽培种（三级种）。

1. 母种（一级种） 母种是指从大自然首次分离到的纯菌丝体（图2-2-1）。因其在试管里培养而成，并且是菌种生产的第一程序，因此又被称为试管种和一级种。纯菌丝体在试管斜面上再次扩大繁殖后，则形成再生母种。所以生产上用的母种实际上都是再生母种，它既可以繁殖原种，又适于菌种保藏。

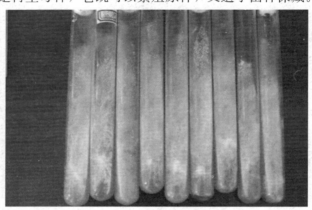

图 2-2-1　母种

母种的特点是菌丝弱、量少、不能直接栽培，必须经驯化和扩大才能用于生产。

2. 原种（二级种） 原种就是由母种扩大繁殖培养而成的菌种，又称二级菌种（图2-2-2）。因其一般在菌种瓶或普通罐头瓶中培育而成，故又称瓶装种。母种在固体培养基上经过一次扩大培养后，菌丝体生长更为健壮，不仅增强了对培养基和生活环境的适应性，而且还能为生产上提供足够的菌种数量。原种主要用于菌种的扩大培养，有时也可以直接出菇。

图 2-2-2　原种

3. 栽培种（三级种） 栽培种是由原种扩大培养而成的菌种（图2-2-3）。它可直接用于生产，又称为生产种或三级种。栽培种常采用塑料袋培养，因此有时又称为袋装种。栽培种一般不能用于再扩大繁殖菌种，否则会导致生活力下降，菌种退化，给生产带来减产或更为严重的损失。从数量上看，一支母种可转接6～8瓶原种，一瓶原种可繁殖40～60瓶

（袋）栽培种。

图 2-2-3　栽培种

当前食用菌生产中为了缩短栽培种的制作时间，通常将液体摇瓶菌种接种到栽培种培养基上，这样不仅不用生产原种，而且栽培种菌龄短、生长速度快。

（三）　菌种生产过程

菌种生产就是制种，是在严格的无菌条件下，通过无菌操作手段大量培养繁殖菌种的过程。食用菌菌种制种工艺包括原材料加工与贮备，培养基的配制、分装、灭菌与消毒，菌种接种、培养、检验、使用或出售等具体环节（图 2-2-4）。其中，严格灭菌是菌种生产的关键。

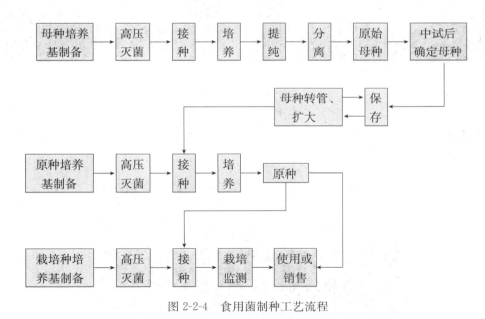

图 2-2-4　食用菌制种工艺流程

二、制种条件

（一）　配料设备条件

1. 切片与粉碎机　切片是将木材切成规格木片，是食用菌培养基质粉碎处理的前工序。粉碎是将木片、秸秆等原料粉碎成一定粗细度的碎屑。将原料切片或粉碎可使用同一种机械。

2. 过筛机　筛出木屑中的木块、石头等杂物的专用机械（图 2-2-5）。

图 2-2-5　木屑过筛机

3. 搅拌机　原种、栽培种培养基由各种物料按配方比例加水配制而成。搅拌机是将培养料通过搅拌使其分布充分、混合均匀的专用机械（图 2-2-6）。

1　　　　　　　　　　　　　　　2

图 2-2-6　搅拌机

1. 料斗　2. 内部结构

4. 装袋机　装袋机是将搅拌混合均匀后湿度适宜的培养料填入塑料袋内的机械（图 2-2-7）。

图 2-2-7　装袋机

（二）灭菌设备条件

1. 高压灭菌锅　详见任务一中高压灭菌锅。

2. 常压灭菌灶　详见任务一中常压灭菌灶。

（三）　接种设备条件

图 2-2-8　接种室

1. 接种室　接种室又称无菌室，是分离和移接菌种的小房间（图 2-2-8）。其面积不宜太大，一般以 5~10m²为宜。无菌室外有缓冲间，放置工作服、拖鞋、帽子、口罩、消毒用的药品、手持式喷雾器、污物桶等。无菌室的门应采用推拉门，内外两间的门应呈对角线安装，以提高隔离缓冲效果。

动画：接种室构造

无菌室使用前应提前 30min 打开高效过滤器置换不洁净空气；无菌室（包括缓冲间）除照明光源外，还应安装紫外线杀菌灯，吊装在接种操作台上方；接种过程中的无菌室保持正压，防止倒吸外界不洁净空气。一般来讲，无菌室仅能维持相对无菌状态，并非绝对无菌，操作过程中应严格按照无菌操作规程进行。无菌室常备器具有酒精灯、接种工具、酒精棉球、记号笔等，其他非必需物品尽量不要放置。

2. 接种箱　接种箱是分离、移接菌种的专用木箱（图 2-2-9）。接种箱实际上就是一个缩小的接种室。在有条件的情况下，接种箱内再装上一支 20W 日光灯（冷光源）用于照明，装上一支 30W 紫外线灯用于消毒。

动画：接种箱的构造及使用

图 2-2-9　接种箱

接种箱的规格很多，目前一般多采用长 143cm、宽 86cm、高 159cm、一人或双人操作的接种箱。箱中部两侧各留有两个直径为 15cm 的圆孔口，孔口上再装有 40cm 长的白布套袖，双手伸入箱内操作时，布套的松紧带能紧套手腕处，可防止外界空气中的杂菌进入。一般接种箱内油漆为嫩绿色，可减轻视觉疲劳，缓和操作者的紧张情绪。箱外油漆多为白色，给人以整洁明快之感。

接种箱每次使用前后，都应将箱内擦干净或通风至少 15min，将接种所用的工具、菌种及培养基全部放入箱内，接着在箱内均匀喷洒 5% 甲酚皂溶液，用二氯异氰尿酸钠烟熏剂进

行熏蒸，并将接种箱所有缝隙用胶带粘贴，防止漏烟，40min 后可进行接种操作。

3. 超净工作台 超净工作台是一种局部净化空气的设备，通过利用空气洁净技术使一定操作区的空间达到相对无尘、无菌状态（图 2-2-10）。使用时将工作台放在洁净的房间内，一般放于接种室中。使用工作台的最大优点在于分离、接种安全可靠。在实际生产中，使用超净工作台接种，虽然操作方便，但由于存放量较少，不适合生产上使用，多为科研单位购置，而且价格较高。

图 2-2-10 超净工作台

超净工作台在使用前，用 70%～75%酒精擦拭台面，接种前 30min 打开风机和紫外灯，然后关闭紫外灯，进行接种操作。

4. 接种工具 主要有接种环、接种铲、接种匙、接种枪、打孔器以及大、小镊子等（图 2-2-11）。此外还有分离用的手术刀、剪刀和乳胶手套等。

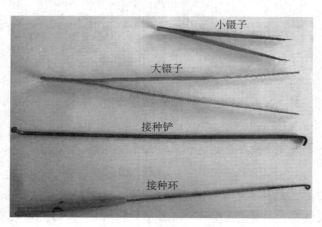

图 2-2-11 接种工具

（四）培养设备条件

1. 恒温培养箱 恒温培养箱一般用于斜面试管菌种的培养，大型培养箱有时也用于原种的培养（图 2-2-12）。温度可在 10～40℃之间任意调节。培养箱的作用与培养室相同，实际上只是体积小些，设备更加完善而已。

2. 培养室 培养室是专门用于培养菌种的场所。各级菌种在接种完毕之后，即移入培养室。房间的大小和数量可根据生产规模而定。培养室要求通风、干燥、能控温、冬暖夏凉、地下水位低，砖木结构或钢筋混凝土结构均可。为了提高保温效果，条件许可时，最好设置推拉门，高度以 2.8m 为宜。

（1）内墙与地面处理。在内墙壁贴挤塑板保温，切勿填充谷壳及废棉籽壳作为保温材料，否则易引起螨类、杂菌滋生，引起室内污染，甚至不能使用。地面选用水泥、水磨石或金刚砂地面，以减少尘土，有条件时地面可加设保温材料，即水泥地预制时地下铺5～6cm 厚的挤塑板。

图 2-2-12　恒温培养箱

（2）照明系统。菌丝培养阶段不需要光线，培养室内尽可能全黑暗，仅要一盏照明用的红光灯及安装1～2 盏可移动的手持工作灯（以乳白色灯泡为优）。

（3）加热系统。冬季培养室的加温应围绕热源散热均匀，并能自动控制温度。最好使用冷暖空调机，这样能根据菌种不同培养阶段产生呼吸热的数量多少来调整温度，并达到自动控温的目的。农村简易培养室冬季如用炭火加热，温度不易控制，应将烟道引出室外，以防止室内二氧化碳浓度过高，造成培养室内缺氧，抑制菌丝生长。无论采用何种方法加温，都要注意培养室内空气相对湿度。一般空气相对湿度维持在 $60\%\sim70\%$，过低则导致菌种瓶失水过多。

（4）培养架设计。培养架的架数、层数、层距要考虑到培养室内空间利用率及检查菌种的便利性（图 2-2-13）。层板最好用5cm 宽的窄铺板，铺板间距为1cm，以保证上下层有较好的对流，便于散发菌种瓶（袋）培养过程中产生的呼吸热。

动画：菌种
培养架

图 2-2-13　菌种培养架

（五）保藏条件

一般采用冰箱冷藏室保藏母种，原种和栽培种用冷藏恒温库保藏。在实际生产中，也常把大批的原种、栽培种放到温度较低的房间保藏。如条件简陋，冬天可把菌种放到不生火的房间，但草菇、灵芝等高温菌种除外。

（六）其他

菌种生产还需要电子秤、试管、培养皿、量筒、酒精灯、漏斗、菌种瓶、三角瓶、烧杯、棉花、pH 试纸等物品。

三、菌种场的布局

从食用菌制种工艺流程上看，菌种生产有多个工艺环节。这就需要有相应的、能执行其特定职能的建筑来保证各工艺环节的顺利对接，使制种任务顺利完成。菌种场布局是否合理，关系到工作效率及菌种污染率的高低，直接关系到菌类产品的合格率。

菌种场布局应结合地形、方位、风向等统筹安排，防止交叉，以免引起生产上的混乱。菌种场布局的基本原则如下。

（一）设备条件

菌种场应设原辅料仓库、原料处理场地，配备拌料室、装袋（瓶）间、灭菌室、冷却室、接种室、培养室、质检室和菌种保藏室。

（二）产地条件

1. 远离禽舍、畜栏及厕所等污染源。

2. 一个每日生产量为 2 000 瓶（袋）的菌种场，冷却室约需 $20m^2$，接种室约需 $4m^2$，培养室约需 $144m^2$。其中培养室内需设置 6 层培养架，培养架占地面积为培养室总面积的 65％左右。

3. 筹建菌种厂时资金使用的重点应放在灭菌、冷却、接种三方面的设备和室内标准化建设上。

4. 原料仓库特别是粮食类的原料仓库应当远离培养室、接种室和冷却室，若有栽培场也应远离以上各室，避免杂菌传播。同时，仓库料场位置还应选择在接种、冷却、培养室的东北方向，以减少杂菌对以上各室的传播机会。同时原料仓库应位于整个厂区的下风口位置，以减少对厂区的污染。

5. 培养室要有足够的空调装置，保证高温季节能正常生产。

6. 工作人员必须具有一定的微生物方面的知识，经过严格的无菌操作训练，进入无菌区前须更衣、清洗、风淋等。

7. 栽培试验场与制种场应当分开，不能同在一处或处于相距较近的地方，否则栽培场的杂菌易传入制种场。

复习思考题

1. 制种程序是什么？

2. 菌种场布局时应注意哪些问题？

3. 制种需要哪些方面的设备？

任务三 固体菌种生产

◈ 知识目标 >>>
- 掌握菌种培养条件。
- 掌握菌种生产常用的培养基。

⚒ 能力目标 >>>
- 能独立生产母种、原种和栽培种，并达到一定的成功率。

相关知识

固体菌种包括母种、原种、栽培种，其生产过程分为培养基配制和接种。

一、母种生产

（一）母种培养基制作

食用菌母种的培养基和分离菌种时用的培养基，一般都制成斜面试管培养基，因此又常称为斜面培养基。母种又称为斜面试管种。

微课：菌种
培养基

制作母种培养基常用的基本物质有马铃薯、葡萄糖、磷酸二氢钾、硫酸镁、琼脂和维生素 B_1、蛋白胨等。马铃薯含有十分丰富的营养物质，主要有 20%左右的淀粉，2%～3%的蛋白质，0.2%的脂肪，还有多种无机盐、维生素及生理活性物质。葡萄糖是食用菌菌丝最易吸收利用的碳源，也可用蔗糖来代替，是食用菌的辅助碳源。琼脂是培养基中的凝固剂，其凝固点是 40℃，常用浓度为 1.5%～2.0%，低于 1%则不易凝固。磷酸二氢钾一方面能为食用菌生长提供磷和钾元素，又可作为缓冲剂，防止培养基中 pH 急剧变化。

1. 常见的母种培养基

（1）马铃薯葡萄糖培养基。马铃薯 200g，葡萄糖 20g，琼脂 18～20g，水 1 000mL。此培养基适合于一般食用菌的母种分离、培养和保藏，广泛应用于绝大多数食用菌，是生产中最常用培养基。没有葡萄糖时，也可用蔗糖代替。

（2）马铃薯综合培养基。马铃薯 200g，葡萄糖 20g，磷酸二氢钾 3g，硫酸镁 1.5g，琼脂 18～20g，维生素 $B_1$10mg，水 1 000mL。此培养基不仅适合于香菇菌种保藏，也适合于一般食用菌的母种分离、培养和保藏，如平菇、双孢蘑菇、金针菇、猴头菇、灵芝、黑木耳等。

（3）木屑浸出汁培养基。阔叶树木屑 500g，米糠或麦麸 100g，琼脂 20g，葡萄糖 20g，硫酸铵 1g，水 1 000mL。此培养基适合于木腐菌类的菌种分离和培养。

（4）豆芽汁培养基。黄豆芽 200g，葡萄糖 20g，琼脂 20g，水 1 000mL。此培养基主要适合于黑木耳、猴头菇、平菇等木腐菌的母种培养。

（5）棉籽壳煮汁培养基。新鲜棉籽壳 250g，葡萄糖 20g，琼脂 20g，水 1 000mL。此培养基主要适用于猴头菇、黑木耳、平菇及代料栽培的母种。

（6）子实体浸出液培养基。鲜子实体200g，葡萄糖20g，琼脂18～20g，水1 000mL。此培养基适用于一般食用菌母种的分离、培养，特别适用于孢子分离法培养母种，可刺激孢子的萌发。

（7）粪汁培养基。干马粪或牛粪150g，葡萄糖20g，琼脂18～20g，水1 000mL。此培养基适用于双孢蘑菇母种的培养。

（8）麦芽膏酵母膏培养基。麦芽浸膏20g，酵母膏2g，琼脂20g，水1 000mL。此培养基适合于各种食用菌的母种。

（9）稻草浸汁培养基。干稻草200g，蔗糖20g，硫酸铵3g，琼脂18～20g，水1 000mL。此培养基适用于草菇、银丝草菇、双孢蘑菇等草腐菌的母种培养。

（10）完全培养基。蛋白胨2g，葡萄糖20g，磷酸二氢钾0.46g，磷酸氢二钾1g，硫酸镁0.5g，琼脂15g，水1 000mL。此培养基为培养食用菌母种最常用的合成培养基，有缓冲作用，适用于保藏各类菌种的母种。

（11）麦芽汁培养基。干麦芽150～200g，琼脂18～20g，水1 000mL。此培养基适用于部分食用菌母种的培养。

（12）胡萝卜马铃薯培养基。马铃薯20g，胡萝卜20g，琼脂20g，水1 000mL。此培养基适用于一般食用菌母种的培养，其菌丝生长优于马铃薯培养基。

2. 斜面试管培养基的制作

（1）按配比精确地称取各种营养物质。

（2）将去皮、挖掉芽眼的马铃薯切成小块（或胡萝卜、子实体、黄豆芽、棉籽壳等）放入小锅或大烧杯中，加入一定量的水，用文火煮沸30min左右，过滤取汁；玉米粉（高粱粉）加水后，一般加热至70℃左右，并保持60min，过滤取汁；麦芽则要加热至60～62℃，保持60min，过滤取汁。

（3）补足失水，加入琼脂，文火煮溶。

（4）加入需加的其他营养物质。

（5）充分搅拌均匀，并调pH。

（6）趁热分装。培养基的分装量以试管长度的1/4为宜，若太多则在摆斜面时容易沾染棉塞，太少则斜面太短，造成菌种浪费。操作时应尽量防止培养基沾在试管口上，若已沾上应用纱布或脱脂棉擦净。

（7）塞棉塞。装好培养基的试管应及时塞上棉塞或硅胶塞。棉塞要用未经脱脂的原棉，硅胶塞要用带砂芯的。棉塞要大小均匀、松紧度适中，长度一般为4～5cm，一般要求3/5留在试管内，其余2/5露在试管外面。

（8）捆扎试管。把塞好棉塞的试管，每7～10支捆扎成一把，用牛皮纸或双层报纸包住，再用皮套扎紧或棉线捆好，放入高压锅中。

（9）灭菌。采用高压蒸汽灭菌。把捆扎好的试管直立于锅中，以免灭菌时弄湿棉塞。在0.1MPa下灭菌30min。

（10）摆斜面。高压灭菌锅压力降到0后，可取出培养基，试管前端放于高约1cm的木条上，使培养基形成斜面，一般斜面长度以达到试管全长的2/3为宜。为防止培养基在冷却过程中形成过多冷凝水，可在试管上面盖条厚毛巾。

斜面试管培养基的制作过程见图2-3-1。

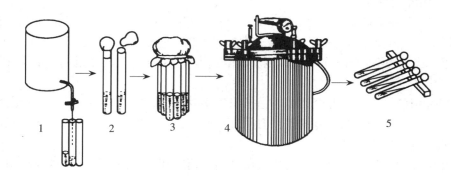

图 2-3-1　斜面试管培养基的制作

1. 分装试管　2. 塞棉塞　3. 捆扎包好　4. 高压灭菌　5. 摆斜面

3. 检查灭菌效果　把斜面培养基放在 $32\sim37℃$ 的条件下，空白培养 $24\sim48h$，检查无杂菌污染后，才能使用该培养基。

（二）母种接种

接种是食用菌菌种生产和栽培过程中非常重要的一个环节。接种是把菌种移至培养基上，接种过程必须严格无菌操作。

母种的接种其实是母种扩繁，在严格的无菌条件下操作（图 2-3-2）。母种扩大培养时，一次培养一批，每次使用其中一部分，其余的保藏备用。应避免多次转管降低菌种生活力，同时防止杂菌污染，以保证菌种纯度。

微课：食用菌
的接种

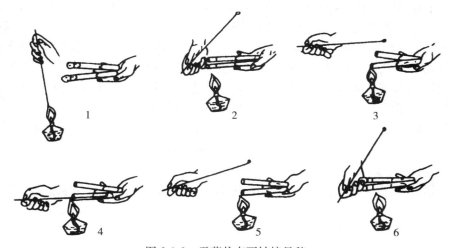

图 2-3-2　无菌状态下转接母种

1. 灼烧接种环　2. 拔棉塞　3. 试管口在酒精灯火焰周围　4. 取菌种　5. 接种　6. 塞棉塞

转接前必须对母种进行认真检查，不能有任何污染，否则应弃去不用。在酒精灯火焰旁（酒精灯火焰直径 $10cm$ 的范围均为无菌），用接种钩或接种铲将斜面分成若干小块，取一小块迅速移入新的试管斜面中下部，塞上棉塞。

转接母种过程中注意去掉母种斜面尖端 $1cm$ 的菌种，此部分菌种因营养缺乏而活力不高；去掉老菌种块周围的菌种，因此部分菌种菌龄较长，活力低；去掉气生菌丝，因气生菌丝的活力不如基内菌丝的活力。一般 1 支母种可扩接 $30\sim50$ 支继代母种。

（三） 母种的培养

菌种培养是影响菌种质量的关键因素，菌种的培养要创造菌种生长适宜的温度、湿度、光照、空气等条件。菌种培养所需要的温度通常为22～25℃；空气相对湿度为60%～70%；光照条件为黑暗，因光线抑制菌丝的生长；以新鲜空气为宜，CO_2含量不要过高，最好在3 000μL/L以下。

大多数食用菌母种培养温度为25℃左右，草菇为30℃左右，金针菇为20℃左右。一般母种10～12d可长满培养基，有的菌种时间长一些，如双孢蘑菇母种约20d，有的菌种时间短一些，如草菇母种4～5d。

母种在培养的过程中，每天都要检查菌种生长情况及杂菌污染情况，若发现菌种生长速度慢或杂菌污染，都要及时处理。

二、原种生产

原种由母种扩大繁殖而成，可用于制作栽培种，也可直接用于接种栽培袋。原种制备多使用罐头瓶或专用菌种瓶作为容器。

（一） 原种培养基制作

相对于母种培养基，原种培养基配方较多，对于不同的食用菌，应选择适宜的培养基配方。一般分解木质素能力强的食用菌（如香菇、黑木耳等），多采用木屑培养基；分解纤维素能力强的食用菌，多采用棉籽壳培养基；草腐型食用菌，多采用粪草培养基。

1. 原种培养基配方

（1）木屑培养基。阔叶树木屑78%，米糠或麦麸20%，石膏粉1%，石灰1%，含水量55%～60%。此培养基是木腐菌原种的通用培养基。

（2）棉籽壳麦麸培养基。棉籽壳88%，麦麸10%，石膏粉1%，石灰1%，含水量60%～62%。棉籽壳培养基适于多种食用菌的生长，为食用菌原种的通用培养基。

（3）棉籽壳木屑培养基。棉籽壳50%，阔叶树木屑40%，麦麸或米糠8%，石膏粉1%，石灰1%，含水量60%～65%。此培养基适用于多数木腐菌的生长。

（4）粪草培养基。发酵麦秆72%，发酵牛粪粉20%，麦麸5%，过磷酸钙1%，石膏粉1%，石灰1%，含水量62%～65%。适于双孢蘑菇制种。

（5）麦粒或谷粒培养基。含水量均为50%～55%。

①麦粒培养基。小麦（或大麦、燕麦）98%，石膏粉2%。麦粒培养基适于多数食用菌的生长。

②谷粒培养基。谷粒（或小麦、大麦、燕麦、高粱、玉米等）97%，碳酸钙2%，石膏粉1%。谷粒培养基适宜除银耳外的多数食用菌生长，尤其适于双孢蘑菇。

③麦粒木屑（或棉籽壳）培养基。小麦（或大麦、燕麦）65%、杂木屑（或棉籽壳）33%、石膏粉2%。麦粒木屑（或棉籽壳）培养基适于各种食用菌的生长，效果与麦粒培养基相近。

2. 原种培养基制作方法

（1）选定配方。根据食用菌种类选定合适的配方，按配方组成称取各种物质。

（2）培养基配制。

①棉籽壳和木屑培养基。先将麦麸、石膏粉等混匀，之后再倒入其他主料中混匀，加水充分用搅拌机或人工搅拌均匀，并用石灰调节pH。用手紧握培养料，以指缝间有水渗出而

不下滴为宜。

②谷粒培养基。小麦、大麦、燕麦浸泡 12～24h，稻谷浸泡 2～3h，玉米粒浸泡 40h 左右。浸泡结束后放入锅中蒸煮，开锅后煮 5～30min，使谷粒充分煮透（胀而不破，切开后无白芯）。用清水冲洗冷却后，沥去谷粒表面的水分，加入其他物质，搅拌均匀，备用。

（3）装瓶封口。将配制好的培养基装入 750mL 罐头瓶或专用塑料瓶、玻璃菌种瓶中。棉籽壳和木屑培养基装至瓶肩处，谷粒培养基装量适当少些。罐头瓶多采用两层报纸和一层聚丙烯塑料膜封口，专用菌种瓶采用能满足过滤除菌和透气要求的无棉塑料盖封口或棉塞封口。

（4）灭菌。分装好的原种瓶应立即灭菌。通常采用高压蒸汽灭菌法，0.14～0.15MPa，灭菌时间为 1～2h。

（二）接种

在无菌条件下，先将母种试管口的棉塞取下。然后用接种钩将母种斜面横切，分成 4～6 份，并将其固定在接种架上。左手持原种瓶，右手取下封口材料，用接种钩取一份母种，迅速放至培养基中部，封好口（图 2-3-3）。如此反复，每支母种可以接种原种 4～6 瓶。如果用罐头瓶作容器，接种时只能掀开其封口膜的一个角，一定要尽量防止杂菌在操作过程中侵入。

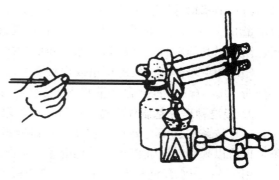

图 2-3-3　原种接种

（三）原种的培养

原种数量多，通常用培养室进行培养。原种的培养条件与母种基本相同。通常来说，菌种在生长的过程中会释放出大量的热量，原种瓶中心的温度要高于室温 2～3℃，所以控制培养室温度时以 21～23℃为宜；原种瓶与瓶之间要有缝隙，以便保持合适的温度和空气条件。一般每 5～7d 检查一次，发现原种受到污染，应立即挑拣出去。

在适宜温度下，原种一般需要 25～40d 可长满原种瓶。长满瓶后的原种在检查没有杂菌污染后应尽快使用。

三、栽培种的生产

栽培种是将原种转接到相同或相似的培养基上扩大培养而成的菌种。栽培种直接用于生产，使用量大，不宜长期保存，因此制种时间和制种数量需要根据生产季节和生产规模按计划进行。栽培种不能再进行扩繁菌种，否则菌种活力会大幅度下降。

（一）栽培种培养基的制作

栽培种培养基可以与原种培养基相同或相似，也可以用枝条培养基。枝条培养基适用于分解木质素能力强的木腐菌栽培，如平菇、黑木耳、杏鲍菇、榆黄蘑、猴头菇等。利用枝条菌种栽培时，菌种损伤小，萌发快，接种污染率低，接种效率高，扩繁指数高，发菌时间短。

1. 栽培种培养基　除原种培养基外的其他常用栽培种培养基如下。

（1）枝条培养基。

①按照每袋栽培种装枝条 40 根，其余填充料的配方为：棉籽壳 22％，玉米芯 32％，木

屑20%，麦麸20%，玉米粉2%，豆粕1%，轻质碳酸钙1.5%，石灰1.5%，水分含量62%～63%。此配方适合大多数木腐菌生长。

②按照每袋栽培种装枝条60～80根，即整袋栽培种几乎全是枝条，其余填充料的配方为：棉籽壳25%，玉米芯38%，麦麸28%，玉米粉4%，豆粕2%，轻质碳酸钙1.5%，石灰1.5%，水分含量62%～63%。此配方适合大多数木腐菌生长。

（2）棉籽壳培养基。棉籽壳88%，麦麸或米糠10%，轻质碳酸钙或石膏粉2%，含水量60%～62%。棉籽壳培养基适宜多数食用菌的生长。

（3）玉米芯培养基。玉米芯78%，麦麸或米糠20%，轻质碳酸钙或石膏粉2%，含水量62%～63%。玉米芯培养基适宜黑木耳、平菇等的生长。

（4）稻草培养基。稻草78%，麦麸或米糠20%，轻质碳酸钙或石膏粉1%，石灰1%，含水量62%～63%。稻草长度3cm左右，浸透水，浸水时加入1%～2%石灰，吸足水后捞起、沥水，其他辅料提前拌匀，加入稻草中拌匀。稻草培养基适宜草腐菌的生长。

（5）粪草培养基。发酵稻草或麦秆72%，发酵牛粪粉20%，麦麸5%，过磷酸钙1%，石膏粉1%，石灰1%，含水量62%～63%。粪草培养基适宜于双孢蘑菇的生长。

2. 栽培种培养基制作方法 以枝条菌种培养基为例，介绍栽培种培养基的制作方法。

（1）枝条的选择与处理。枝条选择阔叶树树干、枝杈作为加工材料，通常选用杨树枝条，也可以采用一次性筷子或雪糕棍进行生产，枝条直径0.3～1.0cm，长度2～18cm。

用1%石灰水浸泡枝条24～36h，直至枝条完全泡透，捞出枝条沥水。枝条一定要浸透，否则后期会因灭菌不彻底而感染。

（2）培养基配制。为了加快接种后菌丝的吃料速度，沥水后的枝条外裹一层麦麸。填充料的配制与原种培养基配制相似。

（3）装瓶（袋）及封口。为了防止枝条扎破菌种袋，在袋底先装1cm厚的辅料，再装入枝条，最后于表面覆盖1cm厚的辅料，封口。菌种袋封口方法：一是在袋口套颈圈，之后把塑料膜翻下来，塞上棉塞或包上包头纸或直接封无棉塑料盖；二是直接用绳绑紧，尽量排除袋内多余的空气，防止灭菌时胀袋及灭菌后冷空气进入。

（4）灭菌。高压灭菌时间与压力同原种培养基。也可以采用常压灭菌，当灭菌仓内温度达到100℃左右时开始计时，一般灭菌8～10h。

（二）接种

在无菌条件下，刮去原种瓶表面1cm的老化菌皮，用大镊子、铲子或小勺取直径3cm大小的原种块接种于栽培种培养基上，封好口（图2-3-4）。整个操作过程均在酒精灯火焰周围，以防感染杂菌。一般每瓶原种约可接栽培种50瓶或30袋。

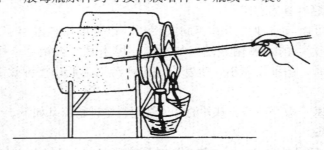

图2-3-4 栽培种接种

（三） 培养

栽培种的培养方法及要求与原种基本相同。由于栽培种量大，不易保藏，培养好后应立即使用，否则极易老化或出菇。枝条培养基通透性好，用其培养的菌丝体生长迅速，比一般的培养基满袋速度快5～10d（图2-3-5）。

若没有保藏条件，发满袋后超过10d的菌种就不要再用了，否则会出现出菇期菇畸形率增加、产量降低的现象。

微课：杏鲍菇
枝条菌种制作

图2-3-5 发满菌的枝条菌种

复习思考题

1. 如何配制400mL PDA培养基？
2. 母种培养条件有哪些？
3. 如何制作枝条菌种？

扫一扫，看
参考答案

任务四 液体菌种生产

任务目标

◎ 知识目标 >>>

● 了解液体菌种特点。
● 掌握摇瓶菌种生产的流程及需要注意的问题。
● 掌握发酵罐菌种生产的流程及需要注意的问题。

⚒ 能力目标 >>>

● 能独立熟练生产摇瓶菌种。
● 能解决发酵罐生产液体菌种中出现的气泡多、杂菌感染等问题。

相关知识

一、液体菌种概述

液体菌种是指采用液体培养基培养而得到的呈絮状或球状的纯双核菌丝体。与固体菌种相比，液体菌种有以下优点：

1. 菌种生产周期短，固体菌种一般需要 25～40d，液体菌种仅需 3～7d。
2. 接种菌包（瓶）后，萌发点多、发菌快、出菇周期短。
3. 接种方便，成本低。
4. 适合工厂化机械操作。

液体菌种虽然优势明显，但生产设备价格较高，技术较复杂，而且菌种易老化、自溶，不便于运输和保藏。因此，液体菌种需就地生产，及时使用。目前，液体菌种的生产方式主要有两种，一种是摇瓶振荡培养，另一种是利用发酵罐进行深层发酵培养。

食用菌液体菌种生产流程是：将试管斜面或平皿菌种接种到摇瓶液体培养基中，在合适的温度下振荡培养，培养结束后将液体摇瓶菌种倒入发酵罐液体培养基中，在合适条件下培养，可获得大量的液体菌种用于生产，见图 2-4-1 至图 2-4-3。

微课：液体
菌种生产

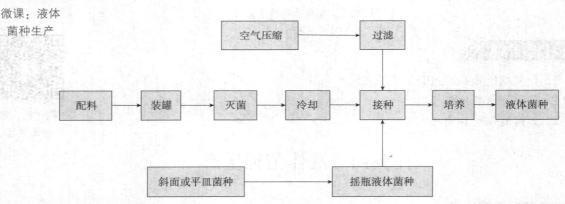

图 2-4-1 液体菌种生产的工艺流程

图 2-4-2 摇瓶菌种

图 2-4-3 发酵罐

二、摇瓶菌种生产

（一）摇瓶菌种培养基配制

1. 常用的摇瓶菌种培养基配方

（1）马铃薯 200g，葡萄糖 10g，白糖 10g，蛋白胨 5g，磷酸二氢钾 3g，硫酸镁 1.5g，水 1 000mL。

（2）黄豆粉 7g，白糖 21g，硫酸镁 0.7g，磷酸二氢钾 1g，水 1 000mL。

（3）豆粕 3.2g，白糖 20g，硫酸镁 0.65g，磷酸二氢钾 0.65g，水 1 000mL。

上述配方中黄豆粉和豆粕的颗粒度不低于 100 目，水最好用纯净水，不要用蒸馏水。

2. 液体培养基的制作方法

（1）称量及溶解。上述配方中（1）的配制方法同母种培养基的配制方法。配方（2）和配方（3）按照设计好的用量称取药品，在烧杯中定量搅拌溶解，用玻璃棒搅拌均匀。

（2）分装。在 500mL 或 1 000mL 三角瓶中加入搅拌子，通常 500mL 三角瓶装液量为 250～300mL，1 000mL 三角瓶装液量为 500～600mL。

（3）加棉塞。盖上提前制作好的棉塞，棉塞大小及松紧适中，不是越紧越好，适当透气效果较好。

为防棉塞在灭菌过程中被蒸汽打湿，在棉塞外面用牛皮纸或铝箔纸将其包扎好，准备灭菌。

（4）灭菌。将准备好的三角瓶装入灭菌锅内，盖上一层高压聚丙烯塑料纸开始灭菌，灭菌温度 121℃，0.1MPa，时间 30～50min。

（二）接种

接液体种的母种最好是刚长好的，这样菌种活力较强，若使用冰箱保藏菌种，要提前 24h 取出放于 25℃左右的环境中活化。

在无菌环境中，将母种斜面尖端及气生菌丝弃去不要，用接种环取 10 块绿豆粒大小的菌种 10 块，迅速放入三角瓶中，塞上棉塞，用双层报纸包扎好瓶口，在三角瓶上贴好标签，注明菌种名称、接种日期。

（三）培养

接种后将三角瓶放于磁力搅拌器上，900r/min，温度为该品种发菌的合适温度，时间

为1～2d，目的是将接种块打碎，使菌球小而均匀。然后放到旋转式摇床上，在130～140r/min转速下培养4～6d，不同品种振荡时间有所不同，以菌球浓度达到要求为准（图2-4-4）。

图2-4-4　磁力搅拌器打碎菌种和摇床振荡培养菌种

当三角瓶经过摇床处理达到合适的菌球浓度后，再放在磁力搅拌器上，在1 000～1 300r/min转速下培养1～2d，温度调至该品种的适合温度，目的是将菌球由肉眼可见的菌球打碎成细小的菌球，有利于接种到发酵罐里增加原始发菌点。

三、发酵罐菌种生产

（一）发酵罐菌种生产设备的控制

发酵罐是大批量液体菌种深层发酵过程中最主要的设备。食用菌液体菌种生产中多采用空消和实消灭菌形式。空消即对未加水、未投料的空发酵罐及管道进行消毒，而实消则是对投料后的发酵罐进行高压蒸汽灭菌。由于空气压缩机输出的空气温度高，且含有杂菌、油、水等，因此必须经过空气过滤器处理后才能进入罐体。经供气系统净化的空气，在深层发酵过程中给所培养的菌种提供氧气，促进菌丝体在培养基中不断混合，加快生长，同时保持发酵罐的正压操作，防止外界空气中杂菌侵入。

为了改善通气效率，使发酵罐内不同部位菌种生长条件均匀一致，发酵时还必须进行搅拌。提高罐体搅拌器的搅拌速度，可增强培养液中氧的溶解速率，还可破碎菌体，有利菌丝增殖；但转速过高，菌体受机械破坏过大，不利于菌丝生长。

（二）发酵罐处理

1. 新的发酵罐或者每次发酵罐放罐后，都要进行彻底清洗，一般不需要加入洗涤剂，用刷子和水管冲洗即可，将清洗好的发酵罐中的水放净，备用。

2. 发酵罐正常使用时不需要空消，一般新罐第一次使用前需要进行一次空消，还有当发酵罐确定为感染后需要进行一次空消，空消温度为121℃，0.1MPa，时间30～40min。

3. 如果发酵罐连续染菌，又找不到染菌原因时，可以考虑对染菌罐连带液体进行灭菌，灭菌后再放罐、清洗。

（三）培养基制作

1. 配方

（1）豆粕3g，白糖20g，硫酸镁0.62g，磷酸二氢钾0.62g，水1 000mL。

（2）豆粕3.5g，玉米粉1g，白糖20g，蛋白胨0.5g，硫酸镁0.6g，磷酸二氢钾0.6g，水100mL。

在发酵过程中进行剧烈搅拌时，常形成泡沫，过多的泡沫会使溶氧量减少、菌丝缺氧，所以要加入消泡剂，按照总培养基量0.03％左右的量加入聚环氧乙烯甘油醚（泡敌）或微生物发酵专用的有机硅消泡剂。

2. 配制培养基 按照配方称量原料，用凉水或者温水搅拌均匀，用4层纱布过滤，将过滤好的培养基倒入发酵罐，然后加水至规定水位，加水的同时通入压缩空气，最后加入消泡剂，封闭罐体，打开排气阀门，准备灭菌。

3. 灭菌 发酵罐的灭菌分为培养基灭菌和过滤器灭菌。灭菌温度121～123℃，0.1MPa，时间40～90min。

（四）接种

当罐内培养基温度下降到25℃以下时，在无菌条件下将摇瓶菌种倒入发酵罐内。打开罐口前，用浸透95%以上酒精的火焰圈保护罐口，倒入摇瓶菌种使之不被感染。

（五）培养

根据不同菇类菌丝生长的适宜温度调整培养温度。如黑木耳、杏鲍菇、真姬菇、北虫草培养温度为22℃，平菇为23℃，草菇为35℃。通过调整接种量和培养温度，调节培养时间在5～10d。

在发酵过程中根据菌球形态调整进气压力，进气压力一般0.05～0.15MPa。每天观察菌种的形态、大小、液体澄清度、颜色、排气味道等，并做好记录。随时进行无菌操作采样检查，一般需要进行感官检查菌球生长是否正常，基质颜色是否逐渐变清，排气味道是否逐渐由培养基的味道转为菌丝的香味，培养后期泡沫的多少。用显微镜观察菌丝是否粗壮、分枝情况、锁状联合及杂菌生长情况。接种到牛肉膏蛋白胨液体培养基中观察是否有细菌感染。

复习思考题

1. 如何生产摇瓶菌种？
2. 检测液体菌种质量的方法有哪些？

扫一扫，看
参考答案

任务五 菌种分离

任务目标

◈ 知识目标 >>>

- 掌握子实体组织分离法的步骤及要点。
- 了解菌核及菌索分离法。
- 了解基内菌丝分离法。
- 掌握孢子分离法的要点。

人 能力目标 >>>

- 会选种菇进行组织分离。
- 会利用钩悬法、贴附法、孢子印分离法进行孢子分离。

相关知识

菌种分离是在无菌条件下，将所需要的食用菌与其他微生物分离，在适宜条件下培养以获得纯培养物的过程。分离纯化得到的纯培养物即为母种，母种质量是菌种生产的基础。食用菌菌种分离方法主要有组织分离法、基内菌丝分离法和孢子分离法。无论是组织分离还是孢子分离的菌种，都要通过出菇试验才能筛选出适用于生产的菌种，切不可直接用于生产。

一、组织分离法

组织分离法是指采用食用菌子实体或菌核、菌索的任何一部分组织，培养成纯菌丝体的方法。该方法属无性繁殖，简便易行，菌丝生长发育快，能保持原有性状。

根据分离材料的不同，组织分离法又可分为子实体组织分离法、菌核组织分离法以及菌索组织分离法等。其中子实体组织分离法最常用。

（一）子实体组织分离法

子实体组织分离法是指采用子实体的任何一部分（如菌盖、菌柄、菌褶、菌肉）进行组织培养，而形成纯菌丝体的方法。其中菌柄和菌盖交界处的菌肉最好，因其是新生菌丝发育的、健壮、活力强，作分离材料最合适，而且不易被杂菌污染，制成的菌种播种到菇床上，容易定植成功，生命力强。生产中菇农一般每年有2～3次用组织分离法制作菌种。

1. 种菇的选择　种菇是指被选择出来进行组织分离的子实体。一般在出菇较早且整齐、外观较理想、无病虫害、产量高的栽培袋或菇床上，选择个体肥大、菌盖肉厚、开伞5～7分的幼嫩子实体，切去菇柄，待分离。

2. 接种　在无菌环境条件下，用手将菇体纵向撕开，用在酒精灯火焰灭菌的尖头镊子取菌盖与菌柄交界处一小块菌肉，直径0.1～0.3cm，用无菌的接种环将菌肉放入PDA斜面培养基中部（图2-5-1）。

图 2-5-1　子实体组织分离法示意
1. 子实体　2. 取菌肉　3. 放入斜面

3. 培养纯化　在适宜温度下培养2～4d，可看到组织块上长出白色绒毛状菌丝体，移接到新的培养基上，再经过5～7d适温培养，长满试管后即为纯菌丝体菌种。

4. 出菇试验　将分离得到的试管种扩大繁殖，并移接培养成原种、栽培种，做出菇试验，选出出菇好、产量高、质量好的作为栽培生产用种。

（二）菌核及菌索组织分离法

猪苓、茯苓、雷丸等食用兼药用的子实体不易采集到，而它们的营养贮藏器官菌核则较易获得。蜜环菌、假蜜环菌等在人工培养条件下不易形成子实体，也不产生菌核，它们是以特殊结构的菌索来进行繁殖的。在菌核或菌索上切取一小块组织，通过组织分离培养，即可获得母种。

菌核组织分离与子实体组织分离的方法很相似，即在无菌条件下，从菌核内部挑取块组织接种到斜面培养基上进行培养。由于菌核是食用菌的营养贮藏器官，其中大部分是多糖物质，只有少部分的菌丝，因此应挑取较大的接种块，以免长不出菌丝体来。

菌索组织分离是在无菌环境下，用无菌的解剖刀除去菌索的黑色外皮层（即菌鞘），抽出其中白色菌髓部分，将其剪成小段，移接到培养基中央，在 25℃ 的温度条件下培养，当菌丝长出来后，经几次提纯转管后即可制成母种。因菌索生长在枯木上或埋在土中，为了预防杂菌污染，在配制培养基时常加入青霉素或硫酸链霉素，浓度为 40mg/kg 左右，以抑制细菌的生长繁殖，提高分离的成功率。

二、菇木分离法

菇木分离法又称耳木分离法或寄主分离法，是从生长食用菌的菇木或耳木中获得纯菌丝体的方法。菌丝生长进入木材时，经过了一次大自然的选择，已把分解纤维素、木质素能力弱的菌丝自然淘汰。因此菇木分离培养的菌种一般生活力都较强。木腐菌类的黑木耳、银耳、香菇、平菇等菌类都可以采用此法。在实际生产中，由于这种方法污染率高，所以能用组织分离或孢子分离获得菌种的菇类一般都不采用此法。只有那些食用菌的孢子不易获得，菇体小而薄或有胶质者，组织分离较为困难时，才采用菇木分离法。

1. 菇木的选择　在分离菌类的季节，选择子实体大而肥厚、颜色和形态正常、无病虫害、杂菌少、腐朽程度较轻的新鲜菇木或耳木作种木。

2. 菇木的消毒　从种木上去掉子实体后，为了减少杂菌污染，在分离前先把菇木通过酒精灯火焰反复燎过数次，以烧死表皮上的杂菌孢子，再锯成 1～2cm 厚的横断木块，除去树皮和无菌丝的心材部分，送入消毒灭菌过的接种箱或超净工作台，将木片浸入 75％ 的酒精溶液中浸泡 1～2min，上下不断翻动，然后用无菌水冲洗 3 次。

3. 分离与培养　把消毒过的菇木小木块放到无菌的纱布上，在下面垫上消过毒的木板，用无菌刀把小木块切成半根火柴杆大小的小条，截取两头，移接到培养基中央。在 25℃ 左右的温度下培养 2～3d，菇木小条上一般会长出白色菌丝，再培养 15d 左右，菌丝即可长满斜面。最后从中挑选出生长发育良好的作为母种（图 2-5-2）。

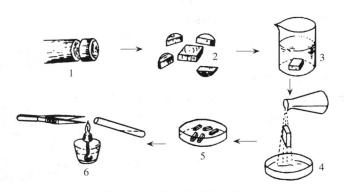

图 2-5-2　菇木分离法示意

1. 种木　2. 切去外围部分　3. 消毒　4. 冲洗　5. 切块　6. 接入试管

三、孢子分离法

孢子分离法是用食用菌成熟的有性孢子（担孢子或子囊孢子）萌发培养成菌丝体而得到菌种的方法。食用菌的有性孢子具备双亲的遗传特性，变异概率大，生命力强，培育成的菌种质量好。有性孢子是选育优良新品种和杂交育种的好材料。双孢蘑菇、草菇等同宗配合的菌类可采用单孢子分离法；香菇、平菇、黑木耳等异宗配合的菌类应采用多孢子分离法，否则菌丝不育，培养成的菌丝体不能产生子实体，不能用作菌种。菇农生产中每年至少进行1次孢子分离获取菌种。

孢子分离法的操作程序是：选择种菇→种菇消毒→采收孢子→接种→培养→挑菌落→纯化菌种→母种。

（一）单孢子分离法

主要用于单孢子的分离。在人工控制下，为了使两个优良品系的单孢子进行杂交，从而选育新的优质菌种，就必须进行单孢子分离。从许多孢子中挑出单个孢子，一般需要单孢子分离器。如果没有单孢子分离器也可采用平板稀释法、连续稀释法、毛细管法获得单个孢子。

（二）孢子印分离法

取成熟的伞菌或胶质菌的子实体，经表面消毒，切去菌柄，菌褶向下，放置于灭过菌的有色纸上（红、黑、蓝、白色），用通气钟罩罩上，在20～24℃室温下静置24h，大量孢子便落在灭过菌的纸上（白色孢子用黑纸）形成孢子印，再从孢子印上挑取少量孢子移入试管培养基上培养。

（三）孢子弹射分离法

它是利用孢子能自动弹出子实体层的特性来收集并分离孢子。它也是生产上常用的一种方法。根据不同的分离采集孢子的装置又有以下3种方法。

1. 钩悬法 在生产上，采集黑木耳、银耳的孢子时常采用此法。在无菌箱内或超净工作台上，将新鲜成熟的耳片用无菌水冲洗数次，然后用无菌纱布将水吸干，取一小片挂在钩子上。钩子的另一端挂在三角瓶口，使分离材料悬于培养基正上方，勿使分离材料碰到瓶壁（图2-5-3）。瓶内装有马铃薯葡萄糖培养基，耳片距培养基表面2～3cm，在25℃条件下培养24h，待成熟孢子落到培养基上后，再把三角瓶拿到灭菌箱内，取出耳片，塞上棉塞，继续培养或把孢子转到试管中培养，从而得到菌种。

图2-5-3 钩悬法示意

2. 整菇插种法 此法是将整个成熟的种菇（如双孢蘑菇、香菇、平菇、草菇等）经表面消毒后，插入孢子收集器内收集孢子（图2-5-4）。在无菌操作下，将孢子稀释成悬浮液，接种到PDA培养基上，萌发成纯菌丝体即菌种。

3. 贴附法 取一小块成熟的菌褶或小块菌盖，用溶化的琼脂或胶水、糨糊之类（均先灭过菌），贴附在试管斜面的正上方试管壁上或培养皿皿盖上，经6～

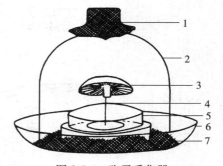

图2-5-4 孢子采集器
1. 包扎系口纱布 2. 玻璃钟罩 3. 种菇
4. 支架 5. 培养皿 6. 搪瓷盘 7. 纱布

12h，待孢子落下后，立即把试管或培养皿中的培养基移到另一消过毒的空白试管或培养皿中进行培养（图2-5-5）。

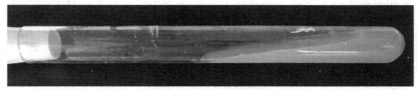

图 2-5-5　贴附法示意

（四）　空中孢子捕捉法

伞菌（如平菇、香菇、金针菇等）的孢子大量弹射时，子实体周围可以看到"孢子云"，可在"孢子云"飘去的上方倒放琼脂平板，使孢子附在其上，再盖上皿盖，用培养皿密封膜封好培养，整个过程动作要尽可能迅速敏捷。

（五）　菌褶涂抹法

取成熟伞菌，切去菌柄基部，带入接种箱内，用75％酒精对菌盖、菌柄进行消毒，用接种环直接插入两片菌褶之间，轻轻地抹过褶片表面，然后用划线法涂抹于试管培养基上。操作时注意勿使接种环抹到暴露在空间的菌褶部分。在野外采集时，人们常用此法分离孢子，从而获得菌种。

复习思考题

食用菌菌种的分离方法有哪些？生产中常用哪种方法？

任务六　菌种质量的鉴定、保藏与复壮

扫一扫，看
参考答案

任务目标

知识目标 >>>

- 掌握不同级别菌种质量鉴定的方法。
- 掌握菌种保藏的方法。
- 了解菌种退化的原因，掌握菌种复壮的方法。

能力目标 >>>

- 会用不同方法鉴定不同级别的菌种质量。
- 会用液体石蜡法、蒸馏水法、固体菌种保藏法保藏菌种。
- 会复壮菌种。

相关知识

一、菌种质量的鉴定

菌种质量的好坏直接关系到食用菌栽培的成败和栽培者的经济利益。把好菌种质量关是

食用菌生产中的关键环节之一，也是食用菌生产中首要的一关。没有高质量的优良菌种，就无法获得食用菌的高产和稳产，从而无法取得良好的经济效益。菌种质量的低劣和混乱常会造成食用菌生产上的巨大损失，甚至会使菇农倾家荡产。

菌种鉴定主要包括两方面的内容，一方面是鉴定未知的菌种是什么菌种，从而避免菌种混乱带来的损失，可根据菌种的生物学特性安排生产；另一方面是鉴定已知菌种质量的优劣，从而选择优良品种，获得食用菌的丰产。

鉴定菌种的优劣是通过菌种质量标准进行的。菌种的质量标准就是衡量菌种培养特征、生理特征、栽培性状、经济效益所制定的综合检验标准。一般从菌种的纯度、长势、颜色、菌龄、均匀度和出菇快慢六个方面进行鉴定。

微课：菌种培养
及质量鉴定

菌种的鉴定有许多方法，其中最可靠也是最实际的方法就是出菇试验。只要通过出菇试验，就不难知道它是什么菌种以及菌种的产量及生产性能。只有产量高、品质好的菌种才是优良菌种。

（一）母种质量的鉴定

一般经母种分离、引进和转管扩大培养后，都应检验食用菌的质量是否符合质量标准，经选优去劣后，才能用于生产。

一般分离培养以及引进的母种都应严格控制转管的次数，次数过多会引起菌种的退化或变异，转管移植的次数最多不要超过 4 次。同时还要考虑其菌龄。菌种随着培养时间的延长，菌龄越来越大，生活力随之逐渐下降，菌种易老化。因此在冰箱低温下冷藏的母种一般不超过 6 个月，超过菌龄的母种不应再用于生产。

微课：细菌隐性
污染的检测

1. 细菌隐性污染的检测　母种在培养过程中，因没有及时挑拣污染管，菌种菌丝覆盖细菌，故在使用前应进行细菌隐性污染检测。方法是将母种在无菌条件下接入牛肉膏蛋白胨液体培养基中，32～37℃条件下培养 48h，如果培养基变混浊，则说明母种存在细菌性污染。

2. 菌种活力检测　用溴百里香酚蓝法进行检测。溴百里香酚蓝在中性及弱碱性条件下呈蓝黑色，在酸性条件下呈黄色。将母种接种至含有溴百里香酚蓝液体培养基中，适温培养，菌丝在生长过程中会分泌有机酸，同一个品种有机酸分泌快则菌丝活力强，溴百里香酚蓝变黄色快。溴百里香酚蓝培养基的配方是：马铃薯200g，葡萄糖20g，磷酸二氢钾1.5g，硫酸镁0.5g，溴百里香酚蓝0.06g，水1 000mL。

3. 显微镜镜检　一般优质的食用菌菌种应具有以下特征：①菌丝粗且分枝多；②细胞质浓度高且颗粒多；③菌丝有隔膜；④有锁状联合的食用菌锁状联合明显。

4. 外观肉眼鉴定　菌丝浓白、粗壮、富有弹性，则生命力强。如有淡茶褐色的菌膜及子实体，接种时应除去，仅用基内菌丝。若菌丝已干燥、收缩或菌丝体自溶产生大量红褐色液体，则表明生活力下降，不能继续作菌种使用。

5. 长势鉴定　将母种接种到干湿度适宜的培养基上，在适宜的条件下培养，菌丝生长快、整齐、浓而健壮的是优良菌种。菌丝生长过慢，不整齐且凌乱的则是不好的菌种。

6. 温度适应性鉴定　接种后，在适温下培养一周，再放入高温下培养，高温指一般菌类为30℃，凤尾菇、灵芝等高温型菌为35℃，培养4h菌丝仍然能健壮生长的为优良菌种，若在高温下菌丝萎缩则为不良菌种。

7. 干湿性鉴定　将母种接种到不同干湿度的培养基上培养，以观察菌种对干湿度的适应性。能在偏干或偏湿培养基上生长良好的菌种为符合要求的母种。在1 000mL培养基内加入16.5g琼脂为湿度适宜培养基，加入15g琼脂制成的培养基为偏湿培养基，加入18g琼脂为偏干培养基。

8. 出菇试验　将菌种接到木屑、粪草、棉籽壳等代料培养基上，置于适宜的条件下培养，菌丝生长健壮、出菇快、朵形好、转潮快、潮次多、抗病性强、产量高的为优良菌种。

（二）原种和栽培种质量的鉴定

只有严格进行检验，才能保证菌种的质量。好的原种和栽培种一般都符合下列要求。

1. 生产原种和栽培种所用母种的要求　用转管次数不超过4次的母种生产原种和栽培种。

2. 原种和栽培种长满后最好立即使用　没有保藏条件的最多不要超过10d，即使外表看上去健壮也不能再用，否则接种后发菌速度慢、子实体畸形、产量低。一般食用菌的原种和栽培种在5℃以下可保藏3个月以上。

3. 原种和栽培种的外观要求

（1）菌丝生长健壮，绒状菌丝多，生长整齐。

（2）菌丝已长满培养基，银耳的菌种还要求在培养基上分化出子实体原基。

（3）菌丝色泽洁白或符合该菌的颜色。

（4）菌种瓶内无杂色出现和杂菌污染。

（5）菌种瓶内无黄色汁液渗出。

（6）菌种培养基不能干缩与瓶壁分离。

4. 常见优质原种和栽培种的性状

（1）平菇。菌丝粗壮，浓白，密集，爬壁力强，菌柱断面菌丝浓白，清香，无异味，发菌快，为优质菌种的性状。

（2）猴头菇。菌丝洁白，细绒毛状，紧贴培养基放射状生长，呈星芒状或点片状，后期在培养基上易产生珊瑚状子实体原基，培养基的颜色常变为淡棕褐色，为优质菌种的性状。

（3）金针菇。菌丝洁白，较粗壮，密集，长绒毛状，外观似细粉状，培养后期菌种表面易产生菇蕾，为优质菌种的性状。

（4）香菇。菌丝洁白，棉毛状，后期见光后易分泌出酱油色液体，呈褐色，有时表面产生小菇蕾，为优质菌种的性状。

（5）黑木耳。菌丝洁白，密集，绒毛状，短而整齐，全瓶发育均匀，有时瓶壁间出现淡褐色、褐色、浅黑色的梅花状胶质物即子实体原基，为优质菌种的性状。

（6）银耳。银耳菌丝与香灰菌菌丝按比例混合培养。羽毛状菌丝生长健壮，成束分布，黑疤多，分布均匀，无其他杂斑；同时银耳菌丝吃料较深，瓶内有发白的棉毛团或耳片，为优质菌种的性状。

（7）草菇。菌丝呈透明状的白色或黄白色，分布均匀，常有大量红褐色的厚垣孢子堆，为优质菌种的性状。

（8）双孢蘑菇。菌丝灰白带微蓝色，密集，细绒状，气生菌丝少，贴生菌丝在培养基内呈细绒状分布，发菌均匀，有特有的香味，为优质菌种的性状。

（9）灵芝。菌丝白色，密集，以接种点为中心，呈辐射状向四周生长，接种点菌丝常呈淡黄白色，菌丝贴生于培养基表面，易形成菌膜，为优质菌种的性状。

（10）滑菇。菌丝洁白，密集，棉絮状，上下分布均匀，用手指按菌种柱有弹性，菌柱

的断面呈白色或橙黄色，颜色均匀一致，用手捏碎成大块而不是粉末，为优质菌种的性状。

二、菌种的保藏方法

与其他生物一样，食用菌都具有遗传和变异的双重特征。遗传保证了子代性状特征的相对稳定，为菌种保藏奠定了基础。变异使子代性状发生了与亲本不同的某些改变，给菌种的保藏带来了困难。

保藏菌种一般以试管保存。菌种保藏的原理是采用低温、干燥、缺氧、避光等措施，抑制食用菌菌丝生长，使生命活动处于休眠状态。

菌种保藏的目标，首先在于使菌种经过较长时间的保藏后仍然能保持原有的生活力，不至于死亡灭种；其次尽可能地保持原有的优良生产性能，其形态特征和生理特征不发生或少发生变异；第三要保持菌种的纯正、无杂菌污染等。

（一）斜面低温保藏

斜面低温保藏菌种是一种最常用、最简单的母种保藏方法。将长满斜面的试管母种放于1～4℃的冰箱中，每3～6个月转管1次。

为了减少培养基水分的蒸发，延长菌种保藏时间，可将琼脂量增加到2.5%，并在这些培养基中加入0.2%的磷酸二氢钾以缓冲菌种在保藏过程中产生并积累的有机酸。

菌种在使用时，提前12～24h从冰箱中取出，放于25℃左右的环境中恢复活力后方能转管移植。

（二）液体石蜡保藏

微课：液体石蜡
保藏菌种

液体石蜡保藏又称矿油保藏，即用矿油覆盖斜面试管保藏菌种的方法。矿油是指无色、透明、黏稠、性质稳定、不易被微生物分解的液状石蜡，用于覆盖斜面菌种之上，可以隔绝空气，防止培养基水分蒸发，抑制微生物的代谢活动，推迟细胞老化，从而达到长期保藏菌种的目的。

具体做法：将需要保藏的菌种接到培养基上，最好用综合马铃薯琼脂培养基，在适温下培养至菌丝长满斜面备用。然后把液体石蜡装入三角瓶内，装至瓶体1/3处，塞上棉塞，用纸包扎，在0.098MPa压力下，高压灭菌1h，灭菌后，放在40℃恒温箱中，使水分蒸发至石蜡液透明为止。冷却后，在无菌接种箱或超净工作台的无菌条件下操作，用无菌吸管吸取无菌液体石蜡，分别注入待保存的各个菌种试管内，注入量以淹过斜面尖端1cm为宜，然后用无菌橡皮塞封口（图2-6-1）。在室温条件下或10℃左右环境中垂直放置保藏，可有效保藏5～7年，每1～2年应移植一次。使用时不必倒去矿油，只要用接种针从斜面上挑取一小块菌种即可，但要尽量少带矿油。余下的试管中的母种可以继续保藏。由于直接挑取的菌种块沾有石蜡，生长较弱，需经再次转接培

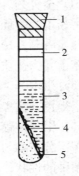

图 2-6-1 矿油保藏
1. 胶塞 2. 标签 3. 矿油
4. 菌种 5. 培养基

养一次才能恢复正常生长。这种方法保藏菌种的缺点是必须垂直放置菌种试管，不便于运输、邮寄。因矿油易燃，在转接操作时应注意安全，防止烧伤皮肤或引起火灾。

（三）固体菌种保藏法

1. 木屑保藏法 此法适用于木腐菌。利用木屑培养基作保藏木腐菌用的培养基比使用

PDA 培养基更好，因为在木屑培养基上菌丝容易生长而且菌丝量大，有利于菌种保藏。

木屑保藏种培养基配方：78％阔叶树木屑、20％米糠或麦麸、1％石膏粉、1％蔗糖，含水量60％。培养基装入长 18cm、直径 18mm 或更大的试管中，装入量为试管长度的 3/4 左右，126～128℃，0.14～0.15MPa，高压灭菌 1h。冷却后接入菌种，25℃培养10～15d。待菌丝长满培养基时取出，在无菌操作下换上无菌的橡皮塞，放入冰箱 1～4℃保藏，1～2 年转管 1 次即可。

2. 麦粒菌种保藏法　采用麦粒培养基作为保藏菌种的培养基，可保藏菌种 1 年以上。

具体操作方法：选择籽粒饱满、新鲜、无病虫害的小麦粒，用清水浸泡 8～12h，稍滤干后分装入试管，容量为试管长的 1/4，塞好棉塞，在 0.147MPa 压力下灭菌 1h，28～37℃培养 24h 后，再在 0.147MPa 压力下灭菌 1h。在无菌操作下，将要保藏的菌种接入灭好菌的麦粒培养基内。在 25℃下菌丝长满培养基，再放入干燥器内干燥 1 个月，放入 4℃左右的冰箱内或室温下保藏。使用时，在无菌操作下每支斜面培养基中央接上一粒麦粒，培养至菌丝长满斜面即可。

3. 粪草保藏法　此法适用于草菇、双孢蘑菇等草腐性菌类的菌种保藏，即采用发酵过的粪草作培养基，培养出菌种，放于冰箱或室温下保藏即可。

具体操作方法：取发酵培养料，晒干除去粪块，剪成长 2cm 左右，在清水中浸泡 4～5h，使料草浸透水，然后取出，挤去多余的水分，使料的含水量在 68％左右。装进试管，要松紧适宜。装好后擦净瓶口，塞上棉塞，进行高压灭菌 2h。冷却后，接入要保藏的菌种，在 25℃下培养。菌丝长满培养基后，在无菌操作下换上无菌胶塞并蜡封，放在冰箱 2℃下保藏，2 年转管 1 次。

（四）无菌蒸馏水保藏法

在无菌条件下，将无菌蒸馏水注入长满菌丝的斜面试管内，水面高出斜面 1cm 左右，将试管直立在冰箱中保藏。此法可使大部分菌株保藏约 4 年。

如果保藏孢子，则按常规方法采集孢子，然后将孢子挑入装有无菌水的试管中，用硅胶塞封口后放入冰箱低温保藏。

使用时直接从试管内移出菌丝块，或用接种环蘸取孢子悬液，接入培养基上即可。

（五）液氮超低温保藏法

液氮超低温保藏法是将菌种装在含有冷冻保护剂的安瓿瓶内，之后放入液氮（－196℃）中进行保藏的方法。菌丝体处于超低温下，代谢完全停止，不需定期转接。液氮超低温保藏法是菌种长期保藏最有效、最可靠的方法。具体方法如下：

1. 准备冰冻保护剂　经高压灭菌的保护剂 0.8mL 盛放于 1mL 安瓿瓶中。冰冻保护剂常用 10％甘油或 10％二甲亚砜（DMSO）。

2. 接种　取母种小块放入准备好的无菌冰冻保护剂中。

3. 安瓿瓶封口　用火熔封安瓿瓶瓶口。

4. 降温处理　将封好口的安瓿瓶放在慢速冷冻器内，以每分钟下降 1℃的速度缓慢降温至－35℃左右，使瓶内的保护剂和菌丝块冻结。然后冻结速度不再控制，直到－150℃以下。立即将冻结的安瓿瓶置于液氮罐中保藏。

5. 复苏培养　启用液氮超低温保存的菌种时，应先将安瓿瓶置于 35～40℃的温水中往复振荡，使瓶内的冰块快速融化，然后在无菌条件下开启安瓿瓶，取悬浮的菌丝块移植于适

宜的培养基上活化培养。

三、菌种退化与复壮

菌种退化是指食用菌菌种在传代、保藏和长期栽培过程中，某些原来的优良性状逐渐消失或变弱，出现菌丝生长缓慢、尖端生长不整齐、长势稀疏、分泌色素变多的现象，总之母种阶段出现连续的、可以遗传的异常表现，就很有可能是菌种退化了。

（一）菌种退化的原因

1. 培养环境　食用菌的生长环境包括温度、湿度、光照、氧气，其中能够引起食用菌菌种退化的环境因素主要是温度，这是因为温度对生物代谢的影响最大。母种在培养、保藏、运输过程中，如遇到高温或低温时，菌种的遗传特性可能发生改变，丧失其应具有的优良生产性状，极易引起食用菌菌种退化。

2. 培养基　培养基不适合菌种生长，会引起食用菌菌种退化，如培养基的营养构成与酸碱度不适合菌种生长。

3. 转代次数　采用不正确的菌种制作和培养的转代，容易引起食用菌菌种退化，转代的次数越多，引起食用菌菌种退化的可能性就越大。

4. 粉孢子、节孢子和分生孢子　在母种菌丝阶段，能够产生粉孢子、节孢子和分生孢子的品种，容易出现食用菌菌种退化。粉孢子等在条件适宜时会萌发出菌丝，这些菌丝是不具有结实能力的，或者说结实能力很差。继续转代后，与正常的菌丝混合在一起，从整体上看，菌丝外观可能没有任何异常，但是最终会影响到产量和质量。

微课：利用尖端菌丝复壮杏鲍菇母种

5. 菌种保藏　食用菌生产离不开菌种保藏，菌种保藏方法不当，保藏时间过长，保藏温度过高或过低，都有可能引起食用菌菌种退化。特别是在菌种保藏期间，斜面母种出现子实体，子实体虽然不会长得很大，但是只要有菌盖形成，就可能有孢子弹射在斜面上，条件合适就会萌发出菌丝，形成无性繁殖和有性繁殖混合体，造成食用菌菌种退化。

（二）菌种复壮

微课：阿魏草培养基复壮杏鲍菇母种

从衰退的群体中寻找尚未衰退的个体进行分离培养，达到恢复菌种优良性状的过程，称为菌种复壮。在实际生产中，一般在菌种尚未退化之前进行菌种复壮。菌种复壮主要有以下几种方法。

1. 尖端菌丝分离法　挑取健壮菌丝体尖端1～2mm，进行纯化培养，使菌种恢复原有的生活力和优良种性，达到复壮的目的。

2. 分离复壮　从栽培的群体中，选择具有本品种典型性状、生长健壮、无病虫害的子实体进行组织分离和孢子分离获得菌种，结合出菇试验，如果复壮菌种与原来菌种性状一致，则表明菌种得到复壮。

微课：加富培养基配制

3. 经常更换培养基　长期使用同一培养基继代培养菌种，可能使菌种生活力逐渐降低。为此在菌种转接、保藏的过程中，要经常更换培养基配方，以刺激菌丝生长，提高菌种活力。还可以用该菌种在自然环境下生长的物质制作成培养基，然后转接菌种，从而达到复壮的目的。如复壮杏鲍菇母种时，可以用含有阿魏草的培养基培养，菌丝生长势显著提高。

复习思考题

1. 菌种保藏的目的及原理是什么?
2. 常用的菌种保藏方法有哪些? 请列举出至少 3 种具体方法。
3. 什么是菌种退化? 菌种退化的主要原因是什么?
4. 菌种复壮的方法有哪些?
5. 优质母种、原种和栽培种一般符合哪些条件?

扫一扫,看
参考答案

项目三

常见食用菌栽培技术

任务一　平菇栽培

任务目标

◇ **知识目标 >>>**

● 掌握平菇的生理特性。
● 掌握平菇不同栽培方式中培养料的处理方式。
● 掌握平菇栽培的关键技术。

能力目标 >>>

● 会用熟料栽培方式栽培平菇。
● 会制作发酵料。
● 采用生料栽培时会处理培养料。

相关知识

一、概述

平菇是担子菌纲伞菌目侧耳科，侧耳属中可以栽培的一些种类。侧耳属真菌的子实体成熟时，菌柄多侧生于菌盖的一侧，形似耳状，因此得名。狭义概念的平菇一般指糙皮侧耳（*Pleurotus ostreatus*），也称北风菌、冻菌、蚝菌等。

平菇肉质肥嫩，味道鲜美，营养丰富。蛋白质含量占干物质的10.5%，含有18种氨基酸，并含有大量的谷氨酸、鸟苷酸、胞苷酸等增鲜剂，这是平菇风味鲜美的主要原因。此外，还含有丰富的钙、磷、铁、钾等矿质元素以及B族维生素、维生素C、维生素K等，已被联合国粮食及农业组织（FAO）列为解决世界营养源问题的最重要的食用菌品种。

平菇含有微量牛磺酸、多种酶类、侧耳多糖，可促进消化、降低血压和胆固醇，有诱发干扰素合成、加强机体免疫的作用，对肿瘤细胞有很强的抑制作用，还可有效地防治胃炎、肝炎、十二指肠溃疡、胆结石、糖尿病和心脑血管疾病。

平菇人工栽培的历史不长。20 世纪初，欧洲人开始用锯木屑栽培平菇，经过 20 多年的努力获得成功。20 世纪 30 年代，日本森木彦三郎和我国黄范希进行瓶栽平菇。1972年，河南省刘纯业用棉籽壳生料栽培平菇成功，这为平菇的大面积栽培奠定了基础。2018 年我国平菇总产量已达 642.82 万 t，是我国栽培量较大的七大食用菌之一。

平菇生活力强，可进行生料、发酵料或熟料栽培，栽培方法多样，管理简便，生长周期短，产量高，收益快。

二、生物学特性

（一）形态特征

1. 菌丝体　平菇的孢子经萌发、伸长、分枝，形成较纤细的初生菌丝。初生菌丝无锁状联合，单核菌丝很快质配形成双核菌丝。平菇双核菌丝体具有锁状联合，分枝性强。平菇菌丝体密集，粗壮有力，气生菌丝发达，爬壁性强，抗逆性强，生长速度快，25℃条件下 6～7d 可长满试管斜面。一般不产生色素，培养时间过长或温度过高或老化会出现黄色斑块。

微课：平菇
生物学特性

2. 子实体

（1）子实体形态。平菇子实体常丛生或覆瓦状叠生。子实体的外形、颜色等因品种和环境条件不同而有差异，但其基本结构是一样的，都由菌盖、菌褶、菌柄三个部分组成。菌盖初期扁半球形，后呈扇形、肾形、浅喇叭形、漏斗形；菌盖幼时颜色深暗，呈灰黑色，以后逐渐变淡，最后呈灰白色、白色、青灰色，因品种不同而颜色各异。菌柄侧生，短或无，内实，白色，基部常有白色绒毛。菌褶生于菌盖下方，白色，延生，在菌柄交织成网络。

当子实体成熟时，菌褶子实层上形成并弹射大量孢子。平菇孢子很小，单细胞，长方体形或圆柱形，光滑无色，弹射数目极多。当弹射量最大时，孢子散发呈雾状。子实体周围散落一层白色或淡紫色粉状物，个别栽培者吸入大量孢子后有过敏症状。

（2）子实体的发育过程。

①原基分化期。菌丝体达到生理成熟后，在适宜的温度、温差、空气和光照刺激下扭结成团，当有黄色水珠出现时，分化出子实体原基，呈瘤状突起（图 3-1-1）。

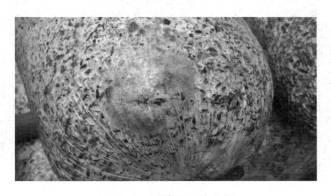

图 3-1-1　平菇原基分化期

②桑葚期。原基进一步分化发育，成为小米粒状的菌胚堆，形似桑葚表面，称为桑葚期

（图 3-1-2）。一些散生的平菇如凤尾菇等不形成桑葚期，形成原基后进入珊瑚期。

图 3-1-2　平菇桑葚期

③珊瑚期。米粒状菇蕾继续伸长，呈短杆状，形似珊瑚。在珊瑚状子实体形成过程中，有的小颗粒发育成子实体，有的小颗粒被自然淘汰，这一时期为菌柄主要生长时期（图 3-1-3）。

图 3-1-3　平菇珊瑚期

④成形期。原始菌柄逐渐加粗并在顶端形成青灰色的小扁球，即原始菌盖。菌盖生长很快，而菌柄生长逐渐转慢（图 3-1-4）。

图 3-1-4　平菇成形期

⑤成熟期。菌盖迅速生长而展开并发育成熟（图 3-1-5）。

图 3-1-5　平菇成熟期

（二）生理特性

1. 营养条件　平菇属于木腐菌，分解木质素、纤维素、半纤维素的能力极强，栽培料极其广泛。碳源一般为农副产品的秸秆、皮壳，如棉籽壳、玉米芯、稻草、麦秸、甘蔗渣、废棉、花生壳等；氮源一般为麦麸、米糠、饼粉、玉米面、尿素等。碳氮比对平菇生长具有重要作用，配制培养料时碳氮比以 23∶1 为宜。配制培养料时一般加入钙镁磷肥、轻质碳酸钙、石灰等补充矿质元素。

2. 环境条件

（1）温度。平菇为低温型变温结实性菌类，适当的温差刺激有利于原基形成。菌丝体在 3～35℃范围内均能生长，适宜温度为 24～28℃。菌丝具有很强的耐寒性，即使在 −15℃低温环境下菌丝也不会冻死。形成子实体的温度范围是 5～26℃，有的更高，甚至可达 30℃，不同品种的子实体发生对温度要求不同。根据子实体分化时期对温度的要求不同，将平菇分为 3 个温型。

①低温型。子实体分化的温度范围为 5～15℃，适宜温度为 8～13℃。

②中温型。子实体分化的温度范围为 12～22℃，适宜温度为 15～20℃。

③高温型。子实体分化的温度范围为 20～30℃，适宜温度为 25℃左右。

有的平菇是广温型品种，子实体分化温度范围较广，但广温型品种也有偏低温或中温、高温之分，选择时要注意与栽培温度相匹配。

当栽培袋内菌丝生理成熟后，在适宜温度范围内，昼夜温差越大，子实体原基越易形成。在子实体发育的适温范围内，温度偏低则菇质肥厚；温度过高，菇体虽成熟加快，但盖薄、质差。栽培时应根据各地气候条件正确选择温型不同的平菇品种。

（2）水分和湿度。平菇属喜湿性菌类，耐湿性较强。菌丝体生长阶段，因采用的培养基质材料不同，其物理性状（吸水性、孔隙度、持水率）也不同，配制培养料时，应根据不同的培养基质调整含水量，确保基质内水、气比例适宜，菌丝健壮生长。如棉籽壳培养料的含水量应保持在 60％～65％，稻草培养料含水量为 65％～70％，木屑培养料含水量为 55％左右。

发菌期空气相对湿度为 60％～70％，低于 60％菌包失水，高于 70％则易染杂菌。子实体生长阶段要求环境中空气相对湿度为 85％～90％。低于 70％时子实体生长缓慢，过低会造成子实体干瘪，影响产量；高于 95％时影响子实体蒸腾作用，进而影响营养物质向子实体的传送速度，而且子实体易变色腐烂。

（3）空气。平菇属好气性真菌，菌丝和子实体的生长发育都需要氧气。

发菌阶段，平菇菌丝较其他菌类较耐二氧化碳，即使二氧化碳浓度超过 1%，仍能生长。子实体分化和生长阶段需要大量的氧气，空气中二氧化碳浓度不宜超过 0.1%。通风不良，二氧化碳浓度过高，会导致原基难以形成，或形成柄长、盖小的畸形菇，严重时菌柄丛生并分叉，无菌盖，形成高脚菇、菜花菇或珊瑚状菇等畸形菇。

（4）光照。菌丝生长阶段几乎不需要光线，弱光和黑暗条件下均生长良好，光照强抑制菌丝生长。子实体分化阶段，50～1 000lx 光照下子实体均能发生。光照超过 2 500lx 原基发生显著减少，甚至不能形成。光照太弱，原基数减少，分化出的幼小子实体菌柄细长，菌盖小，畸形菇多。同一品种在光照弱的条件下颜色浅，多为白色、浅灰白色；而在较强的光照条件下颜色深，多呈青灰色、灰褐色或黑褐色。

（5）酸碱度。平菇菌丝喜欢偏酸环境，适宜的 pH 为 5.5～6.2。在平菇生长发育过程中，由于代谢作用会产生醋酸、琥珀酸、苹果酸、草酸等，使培养料 pH 逐渐下降，此外培养料拌料、装袋、灭菌时 pH 也下降，因此为了使平菇能更好地生长和抑制杂菌的发生，在配制培养料时，应调节 pH 为 7.5～9.0，使其偏碱性。一般用新鲜生石灰来调节 pH，同时为稳定 pH，在配制培养料时，常添加 1%～2% 的轻质碳酸钙或石膏，使培养料不致因 pH 下降过多而影响平菇的生长。

三、栽培技术

当前平菇栽培主要采用代料栽培，代料栽培主要是用棉籽壳、木屑、甘蔗渣、玉米芯等农业下脚料代替传统的段木或原木栽培，平菇代料栽培依其对培养料的处理情况，可分为熟料栽培、发酵料栽培和生料栽培 3 种。依据栽培容器可分为瓶栽、袋栽、压块栽培、箱栽、大床栽培。依栽培场地分为室外栽培和室内栽培。虽然平菇栽培方法多样，但它们之间有一定联系，只要掌握一种方法，其他方法触类旁通，在这里重点介绍平菇熟料袋栽、生料袋栽和发酵料袋栽。

（一）熟料袋栽

熟料袋栽是栽培平菇的基本方法，也是栽培其他木腐菌的最主要方法之一。优点是菌种用量小，培养料中的养分易于吸收，发菌受外界环境影响较小，产量高，病虫害较易控制。缺点是接种、灭菌的工作量大，生产成本高，消耗燃料多。

1. 熟料袋栽工艺流程　培养料选择→培养料配制→拌料→装袋→灭菌→冷却→接种→发菌期管理→出菇期管理→采收→转潮期管理。

2. 栽培季节　平菇虽然有各种温型的品种，适宜一年四季栽培，但是平菇绝大部分品种属中、低温型，只不过是人为地选育了少数高温型来满足夏季生产需要，因此春、秋两季是平菇生产的旺季。根据不同的品种特性安排适宜的生产季节，辅之以防暑、保温措施和适当的栽培方式可以获得栽培成功。一般根据平菇的生长特点，把出菇初始期往前倒推 30～40d 为接种时期，然后再根据市场和生产的具体情况做出相应调整。

3. 培养料选择　适宜平菇熟料栽培的原料种类较多，主料有棉籽壳、甘蔗渣、玉米芯、木屑、废棉、果木等，辅料有麦麸、玉米粉、豆粕、棉籽粕等。其中棉籽壳一般用中壳中绒，甘蔗渣为防刺破袋用发酵的，玉米芯用颗粒直径 0.8～1.0cm。栽培用的原料均新鲜无霉变。

栽培平菇常用的配方如下：

（1）棉籽壳 80%，麦麸 13%，豆粕 2%，玉米粉 3%，石膏粉 1%，石灰 1%。

（2）棉籽壳 50%，废棉 30%，麦麸 13%，豆粕 2%，玉米粉 3%，石膏粉 1%，石灰 1%。

（3）木屑 30%，棉籽壳 25%，玉米芯 30%，麦麸 10%，玉米粉 3%，石膏粉 1%，石灰 1%。

（4）玉米芯 80%，麦麸 13%，豆粕 2%，玉米粉 3%，石膏粉 1%，石灰 1%。

4. 拌料　将原料按照配方进行配制，然后进行拌料，棉籽壳、玉米芯、木屑等主料与辅料搅拌均匀。拌料的标准是要做到"三均匀"，即干湿均匀、酸碱均匀、主辅均匀。熟料栽培时，培养料的含水量为 63%～65%，含水量适宜的标准是用手抓一把培养料握紧，指缝中有水渗出，滴而不成线。因拌料装袋及灭菌过程中有大量微生物繁殖，会产生柠檬酸、琥珀酸、草酸等酸性物质，pH 下降较快，为此拌料装袋前可将 pH 调到 8.5～9.0，灭菌结束后培养料的 pH 一般会在 6.0 左右。

5. 装袋　熟料栽培平菇一般选用高密度聚乙烯袋而不选用聚丙烯袋，因聚丙烯袋收缩性差，第二潮菇后容易侧壁出菇，袋子规格为（17～24）cm×（33～50）cm、厚 0.003cm，袋子小的一头出菇，袋子大的两头出菇。

装袋方式有机械装袋和人工装袋两种方式，不管采用哪种装袋方式，均要求松紧适宜。一般 17cm×35cm 的袋子装湿料量为 1 200～1 250g，高度为 18～19cm。装袋时不宜过紧，太紧培养料透气性差，菌丝生长过程中容易缺氧；装料太松，培养料与袋壁间有许多空隙，容易发生菌袋周身出菇，即菌棒在袋内形成原基，造成营养浪费。

6. 灭菌　灭菌方式有常压灭菌和高压灭菌。常压灭菌温度 100℃，灭菌时间 10～14h，灭菌结束后再闷一晚上。因栽培平菇多选择高密度聚乙烯袋，高压灭菌时温度一般为 113～115℃，0.06～0.07MPa，时间 150～180min。若料袋大、装量多，灭菌时间可以更长。不论采用哪种方式灭菌，菌袋排放不要过于密集，要留有蒸汽通道，让蒸汽在蒸仓内有回旋的余地，避免出现灭菌死角。

7. 接种　将灭菌完毕的料袋放入提前消毒的冷却室中，待料温下降到 30℃ 以下后，在消毒好的接种室中接种。灭菌的菌袋要在 2d 内及时接种，菌袋久放会增加菌袋感染率。

接种时，将菌种瓶表面的老化菌种剔除，用镊子把菌种取出接入料袋内。平菇熟料接种一般用枝条菌种，两人一组，枝条菌种发菌速度快；有的接种液体菌种，液体菌种发菌速度比枝条菌种快 10d 左右，液体接种的菌包发满菌后要后熟 7～10d。接种过程要严格无菌操作，动作要快，尽量缩短接种时间，防止杂菌感染。

8. 发菌期管理　接好种的菌袋要立即搬入培养室内进行发菌。发菌期主要调节温度、湿度、通风和防止杂菌污染。传统栽培时，适时接种，充分利用自然温度发菌；工厂化生产菌包时，可不必受外界温度的影响。

传统栽培发菌时，菌袋的堆放要视天气情况而定。气温高时，应码放稀疏一些，码放层数不可过多，有利于散热，否则会出现烧菌现象（图 3-1-6）。气温低时，码放层数可以多些，有利于菌袋利用自身产生的热量提高温度，促进菌丝正常生长（图 3-1-7）。一般来说，菌袋内的温度比培养室内的温度高 2～3℃。在管理上要经常观察堆内的温度变化，尤其是高温季节。

图 3-1-6　单层摆放发菌　　　　图 3-1-7　多层码放发菌

（1）发菌温度及湿度。发菌温度一般为 20～22℃，袋内温度最高不要超过 30℃。温度过高容易烧菌，烧菌导致菌丝细弱，即使后期温度恢复正常也很难弥补。发菌期空气相对湿度宜控制在 60%～70%，低于 60%菌包易失水，高于 70%菌包易感染杂菌。

（2）通风换气。菌丝生长过程中要消耗大量氧气和排放二氧化碳。因此，应结合室内的温度、湿度调节，进行通风换气。气温高时在早晚通风，气温低时在中午短时间换气。一般接种后的 1～10d，菌丝生长量小，通风量要小；10～22d，菌丝生长量大，通风量要大；后期菌丝生长速度降低，可少量通风。总之通风量的多少要结合菌丝生长速度、外界温度等情况综合考虑。

（3）光照。平菇发菌期不要见光，光照对菌丝生长不利，而且容易引发菌包尚未发满菌就出菇的问题。

（4）发菌情况检查。接种后，在适宜的温度条件下培养 4～6d，就应逐袋检查接种质量及接种是否成活。菌种未萌发的，应重新补接。还要检查菌袋是否被杂菌污染，当发现污染严重时，就应分析其原因并及时处理。通常在生产中会出现以下情况。

①栽培种污染。其特征是当接种 3～5d 后菌袋大批污染，而且杂菌分布在菌种块周围和培养基的表面上。解决的办法是尽快把污染袋重新灭菌接种，并严格检查菌种质量。

②灭菌不彻底造成的污染。其特征是接种 7d 以后，菌袋逐渐大批量污染，霉菌的菌落分布没有规律，随机散落于培养料中。解决措施是把污染袋重新进行灭菌、接种。

③接种操作不当造成的污染。其特征是菌袋有少部分发生污染，霉菌菌落星星点点分布在培养料面上，这是操作不当造成的污染。主要包括以下原因：一是接种工具、双手未严格消毒；二是接种箱（室）消毒不彻底，造成杂菌孢子密度大所引起；三是封口纸未封严，在搬动、培养阶段外部杂菌从袋口封纸处的空隙入侵培养料。解决的办法是严格遵守无菌操作程序。

④培养期间污染。培养中期平菇菌丝已经生长 5～8cm 时，菌袋中部被杂菌污染。一般原因是培养料温度或水分偏高，或灭菌、接种和培养过程中弄破塑料袋而引起的污染。在培养室要注意消灭老鼠和蟑螂，在搬动料袋中防止刺破袋。

（5）发菌期要做好消毒及防虫措施。发菌期每隔 5～10d 用主剂为二氯异氰尿酸钠的烟熏剂，或二氧化氯（如必洁仕）雾化剂，或地面撒石灰等方式杀菌消毒，外界温度高时可间隔时间短些，温度低时可间隔时间长些。每隔5~10d用阿维菌素或高效氯氰菊酯等杀虫。

9. 出菇期管理 出菇场地要求清洁，通风良好，有保温设施，取水排水方便，使用前进行消毒杀虫处理，并在通风口处安装防虫网，地面撒石灰。

在适宜温度下，通常25~35d菌丝即长满菌袋。几天后，菌袋表面菌丝开始分泌黄水，即可转入出菇房或菇棚进入出菇期管理。进入出菇棚或菇房，要根据外界气温码放出菇期菌袋。温度低，菌袋码放层数多；温度高，菌袋码放层数少。每排之间间隔1m左右，留作采菇和管理通道。

（1）温度控制。一般情况下菌丝长满后温度应低于20℃，并有3~12℃的温差，有利于刺激原基形成。平菇子实体发育期间的温度会影响菇蕾生长的快慢，影响菌盖的颜色。如佛罗里达平菇为白色中温型品种，在20℃以上出菇，菌盖为白色，在15℃以下低温，菌盖色泽变为黄褐色。通常情况下，温度越低，子实体生长越慢，但菌盖肥厚，菌盖色泽越深，品质也越优。温度高时子实体生长快，色泽浅，肉薄、疏松、易破碎，品质差。

（2）湿度的管理。原基形成期、桑葚期、珊瑚期空气相对湿度应控制在85%~90%，不要用水喷珊瑚期前的平菇，以免引起菇蕾死亡或感染病菌。幼菇期及快速生长期，可根据平菇的生长状态用微喷管喷水，棚内空气相对湿度为85%~90%。

（3）通风换气。平菇子实体生长发育时耗氧量大，对二氧化碳浓度敏感，当室内通风不良时，易形成菌盖小、柄长的畸形菇。在菇房通风换气时，也不要通风过于剧烈，以免吹干菇蕾。总之，通风要看天看菇，温度高时早晚通风，温度低时午间通风，菇生长量小时可少量通风，菇生长量大时可多次通风。

（4）光照控制。在子实体生长期间，也同样要注意光照，栽培室太暗，形成的菇蕾易发育成树枝状的畸形菇，也影响菌盖的色泽，所以栽培场所要有适当的散射光，比较适宜的光照度为500~1 000lx。

10. 采收 平菇子实体从原基形成到采收一般7~10d，当菌盖展开度达八成，菌盖边缘没有完全平展时，就要及时采收。采收的方法是用左手按住培养料，右手握住菇柄，轻轻旋转扭下。采前3~5h不要喷水，使菇盖保持新鲜干净。

11. 转潮期管理 转潮期是指从一潮菇采摘结束到下一潮菇子实体原基出现的时间。平菇出菇潮次分明，每潮菇采收后，要将菌袋口残留的死菇、菌柄清理干净，以防引发病虫害。然后整理菇场，停止喷水，降低菇场的湿度，以利于平菇菌丝恢复生长，积累养分。7~10d后，又开始喷水，仍按第一潮出菇的管理办法进行。

在出过一至两潮菇后，培养料的水分和营养含量会严重下降，可采用浸（注）水、喷（注）营养液等方式使食用菌菌丝保持旺盛的生命力。补充水分或营养液的方法很多，如用竹签或粗铁丝插3~4个小孔，放入水或营养液浸泡12h，或者用补水针补水。补水或补充营养液的方式一般适用于料温20℃以下，若高于20℃补水，菌丝易缺氧、易感染杂菌或者易得黄菇病。

营养液配方：

（1）菇丰素加三十烷醇。

（2）1%复合肥，0.3%磷酸二氢钾，0.15%硫酸镁，1%石灰，0.1%二氯异氰尿酸钠（克霉灵）。

（二）生料栽培

生料栽培是用没有经过任何热力杀菌，而采用拌药消毒的培养料栽培食用菌的方法。生料栽培的优点是操作简单易行，省工省时，培养料中养分分解损失少，产量较高。缺点是不适合在高温地区和高温季节栽培使用，培养料中虫卵孵化出的幼虫啃食菌丝体影响产量，对培养料的新鲜程度和种类要求严格，拌料时对料中的水分含量要求严格，要求接种量大，料中必须拌有多菌灵或二氯异氰尿酸钠等药剂。

1. 生料袋栽工艺流程　培养料选择→培养料配制→拌料→装袋、接种→发菌期管理→出菇期管理→采收→转潮期管理。

2. 栽培季节的确定　平菇生料栽培应选择气温较低，空气相对湿度较低时进行。因为这时环境中病原菌和害虫数量较少，栽培成功率较高。南方一般选择在11月末至翌年3月初；北方地区一般在10月上旬至翌年4月。

3. 培养料选择　适宜平菇生料栽培的原料种类不多，主料有棉籽壳、废棉，辅料有麦麸、豆粕等。其中棉籽壳一般用中壳中绒。栽培用的原料均新鲜无霉变。

栽培平菇常用的配方如下：

（1）棉籽壳60%，废棉25%，麦麸8%，豆粕2%，石膏粉2%，石灰3%。

（2）棉籽壳85%，麦麸8%，豆粕2%，石膏粉2%，石灰3%。

4. 拌料　将原料按照配方进行配制，然后进行拌料，边拌料边喷水（图3-1-8）。生料栽培拌料时要严格控制水分含量，一般含水量不要超过62%，pH为9～10，堆闷一夜后拌入干料重的0.03%的防虫灵和0.1%的二氯异氰尿酸钠，加适量水溶解后以喷雾的方式加入，边喷边翻拌。

图3-1-8　生料拌料

5. 装料、接种　生料栽培菌袋一般选用规格为（22～26）cm×（45～55）cm、厚0.002 5cm的聚乙烯袋，接种多采用层播，3层菌种2层料或4层菌种3层料。先放一层掰好的菌种于袋底，厚度约1.5cm，然后装培养料，边装边压，装至袋长1/2处时，播一层菌种，厚度约1cm，再装培养料至袋口处，再接一层菌种，厚度1.5cm，整平压实，封口即可（图3-1-9、图3-1-10）。23cm×50cm的袋子装干料量为1.5kg，湿料重3.2～3.5kg，接种量一般占培养料干重的15%。

6. 发菌期管理　生料栽培时，装好袋、接好种后要打孔增氧透气（图3-1-11）。

平菇栽培最关键的环节就是发菌，而影响发菌的最主要因素是温度，其次是通风换

图 3-1-9　掰好的菌种

图 3-1-10　装袋接种

图 3-1-11　打孔增氧

气。装袋播种以后，把袋子搬运到消过毒的培养室或场所中，有时也可在遮阳条件下的室外直接发菌，将袋子平放于地面上或架子上发菌。为了充分利用空间，常常要把袋子在地表堆放数层，垒起菌墙。堆放的层数应根据培养环境的气温来定。在 0～5℃时可堆放菌袋 4～6 层，5～10℃时可堆放 3～4 层，10～15℃时可堆放 2 层，15℃以上时一般不堆放（图 3-1-12）。此外，发菌初期还应及时翻堆，以防料温升高过快、过高，烧死菌种或引起杂菌污染。

　　生料栽培时，一定要低温发菌，而不要在 20℃以上的气温下发菌，这样做有利于防止杂菌污染。一般等到料温比较稳定时，才可堆放较高的菌墙。翻堆的次数应根据菌袋堆放的层数和环境的温度而定。一般情况下，发菌初期翻堆较频繁，每 2d 翻一次，十几

图 3-1-12　排袋发菌

天后，则每隔 5～6d 翻一次。一般 22～30d 即可长满菌袋。温度过低时，发菌时间也稍延长。

生料发菌时还要注意通风换气问题。随着菌丝的快速生长，应不断加强通风换气，并在避光条件下培养。

在同样的环境下发菌，一般生料栽培菌袋比熟料栽培菌袋发菌速度快一些，特别是在低温下要快得多。这是因为生料栽培时播种量大，并且培养料能发酵升温的缘故。因此在大规模生产时，温度低的季节用生料栽培，温度高的季节采用熟料栽培。

7. 出菇期、采收与转潮期管理　出菇期及采收与转潮期管理同熟料栽培（图 3-1-13、图 3-1-14）。

图 3-1-13　出菇初期

图 3-1-14　出菇期

（三）发酵料栽培

发酵料栽培是将培养料堆制发酵一段时间，再接种菌种，进行菌丝培养和出菇管理。在保证料堆通风良好的条件下，堆制发酵使料内嗜热微生物大量繁殖，将料温升至 60～70℃，运用巴氏消毒原理杀死害虫和杂菌，同时将部分大分子营养物质降解为小分子物质，有利于平菇菌丝生长。

发酵料袋栽适合于大规模平菇生产，不需要专门的灭菌设施和接种设备，适合北方地区在中低温条件下规模化制作菌袋。

1. 发酵料袋栽工艺流程　培养料选择→培养料配制→建堆发酵→翻堆→装袋、接种→发菌期管理→出菇期管理→采收→转潮期管理。

2. 确定栽培期　发酵料栽培要避开高温期，宜在早春和秋末进行栽培，以秋末栽培最好。一般早春在 2 月开始，秋季在 9 月开始。

3. 培养料选择　适宜平菇发酵料栽培的原料种类较多，主料有棉籽壳、甘蔗渣、玉米芯、木屑、废棉、果木等，辅料有麦麸、玉米粉、豆粕、棉籽粕等。发酵料栽培可有效预防以玉米芯为主料的培养料产生链孢霉，以玉米芯为主料时提前 12～24h 进行浸泡，防干芯。

发酵料栽培平菇常用的配方如下：

（1）棉籽壳 85%，麦麸 10%，豆粕 2%，石膏粉 1%，石灰 2%。

（2）棉籽壳 50%，废棉 35%，麦麸 10%，玉米粉 2%，石膏粉 1%，石灰 2%。

（3）玉米芯 85%，麦麸 7%，豆粕 2%，玉米粉 2%，石膏粉 1%，石灰 3%。

4. 培养料配制和建堆发酵

（1）培养料配制和建堆。原料按照配方配制，使含水量达 65%～70%，调节 pH 为 8.5～9.5。建堆发酵，堆宽 1.8～2.0m、高 1～1.2m，长度不限，每次发酵的最少用料量不低于 500kg。培养料发酵是好氧发酵，用直径 5～10cm 的木棍每隔 30cm 距离打 1 个孔洞至底部，再在料堆两侧的中部和下部各横向斜打 1 行透气孔，以利于通气、防止烧料、腐败。发酵堆建好后覆盖草苫、麻包、编织袋等能透气的覆盖物盖好料堆，防失水过多，如遇雨天，可用薄膜覆盖防雨淋，但雨后应及时去掉薄膜。

（2）培养料翻堆。由于料堆中高温型好气性微生物活动产生代谢热，堆温会逐渐升高。经 24～48h，距料表约 25cm 深处温度升至 60～65℃（不宜超过 70℃）时，经 12～24h 翻堆 1 次，翻堆时将上下、里外的培养料互换位置，重新建堆、打孔、覆盖。当温度再次升至 60～65℃时，再经 12～24h 进行第二次翻堆。一般堆积发酵需翻堆 3～4 次。堆期因气温及培养料不同而异，棉籽壳为主料一般需 5～7d，玉米芯为主料一般需 7～11d，当培养料色泽均匀转深，质地柔软，料内出现较多白色放线菌，闻不到氨、臭、酸味时，扒堆终止发酵。

最后一次建堆时在料堆表面喷洒 0.1% 二氯异氰尿酸钠和 4.5% 高效氯氰菊酯 1 000 倍液，目的是杀灭料表面的杂菌和害虫。

（3）发酵料质量检查。在预定时间内（建堆 48h 左右）若能正常升温至 60℃以上，开堆时可见适量白色菌丝（嗜热放线菌），表示堆料含水适中，发酵正常。如果建堆后迟迟达不到 60℃，可能是因培养料加水过多，或堆料过紧、过实，或未插孔造成通气不良，不利于放线菌繁殖，堆料不能发酵升温，遇此情况应及时翻堆，将料摊开晾晒。如果堆料升温正常，但开堆时培养料有大量白色放线菌出现，表明培养料含水太少，可在第一次翻堆时适当

添加水分。

5. 装袋与接种　与生料栽培一致。

6. 发菌期、出菇期及采收与转潮期管理　与熟料栽培一致。

扫一扫，看
参考答案

复习思考题

1. 平菇对温度、光照、湿度、通风有什么要求？
2. 试述平菇熟料袋栽技术要点。
3. 试述平菇生料袋栽技术要点。
4. 试述平菇发酵料袋栽技术要点。

任务二　香菇栽培

任务目标

知识目标 >>>

- 掌握香菇的生理特性。
- 了解香菇段木栽培的技术要点。
- 掌握香菇代料栽培的关键技术。

能力目标 >>>

- 会用代料栽培香菇。

相关知识

一、概述

香菇（*Lentinula edodes*）又名香蕈、香菌、香信、锥茸（日本）或冬菇等，在分类上隶属于真菌界担子菌门伞菌纲伞菌目口蘑科小香菇属。我国的香菇分布地区主要包括浙江、福建、海南、台湾、安徽、江西、湖南、湖北、广东、广西、四川、云南、贵州、甘肃、陕西、西藏、辽宁和香港等地。特别是福建的古田县、浙江的庆元县，规模和效益都居全国之首。

香菇肉质肥厚、香味浓郁、营养丰富，含有人体所必需的蛋白质、碳水化合物、纤维素和灰分。据分析，干香菇可食用的部分占 72%，每 100g 食用部分中含水分 13.0g、脂肪 1.8g、糖类 54.0g、粗纤维 7.8g、维生素 B_1 0.07mg、维生素 B_2 1.13mg、烟酸 18.9mg、灰分 4.9g。在灰分中，含钙 124.0mg、磷 415.0mg、铁 25.3mg。香菇含有 18 种氨基酸，其中有 7 种是人体必需氨基酸。香菇中还含有一般蔬菜所缺乏的麦角甾醇，它是维生素 D 的前体，麦角甾醇在阳光或紫外线的照射下可以转化为维生素 D，而维生素 D 是参与人体内钙吸收的重要物质。

香菇也是很好的药用菌，有预防肝硬化和血管硬化、降低血压、抗病毒作用。尤其是香菇多糖，具有调节免疫功能和刺激干扰素形成以及抗肿瘤、抗病毒等功能，目前已普遍用于治疗肺癌、肝癌、胃癌等。香菇所含腺嘌呤及香菇多糖可促进胆固醇代谢而降低其在血清中的含量，对冠心病、动脉硬化、高血压等心血管疾病具有一定的预防和治疗功效。

我国香菇生产至今已有 800 多年的历史，经历了古代砍花栽培、近代段木接种栽培和现代代料栽培 3 个阶段。20 世纪 50 年代我国制成香菇木屑纯菌种，成功用于段木栽培，锯木屑瓶栽香菇也逐步获得成功。80 年代香菇段木栽培技术在全国各地全面推广，与此同时福建省古田县在大田荫棚露地木屑袋栽香菇取得成功。1989 年中国香菇总产量首次超过日本，成为香菇生产、消费、出口第一大国。近年来，香菇已成为我国栽培量最大的食用菌品种，据统计，2017 年全国香菇产量达 986.51 万 t，约占全国食用菌总产量 3 712 万 t 的 26.58%。

二、生物学特性

（一）形态特征

1. 菌丝体 香菇孢子萌发而成的初生菌丝较纤细，有横隔和分枝。两条可亲和的单核菌丝结合后，进行质配，成为具有两个细胞核的次生菌丝。香菇的次生菌丝具有锁状联合。次生菌丝分枝角度大，生活力旺盛，抵抗不良环境能力强，在适宜条件下能大量繁殖并产生子实体。老熟菌丝会分泌褐色素，形成有韧性的菌皮。

微课：香菇
生物学特性

2. 子实体 香菇子实体单生、丛生或群生（图 3-2-1）。子实体由菌盖、菌褶和菌柄等组成。菌盖圆形，直径 4~15cm，有时可达 20cm，表面淡褐色、茶褐色至深褐色，有深色鳞片。幼时呈半球形，边缘内卷，有白色或黄色绒毛，绒毛随子实体的成熟而消失。菌盖下有白色至淡褐色菌膜，破裂后形成不完整的菌环。子实体老熟后，菌盖边缘反卷、开裂。菌肉厚、白色、质韧，干燥后有特殊香味。菌盖受气候干燥和昼夜温差大等因素影响，表面会龟裂，露出白色菌肉，称为花菇。菌褶位于菌盖的下面，呈辐射状排列，白色，生长后期变成红褐色。菌褶刀片状，表面着生子实层，子实层上排列着棒状的担子，每个担子的顶端有 4 个小梗，每个小梗上着生一枚担孢子。担孢子无色，椭圆形，表面光滑。孢子印白色。菌柄生于菌盖下面的中央或稍偏生，圆柱形，实心，纤维质，直径 0.5~1.5cm，长 3~6cm。

图 3-2-1 香菇

（二）生长发育条件

1. 营养条件 香菇属于木腐菌，在段木栽培中，香菇菌丝主要从树木的韧皮部和木质部吸收碳源、氮源和矿质元素，因此边材越发达，越有利于香菇菌丝的生长和子实体的产

生。在代料培养中，培养料中的营养越丰富，子实体原基就分化得越快、越多，质量也好。因此在配料时一定要加入 20％左右的麦麸或米糠。

2. 温度 温度是影响香菇菌丝生长、子实体分化和发育的最重要因素。香菇孢子萌发的适宜温度在 22～26℃；菌丝生长的温度范围在 5～32℃，适宜温度为 24～27℃；菌丝在 0℃以下、32℃以上生长不良，35℃停止生长，38℃以上死亡。菌丝在 0℃以上有微弱活动，5℃以上开始生长。

香菇子实体原基分化的温度范围在 8～21℃，以 10～15℃为适宜。香菇是变温结实性的菇类，原基分化一般需要 3～10℃的昼夜温差刺激，昼夜温差越大，子实体原基越易分化，并且分化形成的子实体原基的数目也越多。所需温差的大小，由香菇的品系决定，低温品系的香菇所需温差为 5～10℃；高温品系的香菇所需温差较小，为 3～5℃。在恒温条件下，不能产生子实体的分化。实际生产中，根据各个香菇品系原基分化的最适温度范围，将香菇分为低温型（5～15℃）、中温型（10～20℃）、高温型（15～25℃）以及中低温型、中高温型几个品系。

子实体发育温度为 5～24℃，以 15～20℃最为适宜。通常低温品种在温度偏低条件下菇质好，而高温品种则在温度偏高条件下才能出好菇。同一品种在适宜温度范围内，温度偏低时（10～12℃），子实体生长缓慢，菌肉肥厚，质地致密，不易开伞，品质好；温度偏高时（20℃以上），子实体生长较快，菌盖薄，菌柄长，质地疏松，易开伞，品质较差。

3. 空气 香菇是好气性菌类，新鲜而充足的空气是保证香菇菌丝生长和子实体发育的重要环境条件之一。菌丝生长阶段缺氧，菌丝生长受阻，生长缓慢或停止生长，菌丝易衰老、死亡，从而导致污染。生产中常用多次刺孔、换气、打开料袋等措施增氧，以解决菌丝生长阶段对氧气的大量需求。

子实体分化期间缺氧，原基无法分化；发育期间缺氧，子实体会出现长菇脚、大腿菇、柄大盖小等畸形菇。当栽培场所中二氧化碳浓度达 0.1％以上时，对子实体就会产生毒害作用，致使菌柄徒长；若二氧化碳浓度达 1％以上，子实体生长发育将受到抑制，甚至出现畸形菇；若二氧化碳浓度超过 5％，则不能形成子实体。

4. 水分和空气湿度 香菇生长发育所需要的水分条件包括培养基内的含水量和空气相对湿度两方面。不同的发育阶段，香菇对水分的要求不同。在菌丝生长阶段，木屑培养料适宜含水量为 55％～62％，段木栽培适宜的含水量为 35％～40％。菌丝生长阶段空气相对湿度以 60％～70％为宜。子实体发育阶段空气相对湿度一般为 80％～90％。一定的干湿度有利于子实体的分化及厚菇和花菇的形成。当培养料含水量略少、空气相对湿度低时，更易形成花菇。

5. 光照 香菇是喜光性菌。在菌丝生长阶段不需要光照，在黑暗的条件下菌丝生长较快，过强的光照反而抑制菌丝的生长。

当菌丝长满菌袋或菌瓶时，再经过一定时间的光照，香菇菌丝就会产生特殊的反应，菌丝表面会产生褐色的被膜即菌被，俗称转色。香菇只有转色好，子实体原基才能分化得好，产量才能提高。

子实体分化和发育阶段，则需要一定的散射光。没有光照就不能分化形成子实体。如果光照微弱，子实体分化少，菌柄细长，菌盖色浅；在适宜的散射光条件下子实体发育良好，数量多，生长正常；光照过强，对子实体的分化有一定的抑制作用。

6. 酸碱度 香菇菌丝生长喜欢偏酸性环境,在 pH 3～7 均可生长,以 pH 为 4.5～5.5 最为适宜。香菇原基形成和子实体发育适宜的 pH 为 3.5～4.5。由于高压灭菌和菌丝生长代谢过程中产生大量有机酸,会使培养料酸化,因此,在配制培养料时,pH 可适当偏高些,一般掌握在 6.0～6.5。为了使料中的 pH 变化不大,配料时常加入适量的磷酸二氢钾或磷酸氢二钾作缓冲剂,或在料中加入 1% 的石膏。

三、栽培技术

香菇栽培常见的栽培方法有段木栽培和代料栽培。

(一) 段木栽培

段木栽培是将适宜栽培香菇的阔叶树原木伐倒后,截成短的段木,播种纯香菇菌种生产香菇的技术,称为段木栽培。受退耕还林、保护森林资源政策影响,段木香菇生产规模逐渐下降,但与代料栽培香菇相比,其质量优于代料栽培,在国际市场上备受欢迎。

微课:香菇栽培管理

1. 段木栽培工艺流程 选择菇场→段木准备→人工接种→发菌期管理→出菇期管理→采收→采菇后菇木管理。

2. 选择菇场 菇场应选在向阳的斜坡地带,有水源,有树荫。也可选在地势平坦地带,用树枝、草帘或遮阳网等搭建人工遮阳棚,四周开好排水沟,设置围篱。

选择菇场后,要对场地四周做彻底清理。清除杂草、平整场地、铲除杂菌和害虫的滋生环境。修筑浇灌水池或购置喷灌设施。

微课:香菇菌棒制作

3. 确定栽培季节 香菇在自然条件下进行人工栽培时,除了炎热的酷暑和寒冷的冬天外,一般在 5～25℃ 的温度下都可播种。段木栽培多在 2—5 月完成接种。

4. 段木准备

(1) 选择菇树。据不完全统计,可以种香菇的树木多达 200 余种。我国常用的段木栽培树种有麻栎、栓皮栎、蒙古栎、槲栎、杨树、柳树、枫杨、桦木等阔叶树。含有芳香油类物质的松、杉、柏、樟等树木不适宜栽种香菇,因其对菌丝生长有一定的抑制作用。

在木段选择上,选择树皮厚薄适中、不易脱落、木质坚实、边材多、心材较少的树木。选择树龄在 10～25 年,胸径 12～20cm 的树木作为菇树较为合适。树皮厚度会影响香菇的质量,薄皮树上香菇出菇快,但子实体菌盖较薄;厚皮树上香菇出菇较慢,但子实体菌盖较厚,质量好。树皮较薄的树,如枫香,树龄可以适当大些;树皮较厚的树,如栓皮栎,树龄可以小些。

(2) 准备段木。

①适时砍树。休眠期是砍树的最佳季节,一般在树叶三成变黄之后到立春发芽之前的时间。这段时间的树干贮存养分最充分,树皮与木质部结合较紧密,此时为最佳砍树时间。

②适当干燥。一般把砍伐后的菇树称作原木,把去枝截段后的原木称作段木。原木适当干燥,就是为了调节段木中的含水量,利于香菇菌丝在段木中定植生长。段木含水量在 40%～50% 时接种容易成活。含水量过高,杂菌容易侵入;含水量过低,接种后菌种易失水干缩,难以成活。观察原木断面的裂纹,当断面树心裂纹长度为原木半径的 1/2～2/3 时,

表示原木干燥程度适宜。若原木树心无裂纹，表示原木偏湿，应继续干燥。若裂纹接近树皮，则表示原木过于干燥，必须采取措施补充水分。

③剃枝截段。原木经适当干燥后，要及时剃枝截段。冬季硬质木材含水量较低，砍伐当天或第二天即可剃枝截段；软质木材含水量较高，砍伐后需放置7～10d再剃枝截段。段木长度以1.0～1.2m为宜，剃除枝杈时，可保留3～5cm长度，以缩小砍口，减少杂菌侵入段木，但也不宜太长，以免摆放困难。截成段木后，应立即把所有的伤口、断面、砍口用0.5%的波尔多液、5%的石灰水或多菌灵、二氯异氰尿酸钠等涂抹，防止杂菌侵入。然后按段木的粗细和质地的软硬分开堆放，以便接种后分别管理。

5. 人工接种　选择适合本地段木栽培的香菇优良品种。目前国内绝大多数都采用木屑菌种，也有采用木块菌种或枝条菌种。

通常情况下，接种1m³的段木，即按长1m、粗10～12cm的段木100根计算，需要准备木屑菌种6～8kg。

（1）接种期。香菇段木栽培接种时间根据气候条件进行安排。一般月均气温在5～20℃范围内均可接种，以月均气温在10℃左右最为适宜。空气相对湿度在70%～80%时，接种成活率最高。

（2）接种工具。香菇段木接种工具主要有电钻和打孔锤。通常采用配备直径12～13mm钻头的电钻，可以减轻劳动强度，提高工作效率。

冲子用螺丝固定在打孔锤的一头，可以装卸更换，冲头内径一般为1.2～1.4cm。用于打树皮盖的冲头内径要比打孔锤上的大一些，通常大1～3mm。

（3）接种方法。接种木屑菌种一般要经过三道工序，即打接种穴、放菌种、盖上盖子封口。香菇菌丝体沿段木的纵向延伸较快，横向延伸较慢，由表及里的生长速度更慢。因此，接种穴的排列方式及深度必须随之而变。通常接种穴呈梅花形或"品"字形排列，行距5～6cm、穴距10～15cm、穴深1.5～1.8cm（图3-2-2）。

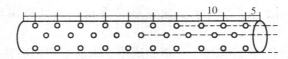

图3-2-2　接种穴排列方式（单位：cm）

段木打好接种穴后，应及时接种，以免杂菌和害虫乘虚而入。装填锯木屑菌种要松紧适度。如果菌种塞得太多太紧，加盖时就会挤出菌种中的水分；太松太浅则容易干缩悬空，均不利于提高接种质量。接种穴内装填好木屑菌种后，需及时封口，一般用树皮盖、木片或玉米芯碎片封口，也可将石蜡加热融化后涂刷在接种穴上。封口要严密，加盖时应锤平密封。蜡层要厚薄均匀适中，粘着牢固。

6. 发菌期管理　接种后的段木称为菇木。从菌丝定植到大量出菇，前后需10个月左右。发菌期管理主要是根据菇场的地理环境和气候条件，调节菇木的温度、湿度、光照和通风条件，为菌丝的定植和生长创造适宜的生活条件。

（1）堆叠发菌。段木接种后，要及时把段木集中堆叠，促进香菇菌丝在段木中定植和生长蔓延。堆叠场所撒石灰消毒除虫，然后将菇木按照树种、长短、大小分开堆放。堆叠的方式主要有顺码式、井叠式、覆瓦式、蜈蚣式等（图3-2-3）。

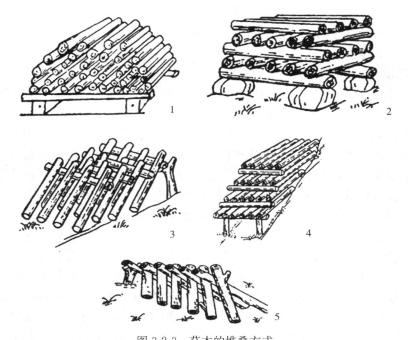

图 3-2-3 菇木的堆叠方式
1. 顺码式 2. 井叠式 3. 覆瓦式（平地） 4. 覆瓦式（坡地） 5. 蜈蚣式

堆温一般控制在 15～25℃。根据不同季节及温度采用不同的堆叠方式，温度低时采用顺码式堆叠，温度高时采用井叠式、覆瓦式和蜈蚣式堆叠。采用顺码式和井叠式堆放菇木时，堆底应垫高 25cm 左右。覆瓦式堆叠是在堆叠处打两根木杈或垫两大块石头，高度为 30～40cm，在两木杈或两石头之间架一横木。然后按每根间距 10cm 逐根排列，菇木头朝下，尾朝上。然后再用一横木摆于离排头约 30cm 处，再放第二排，如此自山下至山上一排排地堆叠上去。较适于斜坡山地或干燥的平地。堆内空气相对湿度保持在 75% 左右，若湿度太低可每隔 3～5d 轻喷水一次，保持段木树皮湿润即可。

在堆叠发菌过程中，注意遮阳，自然荫蔽不足的菇场，则要搭盖荫棚，保持荫棚内部空气流通，减少杂菌滋生。建堆后，及时采用树枝叶、山茅草及塑料薄膜等物覆盖，以保温保湿、防雨防晒，营造利于菌丝生长的环境，提高成活率。

（2）翻堆。为了使段木发菌均匀一致，在堆叠发菌的同时要经常翻堆，即上下、里外调换位置。翻堆次数和时间要根据不同气候和菌丝体生长情况而定，并非越多越好。一般来说，接种初期气温偏低，菌丝体处于复苏阶段，不必翻堆，以免影响菇木堆温，不利于菌丝体定植。入夏以后天气渐热，雨水较多时每隔 15d 左右翻 1 次堆；若雨水偏少，蒸发量大时，必须浇水保湿，每隔 30d 左右翻 1 次堆，促进菇木表层菌丝化，诱导菌丝体由表及里地向菇木边材延伸。入秋后，可偏干管理，迫使菌丝体向菇木深处生长。

（3）菇木发菌情况检查。段木接种后的第三周至第四周，检查香菇菌丝体在菇木中的定植成活情况。如果在树皮盖或其边缘形成白色的菌丝圈，表明接种成活。如果接种穴周围没有菌丝圈，树皮盖干缩甚至脱落，木屑菌种变成干糠状，表明菌种没有成活。如果菌种被污染变成黑色，也表示接种失败。如发现段木中菌种成活率低，应抓紧时间重新打孔接种。

段木接种 2～6 个月后，菇木表层逐渐菌丝化，手摸菇木有松软的感觉。接种后半年左

右，菇木表层已经菌丝化，菌丝体开始成熟进入扭结阶段，菇木表面出现瘤状突起。发菌良好的菇木，当年秋天可以收到"报讯菇"。"报讯菇"的有无和多少，是衡量菇木管理工作做得好坏的一个客观标准。

7. 出菇期管理　菇木中的菌丝体经过9个月左右的培养，菌丝体即达生理成熟，在菇木表层扭结形成菇蕾。把已经培养好菌丝体的菇木适时摆放在适宜出菇的场地，并摆成"人"字形或蜈蚣形，即所谓架木出菇。

（1）菇木鉴别。菌丝生长良好的菇木树皮表面没有杂菌，手感松软。用刀背或手指敲打菇木，会发出浊音或半浊音。揭开小块树皮，可见形成层变成黄白色或黄褐色，且具有鲜香菇的香味。如果发现菇木表面有若干"十"字形裂口，并且在裂口处或者接种穴边缘已有瘤状突起，表示发菌良好，即将出菇。秋天见到"报讯菇"后，由于即将进入寒冷干燥的冬季，当年一般不起架，等到翌年早春，即可浇水催蕾，架木出菇。

（2）喷水催蕾。当日平均气温稳定在5℃以上时，给发菌良好的菇木每天间歇喷水3～5h，连续4～6d。当菇木含水量达到60%左右时，停止补水，转入催蕾管理。也可采用浸水打木法催蕾，即将菇木在水池中浸泡6～12h，然后用木棒敲击，此法菇木吸水快，出菇较整齐，但劳动量大，且菇木养分流失严重，产菇年限缩短。喷水催蕾必须一次性补足水分，才能出蕾整齐，保证菇蕾正常生长，达到高产优质的目的。菇木补水后，如遇低温寒冷（低于5℃）的天气，可使用覆盖物进行保温。香菇菌丝体一旦扭结成菌柄、菌盖分化明显的菇蕾，即使遇上气温很低（0℃）或较高（30℃）的天气，只要有适宜的空气相对湿度，仍能照常生长发育。

（3）架木出菇。为了利于子实体生长，方便采摘香菇，菇木经过喷水催蕾后，必须适时架木出菇。通常采用"人"字形架木，方法是在经过清理消毒的出菇场地，按架木设计的位置，根据需要先埋置一排排的木杈，木杈的高度一般距地面60～70cm，两木杈间的间距根据横木而定。木杈上先架上横木，然后将菇木一根根地交叉排列斜靠在横木两边，菇木大头朝上，小头着地（图3-2-4）。第

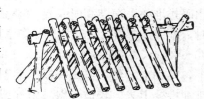

图3-2-4　"人"字形架木

一年出菇的新菇木斜度大些，多年的老菇木斜度小些。排架与排架之间留有一定距离的人行道，以便喷水、管理和采菇。

8. 采收及采后的菇木管理　当香菇子实体菌膜（内菌膜）破裂，菌盖边缘仍明显内卷时开始采收。采收香菇时，用拇指和食指捏住菇柄基部，轻轻旋转即可。注意不要破坏菌盖和菌褶，不要碰伤未成熟的菇蕾。把菇柄完整地摘下来，以免残留部分在菇木上腐烂，引起病虫害发生，影响以后出菇。

当月平均气温超过18℃或低于5℃时，菇木便很少出菇。越夏期间注意保护菇木内部菌丝体免受高温高湿伤害，适当给菇木遮阳，防止阳光直射。为防止失水过多，每隔5～6d向菇木喷水1次，每个月翻堆1次。结合翻堆，经常检查，做好防除杂菌害虫的工作。越冬管理主要是将菇木堆放在避风向阳的地方，适当覆盖，保温保湿，培养菌丝体。产菇时间与树径大小密切相关，树径越大，产菇年限越长，一般可以连续出菇5年以上。

（二）代料栽培

由于代料栽培具有材料来源广泛、生产周期短、便于机械化和自动化生产等优点，因此

香菇代料栽培是目前主要采用的栽培方式。

1. 香菇代料栽培工艺流程 培养料选择→培养料配制→拌料→装袋→灭菌→冷却→接种→发菌期管理→转色期管理→出菇期管理→采收→转潮期管理。

2. 栽培季节的确定 在自然界，香菇是中温（24～25℃）恒温发菌（营养生长）、低温（7～21℃）变温（昼夜温差 10℃左右）结实类食用菌。因此在确定香菇栽培季节时，必须以香菇发菌和出菇两个不同阶段的生理特点和生态条件的要求为依据。目前，我国绝大部分香菇主产区分为秋菇和春菇两季，秋菇多在 9—11 月出菇，春菇在翌年 3—5 月出菇。

3. 培养料选择 栽培香菇的常见主料有阔叶树木屑、棉籽壳、豆秸、棉秆屑等。辅料主要有麦麸、米糠、石膏粉、过磷酸钙、碳酸钙和石灰等。

代料栽培香菇的培养料常用配方如下：

（1）木屑 78%，麦麸或米糠 20%，石膏粉 1%，蔗糖 1%，料水比 1：（0.9～1.1）。

（2）木屑 68.5%，麦麸 15%，短绒棉籽壳 15%，石膏粉 1%，蔗糖 0.5%。

（3）木屑 80.8%，麦麸 18%，石膏粉 1%，石灰 0.2%（高温季节制袋）。

4. 拌料 根据配方，按比例称取各种原料，充分搅匀，剔除料里的小木片、小枝条及其他有棱角的坚硬物，以防装料时刺破塑料袋，引起杂菌污染。拌木屑时，最好用 2～3 目的铁丝筛过筛。人工拌料时，培养料混合应先将少量石膏与麦麸拌匀，再与杂木屑混合拌匀，待干料充分混合后，再将蔗糖等易溶性辅料溶解于水，随水一起拌入。人工拌料用翻堆机见图 3-2-5。拌料时要拌匀，水分要适宜，宁少勿多。用手抓取料堆中部的培养料，紧握后若指缝间有水痕，但无水滴下，伸开手掌料成团，抖动即散，表明含水量为 55%～60%。若用搅拌机进行机械拌料，混合更加均匀。

图 3-2-5 人工拌料用翻堆机

为了防止天气热时培养料易发生酸变、接种后杂菌污染、菌袋成品率低等问题，在实际生产中，拌料所需的时间一定要少，拌料操作要尽可能快，一般在 2h 内完成拌料。拌料时常在料中加入 0.1% 的多菌灵或二氯异氰尿酸钠。

拌料时还应注意培养料的 pH。一般多把 pH 调到 6.5 左右。在生产实践中，为防止培养料酸性增加和杂菌污染，多用适量的石灰水调节。

5. 装袋 将配制好的培养料装入塑料袋中即为装袋。装袋可手工作业也可用装袋机装填（图 3-2-6、图 3-2-7）。所用塑料袋有聚乙烯和聚丙烯塑料袋。高压灭菌时应选用耐高温高压的聚丙烯塑料袋。一般用规格为 15cm×55cm 的小袋，填料长度 40～42cm，每袋填料 2.0～2.2kg；24cm×55cm 的大袋，填料长度 40～42cm，每袋填料 3.6～4.0kg。根据外界气温调整塑料袋亮度，气温高时袋子宜细些，气温低时袋子宜粗些。

装袋时，松紧度要适宜，以中等力抓培养袋，菌袋表面有轻微凹陷指印为佳。若有凹陷感或料袋有断裂说明装料太松，若似木棒无凹陷则太紧。装料过紧，灭菌后容易胀破袋子；装料过松，袋膜与料不紧贴，在接种、搬运操作中袋中的培养料必然上下移动，导致杂菌随

图 3-2-6　人工装袋用装袋机

图 3-2-7　机械装袋机

气流进入接种穴，易引起杂菌污染。

6. 灭菌　装袋后尽快放入灭菌锅里灭菌。灭菌方法有常压蒸汽灭菌和高压蒸汽灭菌两种。采用高压蒸汽灭菌时，在 0.15MPa 下灭菌 2.0～2.5h。采用常压蒸汽灭菌时，使温度在 3～5h 内达到 100℃，并保持此温度 14～16h，即可彻底灭菌。无论采用常压蒸汽灭菌还是高压蒸汽灭菌，都应排尽冷气，否则灭菌不彻底；同时要注意灭菌锅（灶）中料袋不能摆放过紧，以免影响蒸汽流通灭菌不彻底。灭菌后的培养袋及时搬进冷却室内，待袋内温度下降到 28℃以下时即可接种。

7. 接种　袋栽香菇接种是关系到生产成败的关键环节。环境、接种工具及手等需要严格消毒。接种环境多用气雾消毒剂进行消毒。接种工具和手等用 75％酒精进行消毒。接种场所是接种室、接种箱或接种帐。

常用的接种方法是打穴接种法。打穴工具有打孔棒和接种钻。在已灭菌的料袋上，均匀地打出直径约 1.5cm、深 2.0～2.5cm 的接种穴（图 3-2-8）。每个料袋一面打接种穴 3 个，另一面错开对面孔穴位置再打 2 个接种穴。边打接种穴边接种。菌种尽量成块塞入接种穴，压紧，最好菌种略高出料面 1～2mm。随即用食用菌专用胶布或胶片封口，再把胶布封口顺手向下压一下，使之粘牢穴口，从而减少杂菌污染（图 3-2-9）。一般胶片规格为 3.25cm×3.6cm 或 3.6cm×4.0cm。也可采用套袋进行接种穴封口（图 3-2-10）。

8. 发菌期管理　接种后的料袋称为菌袋（筒/棒）。接种后至开始转色前，称为菌丝培

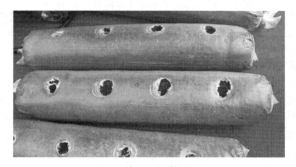

图 3-2-8　香菇打孔

图 3-2-9　接种后封胶布

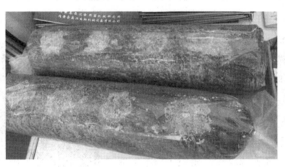

图 3-2-10　接种后套袋

养期，又称为发菌期。菌丝培养期 60～120d，早熟菌株 60～80d，晚熟菌株 90～120d。发菌期管理包括翻堆、清除污染菌袋、刺孔、调节温度和通风。

　　（1）培养优质的香菇菌袋的总体要求。①培养室必须进行消毒处理，洁净；②温度最好控制在 20～25℃，不要超过 28℃；③空气相对湿度保持在 50%～60%；④合理通风，达到空气新鲜；⑤遮光培养，促进菌丝生长；⑥菌种定植后结合翻堆检查有无杂菌侵染，同时进行刺孔增加氧气，降低菌棒水分、促进转色和促进子实体分化。

　　（2）菌袋堆放、翻堆及刺孔。菌袋发菌时多采用"井"字形堆放，通常一层 4 袋，每堆高4～10层，菌袋之间留空隙，两堆之间留 20cm 通道利于通风散热。菌丝培养期间要翻堆4～5 次，让菌袋均匀发菌。翻堆时认真检查有无杂菌和害虫，及时发现及时处理。香菇代料栽培（秋栽模式）培育时间及操作见表 3-2-1。

表 3-2-1　香菇代料栽培培育时间及操作

培育时间（d）	生长状况	操作		备注
		翻堆	脱袋或刺孔	
1～6	菌种恢复生长并开始吃料			
7～15	菌丝快速生长，接种孔处菌种发白，并向四周辐射生长		接种穴菌丝直径 3～4cm 时，解开外套袋袋口，增加透气性	
16～25	接种穴菌丝直径达 6～10cm	第一次翻堆	脱去外套袋	翻堆时，菌袋位置上下、内外对调，使受热均匀。同时检出杂菌污染袋
26～35	菌丝已基本连片，但由于缺氧，菌丝生长变缓	第二次翻堆	第一次刺孔	沿接种穴菌丝圈边缘内侧 1cm 处，用 5cm 长的铁钉或竹签刺微孔，深度 1.0～1.5cm，孔间距约 1cm
36～50	菌丝已基本吃透菌袋	第三次翻堆	第二次刺孔	可用毛衣针，每棒刺孔数 25～30 个，深度 3～4cm
＞50	菌袋长满菌丝	第四次翻堆	第三次刺孔	可用钉板（木板上钉两排直径 0.5～0.7cm 的铁钉，铁钉间距 3.5～4.0cm，两排共 18～22 个钉子）沿菌袋方向均匀地拍 3 下（每个菌袋刺孔约 60 个）

　　刺孔时要在菌丝生长良好的部位进行，刺孔深度要适宜，不能超过菌丝吃料的深度，否则，会造成污染。香菇菌棒刺孔机见图 3-2-11。每次刺孔后 2～3d，菌丝呼吸代谢明显加快，菌袋温度快速上升，此时要注意通风降温，防止菌温过高，造成烧菌。环境温度在 28℃ 以上时不能刺孔增氧，30℃ 以上严禁刺孔通气。

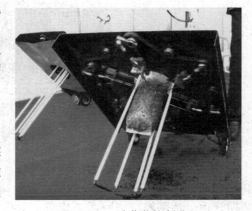

图 3-2-11　香菇菌棒刺孔机

　　采用春栽模式的菇场，菌袋发菌管理除上述工作以外，还需做好越夏管理。室外菇棚通风性好、光线均匀、气温低，是理想的越夏场所。通风降温、防止烂筒是越夏管理的主要工作。

　　9. 转色期管理　香菇菌丝生长发育进入生理成熟期，表面白色气生菌丝倒伏后分泌色素形成一层棕褐色菌膜的过程称为转色。转色是香菇正常的生理现象，转色好坏直接影响出菇的快慢、产量高低、香菇品质、菌袋的抗杂能力及寿命。转色方法分为袋内自然转色和脱袋集中转色两种。

　　春栽香菇和秋栽花菇采用袋内自然转色的方式。春栽香菇需要较长时间的越夏管理，转色在栽培袋内缓慢自然完成，需 40～60d，刺孔通气、翻堆及适当光照可促进均匀转色。秋栽花菇采用不脱袋割口或保水膜出菇，袋内自然转色，转色管理与春栽香菇类似。

　　秋栽香菇多为脱袋集中转色。一般当菌袋表面瘤状突起占袋面的 2/3 时，菌棒由硬变软，接种穴及袋壁出现少量褐变，菌棒重量较接种时下降15％以上，尤其是少数菌棒有零星菇蕾发生时，是脱袋转色的最佳时机。

脱袋菌棒集中转色关键是调控好外界环境因子。脱袋后的管理见表3-2-2。

表3-2-2　脱袋后的管理

脱袋后时间 （d）	温度控制 （℃）	空气相对湿度 控制（％）	操作	菌棒
1～4	23～24	85～90	罩紧薄膜	菌棒表面布满白色绒毛状气生菌丝
5～6	20～22	80～85	每天揭膜通风1～2次，每次20min	促使气生菌丝倒伏，形成白色菌膜，并分泌色素
7～8	18～20	85～90	每天喷水1～2次，喷水后待菌筒不粘手时盖好薄膜保湿	第一天喷雾冲淡黄水，第二天喷急水冲净黄水
9～12	15～20	80～85	每天喷水1次，通风0.5h	菌棒由淡棕黄色变为红棕色
13～15	白天20～23，早晚13～16		白天罩膜，早晚揭膜通风	菌棒表面逐步形成棕褐色有光泽的菌膜

10. 出菇期管理　春季香菇管理发生在3月至6月上旬。菌棒经过秋季出菇及越冬管理，严重失水，此阶段的管理重点是补水。人为加大温差，刺激菇蕾形成。

秋季香菇管理发生在9—11月。香菇属于变温结实型菌类，此时适度拉大昼夜温差，有利于刺激香菇子实体的分化。菌棒现蕾后，每天检查一次菇蕾情况，要注意保护幼蕾，并进行选蕾和疏蕾，每个菌棒留6～8朵菇（图3-2-12）。此阶段的温度保持在13～18℃，空气相对湿度为85％～90％，光照为三分阳七分阴。菇蕾长到1cm后，加大通风，减少喷水，空气相对湿度在80％以下。

图3-2-12　香菇小菇蕾

冬季香菇管理大多发生在12月至翌年2月，此阶段的管理重点是保温保湿、防寒防冻。菌棒较轻的要补水或注水。

花菇是香菇中的珍品，是自然界香菇生长过程中遇到特定气候等方面的刺激而形成的一种菌盖露出白色菌肉、龟裂成白色花纹的珍贵畸形菇（图3-2-13）。可人为利用自然条件或创造花菇生长所需的生态条件，进行科学的栽培管理，培育出更多的花菇。形成优质花菇的主要条件是选择易产生花菇的品种、温差大、通风好、湿度小、光照强。通常人们采用降低棚内湿度，避雨避雾，加强通风，增加光照，保持地面干燥，揭膜降温，拉大温差等手段，经过催蕾、蹲蕾、催花、育花等环节，

微课：花菇定蕾催花

就能培育出菌盖花纹多、纹深、纹宽和色白的优质白花菇、爆花菇。

图 3-2-13　花菇诱导花纹

11. 采收及采后管理　香菇从现蕾到成熟，所需时间因品种和温湿度条件不同而异。晚秋及早春气温较低，从现蕾到采收需要 2～3 周。气温较高时，只需 1 周便可采收。采收标准是当菌盖下的内菌膜开始破裂时采收。

每采完一潮香菇后，要创造有利于菌丝生长的环境，积累营养，为下潮菇的生长打好基础。此时应停止喷水，降低湿度，减少温差，稳定温度，减少通风。一般在 20℃左右一周时间，菌棒表面长出绒毛状菌丝。此时可拉大温差，注水或浸泡使菌棒含水量保持在50％～60％，空气相对湿度为 85％～90％，震动刺激，进行催蕾。现蕾后，进入下一潮菇的管理。

复习思考题

1. 试述香菇段木栽培中人工接种的技术要点。
2. 试述香菇代料栽培技术要点。
3. 培育花菇的主要管理措施有哪些？

扫一扫，看
参考答案

任务三　双孢蘑菇栽培

任务目标

◈ **知识目标 >>>**

● 掌握双孢蘑菇的生理特性。
● 掌握双孢蘑菇发酵料制作方法。
● 掌握双孢蘑菇栽培的关键技术。

⚒ **能力目标 >>>**

● 会制作双孢蘑菇发酵料。
● 会栽培双孢蘑菇。

相关知识

一、概述

双孢蘑菇（*Agaricus bisporus*）俗称白蘑菇、洋蘑、纽扣菇、世界蘑等，在分类学上属于担子菌亚门层菌纲伞菌目蘑菇科蘑菇属。双孢蘑菇因其担子上大多数着生 2 个担孢子而得名，是世界上栽培规模最大、栽培范围最广、产量最高的食用菌。

双孢蘑菇是一种高蛋白、低脂肪、低热量的保健营养食品。蛋白质含量是菠菜、白菜等蔬菜的 2 倍，与牛乳相当，是有名的植物肉，但脂肪含量仅为牛乳的 1/10，比一般蔬菜含量还低。双孢蘑菇所含热量比苹果、香蕉、大米、猪肉及啤酒还低，不饱和脂肪酸占总脂肪酸的 74%～83%。近年来利用双孢蘑菇菌丝通过深层发酵，加工成的蘑菇蛋白饼干、蘑菇面包、蘑菇酱等，为食品开发提供了新的途径。

双孢蘑菇含有丰富的氨基酸，有 6 种人体必需氨基酸，如精氨酸、亮氨酸。并富含多种维生素和矿物质，维生素 B_1、维生素 B_2、维生素 C 及磷、钠、锌、钙、铁的含量较高。还含有胰蛋白酶、麦芽糖酶、酪氨酸酶等，可助消化、降血压。其浸出液制成品等对白细胞减少、肝炎、贫血、营养不良具有一定疗效。因是低热量碱性食品，不饱和脂肪酸含量高，可防止动脉硬化、心脏病及肥胖症等。所含的多糖化合物具有一定防癌、抗癌效果。近年来还发现双孢蘑菇的核酸有抗病毒的功效，具有抑制艾滋病毒侵染与增殖的作用，是一种良好的保健品。

全球现有 100 多个国家进行双孢蘑菇生产，其中英国、荷兰、法国、美国、意大利是世界栽培技术先进的国家。双孢蘑菇有"世界菇"之称，也是最早实现周年化、工厂化生产的食用菌。我国双孢蘑菇栽培始于 20 世纪 20—30 年代，70—80 年代发展较快。进入 21 世纪以来，双胞蘑菇在全国各地广泛栽培，部分企业开始了工厂化生产。

二、生物学特性

（一）形态特征

1. 菌丝体　蘑菇菌丝体形态因母种的表现型而异。气生型品种的菌丝体洁白、粗密、发达，爬壁力强，生长较快，易倒伏。匍匐型品种的菌丝体灰白色，细而稀疏，紧贴培养基生长，无爬壁能力，生长慢。半气生型品种的菌丝体介于两者之间，分枝短而浓密。

双孢蘑菇
生物学特征

在菌床上，菌丝体因生长期不同，可分为绒毛状、线状和索状菌丝。各级菌种和发菌期的菌丝都是绒毛状菌丝，绒毛状菌丝不能结菇，必须经覆土调水后形成线状菌丝，在适宜条件下才能结菇。当气温低时，土层中的菌丝多变成索状菌丝，条件适宜时，索状菌丝萌发出绒毛状菌丝，再形成有结菇能力的线状菌丝。

2. 子实体　双孢蘑菇子实体呈白色伞状，由菌盖、菌柄、菌褶、菌膜和菌环组成（图 3-3-1）。菌盖圆而厚，表面像顶帽子，故又称菌

图 3-3-1　双孢蘑菇

帽。菌盖初呈球形，后发育成半球形，老熟时展开呈伞形。菌柄中生，白色圆柱状，中实。

优质菇的菌柄应粗短，表面光滑，不空心。子实体成熟前期，菌膜窄、紧；成熟后期，由于菌盖展至扁平，菌膜被拉大变薄，并逐渐裂开。菌膜破裂后便露出片层状的菌褶。菌褶初为白色，子实体成熟前期呈粉红色，成熟后期变成深褐色。菌环是菌膜破裂后残留于菌柄中上部的一圈环状膜，白色，易脱落。孢子印深褐色。一个担子多生两个担孢子，罕生一个担孢子。

野生条件下，双孢蘑菇多在春、夏、秋三季生于草地、牧场和堆肥处。

（二）生理特性

1. 营养条件　双孢蘑菇属于粪草腐生菌类，需从粪草中吸取所需要的碳源、氮源、无机盐和生长因子等营养物质。栽培原料主要是农作物下脚料、粪肥和添加料。稻草、麦秸、玉米秸、玉米芯、豆秸、甘蔗渣、棉籽壳等是常用的碳源。各种畜禽粪肥是常用的主要氮源。饼肥、尿素、硫酸铵、石膏粉、过磷酸钙、碳酸钙、石灰等是常用的添加料。双孢蘑菇只能吸收利用氮肥中的铵态氮，不能利用硝态氮。所以补充氮源的化肥是尿素、硫酸铵及碳酸铵等。

双孢蘑菇不能利用未经发酵腐熟的培养料，上述原料必须合理搭配和堆制发酵，才能成为双孢蘑菇的营养物质。

在配制双孢蘑菇培养料时，原料配方中碳氮比应为（30～33）：1。在培养料发酵期间，微生物碳素营养消耗量大于氮素营养，培养料堆制发酵后碳氮比逐步下降到（17～18）：1，此时最适宜双孢蘑菇菌丝体生长发育。

2. 环境条件

（1）温度。双孢蘑菇不同的菌株和在不同的生长阶段对温度的要求有差异。目前国内大面积栽培的菌株多属于中温偏低型。

双孢蘑菇在菌丝体生长阶段的温度范围是 5～30℃，适宜生长温度是 22～24℃。低于5℃生长缓慢，超过 30℃衰老快，超过 33℃易停止生长或死亡。

双孢蘑菇子实体生长的温度范围是 5～22℃，在 13～16℃的适宜温度下，菌柄粗短，菌盖厚实，产量高。当室温持续高于 22℃时，容易导致菇蕾死亡；低于 12℃时，菇长得慢，产量低；室温低于 5℃时，子实体停止生长。

双孢蘑菇在菌丝体生长和子实体发育阶段，需要较稳定的适宜温度，而在子实体分化阶段则需较小的温差刺激，昼夜温差在 3～5℃可促进原基分化。

（2）水分湿度。水分和湿度是指培养料中的水分含量、覆土中的含水量和空气相对湿度。

①培养料含水量。适宜菌丝生长的培养料含水量为 60%～65%（用手紧握一把培养料，指缝间有 1～4 滴水）。过湿透气性差，发菌稀疏无力；过干则停止生长。子实体生长阶段含水量则以 65%左右为好。

②覆土含水量。菌丝体在土层中生长阶段，覆土层偏干一些较好，土粒含水量应维持在18%左右，即两指捏土能扁，且有裂纹。菇蕾形成阶段，尤其是在子实体长到黄豆大时，覆土层要偏湿，土粒含水量应保持在 20%左右，即手捏能扁，手搓能圆，不粘手。

③空气相对湿度。不同发菌方式要求空气相对湿度不同。传统菇房栽培开架式发菌，要

求空气相对湿度高一些，应在80%～85%，否则料表面干燥，菌丝不能向上生长。薄膜覆盖发菌则要求空气相对湿度要低些，应控制在70%左右。超过75%时，如遇到高温极易发生杂菌；低于50%时，培养料水分蒸发过多，会造成培养料失水偏干，也不利于菌丝生长。出菇期间，栽培房的空气相对湿度以控制在85%～90%为宜。超过95%，子实体易出现烂菇、染菌、锈斑、红根等现象；低于70%，子实体生长缓慢，菌盖外皮变硬，甚至发生龟裂，菌柄会出现空心，产生空心菇。

（3）空气。双孢蘑菇是好气性菌，在生长发育各个阶段都要求通气良好。对空气中二氧化碳浓度特别敏感。菌丝生长期适宜的二氧化碳浓度不能超过0.5%，子实体生长发育阶段二氧化碳浓度不能超过0.2%。当二氧化碳浓度高时，菌盖小，菌柄长，易开伞。因此，在双孢蘑菇栽培过程中，一定要保证菇房空气流通而清新，及时排出子实体生长过程中释放的及菌丝体对培养料的分解过程中不断产生的二氧化碳、氨、硫化氢等有害气体。

（4）光线。在黑暗条件下双孢蘑菇能正常完成生活史，菌丝生长和子实体发育过程均可以不需要光照。双孢蘑菇在黑暗条件下能正常形成子实体，且菇体洁白、菇肉肥厚细嫩、朵形圆整、品质优良。光照过强，菌盖表面硬化、发黄，菌柄弯曲，菌盖歪斜。

（5）酸碱度。双孢蘑菇喜偏碱性菌类。菌丝生长的pH范围是5.0～8.5，最适pH 7.0～7.5。子实体生长的最适pH 6.5～6.8。但由于菌丝生长过程中产生一些有机酸，使培养料和覆土层的pH逐渐下降。因此，播种时培养料的pH应控制在7.5～8.0，覆土材料的pH 8.0～8.5。栽培管理中，还需经常向菌床喷洒1%石灰水的上清液，以防pH下降而影响双孢蘑菇生长及诱发杂菌滋生。

（6）覆土。双孢蘑菇菌丝生长到一定阶段需要覆土，土壤中某些微生物产生的激素能诱导并促进子实体的形成，同时土壤有刺激出菇、保温、保湿等作用。覆土是双孢蘑菇大量产生子实体的必要条件，不覆土则一般不产生子实体。覆土材料的品质也与双孢蘑菇的产量具有较大的相关性。覆土具有能为菌丝体和子实体的生长发育提供丰富的水分，能防止培养料失水干燥，能为子实体的发育提供支撑，能为子实体的形成提供所需要的环境条件，能防止浇水对培养料造成损伤等作用。

理想的覆土材料是经过调配的泥炭土。现在世界上许多国家都用泥炭土作为覆土的主材料，其他如壤土、黏土、河泥、地表深层的生土等都可以作为双孢蘑菇的覆土材料，吸水量越大的土壤越好。

三、栽培技术

双孢蘑菇的栽培包括菇房的修建、培养料的配制、堆制发酵（前、后发酵）、播种、覆土、生长期管理以及采收等一系列过程。

微课：双孢蘑菇栽培管理

蘑菇生长发育所需要的培养基是由稻草、牛粪等物质堆制发酵而成的。这一发酵过程分为室外进行的前发酵和在室内进行的后发酵两个阶段。经过后发酵，将培养料平铺于菇房床架上（有的先将培养料铺于架上，再进行后发酵），随后播种。在微通风、保湿环境下，促使双孢蘑菇菌丝尽快生长。再覆土，最后形成子实体，并适时采收和加工。一般从播种到出菇需要35～40d，采收期为3～4个月。

（一）栽培场所

双孢蘑菇常规栽培既可以新建砖混菇房，也可以利用民房或厂房进行改造，还可以建设塑料遮阳大棚、防空洞、山洞或草棚（图3-3-2）。近年山东莘县富邦菌业推出的可周年化生产的面包棚也比较理想（图3-3-3）。

图 3-3-2　砖混菇房

图 3-3-3　面包棚

根据栽培场所内部空间大小，通常安装5～8层床架，层距50～80cm，床宽1.0～1.2m，底层床架离地面0.2～0.3m，顶层床架距房顶1m以上，床架之间走道宽0.8～1.0m（图3-3-4）。

图 3-3-4　栽培床架

栽培场所应保温、保湿、通风、避光，尤其是降温和通风条件较好。栽培场所周边卫生环境状况好，四周安装门窗或排气扇以利于通风降温。使用前必须进行彻底打扫和消毒灭菌。最好使用高温蒸汽进行菇房内部消毒灭菌。

（二）　栽培流程

双孢蘑菇的栽培流程：原料预湿→前发酵→后发酵→播种→菌丝培养→覆土→出菇期管理→采收→间歇期管理。

（三）　栽培季节

利用自然温度栽培双孢蘑菇，选择最佳栽培期是保证栽培成功和获得高效益的关键。最佳栽培期应根据当地气候特点因地制宜。一般是以当地昼夜平均气温能稳定在 20～24℃，约 35d 后下降到 15～20℃为依据。

我国蘑菇播种时间的一般规律是自北向南逐渐推迟。播种期多安排在秋季，大部分产区一般在 8 月中旬至 9 月上旬播种；江西、浙江、上海及长江流域一带多在 9 月上、中旬播种；福建在 10 月上、中旬播种；广东、广西等多在 11 月上旬播种。具体的播种时间还需结合当地、当时的天气预报，培养料质量，菌株特性，铺料厚度及用种量等因素综合考虑。

（四）　培养料的选择

双孢蘑菇培养料配方较多，但碳源主要有两类：一类是稻草、麦秆、玉米芯等作物秸秆；另一类是杏鲍菇、平菇等食用菌菌渣。氮源通常采用牛粪、鸡粪、饼肥等有机物，有时也可采用尿素、磷肥等化学肥料。

通常用的配方如下：

（1）稻草或麦草 47.8%，干牛粪 47.8%，轻质碳酸钙 1.2%，过磷酸钙 1.2%，石灰 1.2%，碳酸氢铵 0.8%。

（2）稻草或麦草 46%，干牛粪 46%，过磷酸钙 1%，饼肥 3%，尿素 1%，石膏粉 1%，石灰 2%。

（3）稻草 55.4%，干牛粪 36%，轻质碳酸钙 1.1%，过磷酸钙 0.8%，石膏粉 1.4%，饼肥 2.2%，尿素 0.8%，碳酸氢铵 0.8%，石灰 1.5%。

（4）玉米芯 46%，干牛粪 44.5%，饼肥 5%，尿素 0.5%，过磷酸钙 1%，石灰 2%，石膏粉 1%。

在实际栽培中，因各地原料种类、来源不同，碳、氮含量不一，应根据主料用量，通过添加辅助氮源，调整配方。各地还应根据原料质量适当修正配比，将播种前培养料纯含氮量保持在 1.5%～2.0%水平。

另外，每平方米用干料 35～40kg，可根据栽培面积算出总用料量，再按各原料占总料量的百分比，求出其实际用量。

（五）　培养料堆制发酵

1. 发酵意义　双孢蘑菇是一种草腐菌，分解纤维素、木质素的能力很差，培养料中的复杂物质不易被双孢蘑菇分解吸收，所以用未腐熟的培养料栽培双孢蘑菇很难成功。必须堆制发酵，经过物理、化学作用及微生物的分解转化作用，才能成为双孢蘑菇的培养料。

培养料经堆制发酵，在各种有益微生物的作用下，将培养料中复杂的大分子物质分解转化为简单的易被双孢蘑菇吸收的可溶性物质。同时，这些参与发酵的微生物死亡后的菌体及其产生的代谢物，对双孢蘑菇生长有活化和促进作用。发酵后的培养料，消除了粪臭和氨味，变得疏松柔软，透气性、吸水性、保温性得到了改善，堆制发酵的高温杀死了有害微生物及虫卵。培养料的堆制发酵是双孢蘑菇栽培中最为重要的技术环节。

2. 发酵类型　培养料的堆制发酵可分为一次发酵、二次发酵和增温剂发酵。

（1）一次发酵法。在室外一次完成培养料的发酵称为一次发酵法。该法所需设备简单，对菇房密闭度要求不高，成本低，发酵技术易掌握。但因在室外进行发酵，受自然条件影响大，发酵质量较差，发酵时间长，劳动强度大。发酵时间因草料质地而异，稻草培养料约需26d，麦草约需30d。在整个堆制发酵过程中，需翻堆4～5次。

（2）二次发酵法。分两个阶段完成培养料的堆制发酵称为二次发酵。与一次发酵技术比较，发酵期能缩短7～10d，减少了翻堆次数，降低了劳动强度；进一步杀灭了培养料及菇房中的病菌与害虫；不但减少了培养料因长时间堆制而造成的营养物质的耗损，还使培养料增加了大量有益于双孢蘑菇生长的物质。二次发酵的第一个阶段与一次发酵法基本相同，是在室外进行的，堆制时间一般是12d左右，约需翻堆3次。第二个发酵阶段是在菇房内进行的，也称后发酵或巴氏消毒法。后发酵是人工控制温度，使培养料完成升温、控温和降温3个过程。使培养料快速升温至60℃左右，维持8～10h，以进一步杀灭培养料及菇房中的病菌与害虫。然后适当通风，使料温缓慢降至50℃左右，保持4～6d，以促进有益菌大量生长，并产生有益代谢物。最后加强通风，使料温降到30℃左右就可结束发酵过程。

3. 建堆时间的确定 培养料腐熟之日应正好是播种之时。采用一次发酵法，一般在播种前30d左右进行建堆；采用二次发酵法可在播种前20d左右进行建堆。

4. 发酵培养料应掌握的原则 培养料的含水量应逐渐降低，使其发酵后的含水量正好达到栽培要求；堆形逐渐缩小，料堆前紧后松，随培养料的细碎程度不断提高料堆的透气性；每次翻堆间隔的时间逐渐缩短；后一次翻堆所需的天数比前一次翻堆所需的天数缩短1～2d。一次发酵需翻堆4～5次，翻堆间隔天数一般是7、5、4、3、2；二次发酵约翻堆3次，间隔天数是4、3、3。一次发酵在最后一次翻堆时，要均匀喷入杀菌、杀虫药液，并控制料温在55℃左右。料堆严防日晒雨淋。

5. 建堆发酵过程 建堆发酵需要经过培养料的预湿、建堆和多次翻堆才能完成。

（1）一次发酵。

①培养料预湿：干的粪肥及草料因吸水性和保水性差，建堆时不易浇湿浇透。草料可提前2～3d用1%石灰水浇透预堆；粪肥、饼肥应打碎、混匀，加水至手握成团、落地可散的程度，含水量约达60%，覆膜堆闷1d，以杀灭螨虫。

②建堆：建堆前1d用石灰水泼浇地面。料堆最好南北向，以利于升温一致。堆宽一般约2m，长度不限，高1.5～2.0m。料堆四周要陡直，顶部呈龟背形。建堆时，先铺一层约20cm厚的草料，撒一层粪肥，厚度以均匀覆盖草层为准，按照此顺序建堆（图3-3-5）。为防氮素流失，尿素分层撒入料堆中部，顶部及四周不要撒入。从料堆中部开始补浇水分，以料堆底部有少量水溢出为宜。料堆顶部必须撒一层较厚的粪肥后，再用草被覆盖，料堆四周围罩塑料薄膜，以利于保温、保湿。

③翻堆。通过翻堆，可以改善培养料的通气状况，既补充氧气，又散除发酵产生的废气；调节培养料的含水量及pH；便于加入辅料，促进微生物进一步生长繁殖；利于继续升温，使培养料腐熟均匀。

翻堆时间要灵活掌握。一般当堆温升到70℃左右，维持1～2d就要翻堆。若堆温持续低于60℃或高于80℃时，也要及时翻堆。堆温低往往是缺水少粪的缘故，通过翻堆进行补充；堆温长时间处于80℃，易造成养分的大量耗损，影响培养料的质量和双孢蘑菇产量，通过翻堆可达到控温的目的。

图 3-3-5　建堆发酵

翻堆是将上下、内外各部位的料调换位置，一次发酵一般翻堆 4～5 次。先将上层及外周的料取下放置一边，重新建堆时再逐渐将其混入料堆中间，原来料堆中部的料应翻到下部，下部料翻至上部。边翻拌边分层加入辅料，并调整水分和 pH。第一次翻堆，尿素加入总需量的 30%，磷肥加入总需量的 50%，石膏全部加入。培养料含水量调至能用手拧挤出 6～7 滴水。第二次翻堆，加入剩余尿素和过磷酸钙，培养料含水量调至能挤出 4～5 滴水，料堆可打透气孔，以提高透气性。第三次翻堆，加入硫酸铵，视培养料干湿度加入生石灰或石灰水，调至 pH 9.0 左右，培养料含水量调至能挤出 2～3 滴水。第四次翻堆，若培养料已基本腐熟，可边翻拌边喷洒杀菌、杀虫药剂，含水量以紧握料的指缝中有水渗出或滴下 1 滴水，调至 pH 8.5 左右。料温保持 55℃，再维持 2～3d 就可拆堆进房。若培养料偏生，需继续进行第五次翻堆。

④培养料腐熟适度的标准。双孢蘑菇培养料以 6～7 成腐熟为宜。优质腐熟料的颜色应为棕褐色，略有面包香味，无氨、臭、酸和霉味；质地松软，有弹性，拉之易断，捏得拢，抖得散，无黏滑感；指缝有水渗出，欲滴不滴，手掌留有水印；pH 为 7.5 左右。见图 3-3-6。

（2）二次发酵。先是前发酵，粪草预湿、建堆与一次发酵相同，氮肥在建堆时可全部加入。堆期一般 12d 左右，需翻堆 3 次，间隔天数是 4、3、3。最后一次翻堆后，再维持 2d 就可拆堆进

图 3-3-6　一次发酵结束的料

房，转入后发酵。前发酵结束的培养料呈浅咖啡色，草料不易拉断，不刺手，略有氨味，pH 为 8.0～8.5，含水量约 70%，约能挤出 4 滴水。

第三次翻堆维持 2d，进入后发酵。当料温升至 70℃ 左右时，选择晴天午后气温较高的时段，快速将培养料运入已消毒菇房的床架或菇畦中。若床架栽培，顶层和底层床架不要放料，料堆呈垄式，厚度约 50cm。让培养料自然升温（发汗）5～6h，或当料温不能再上升时，采用炉子或通入热蒸汽法进行加温。炉子上最好放热水锅，锅内按每平方米面积加甲醛和敌敌畏各 10mL，以提高熏蒸效果。在 1～2d 内，尽快使料温升至 60℃，维持 8～10h，以进一步杀灭培养料与菇房中的有害病菌与害虫。

升温阶段结束，菇房适当通风，使料温慢慢降至 50～55℃，维持 4～6d，以促进料内有

益菌大量生长繁殖，并产生大量有益代谢物。该阶段是后发酵的主要阶段。

控温阶段结束后，应先停止加热，以缓缓降低室温，约 12h 后料温降至 45℃ 左右可打开所有通风孔，料温降至 30℃ 左右时，后发酵即告结束。调整好培养料的水分和 pH，将其抖松，均匀铺入各层床架或菇畦中。

（六）播种

勿用有黄水、菌皮、菌丝萎缩或严重徒长的菌种。菌种瓶或菌种袋在开启前，先在 0.2% 高锰酸钾或其他消毒液中略浸泡，擦干瓶壁后将菌种取出待用（图 3-3-7）。

双孢蘑菇栽培
种制作与质量鉴定

图 3-3-7 发满菌的栽培种

铺料厚度与培养料质量、种植区域和栽培季节等有关，以 18～25cm 为宜。通常发酵料质量较好，出菇季节气温较低时铺料应厚一些。

待培养料散尽氨味，温度降至约 26℃ 时开始播种（图 3-3-8）。目前生产上多采用麦粒菌种，以撒播法进行播种。一般每平方米栽培面积适宜播种量为 1 000～1 200g。播种量如果过大，虽发菌快、不易污染、出菇早，但易出现密菇、球菇、小菇等；播种量过小，虽降低成本，但发菌慢、易污染、出菇迟。

播种时将 60% 的菌种撒在料面，用铁叉插至料厚的一半，轻轻抖动，使麦粒种均匀分布到料中，将剩余的菌种均匀撒于料面上，轻拍料面，使菌种与培养料充分接触。播种后应覆盖一层消过毒的报纸，若气温低、湿度小，可改为地膜覆盖。覆盖物的四周要大于料面，以利保温保湿。

图 3-3-8 播种

（七）发菌期管理

从播种到覆土前的一段菌丝培养期，为发菌期。发菌期长短与温度、铺料厚度、播种量等因素有关，一般需 18～20d。发菌期的管理目标是：控制料温在 22～28℃，一般不要超过 30℃，严防烧菌；空气相对湿度控制在 70% 左右；随菌丝生长量增大逐渐加强通风换气，避免病虫害的发生；促使菌丝快速吃料，培育足够数量的健壮菌丝。发菌期的具体管理可分为初期微通风、中期多通风、后期打扦等措施。

1. 初期微通风 播种后 2～3d 以保湿、微通风为主，促使种块萌发。经 1～2d 菌种就能萌发出绒毛状新菌丝，约 3d 开始吃料。3d 后稍微加大通风量，以降低料温及空气湿度，促使菌丝封盖料面。

2. 中期多通风 播种后 7~10d，菌丝已基本封盖料面，此时应多通风，以防止杂菌滋生，促使菌丝向料内生长。可将覆盖的薄膜或报纸撤掉。

3. 后期打扦 铺料较厚时，可在菌丝长至料深的 1/2 处时，用约 1cm 粗的木棍自料面打扦到料底，并进一步加强通风，以排出料内积存的有害气体，促使菌丝在料内长得快而壮。

在发菌期，若料面过干，菌丝封面后可喷 1% 的石灰水增湿。一般 20d 左右菌丝就可长透培养料。

（八）覆土

双孢蘑菇菌丝长满培养料之后，必须在料面覆土，子实体才会大量发生。

1. 覆土的作用 关于覆土的作用机制至今尚不明确。有人认为覆土后二氧化碳浓度在培养料、覆土层和菇房环境中呈梯度变化，从而诱导了原基形成；有人认为覆土具有支撑固定子实体的作用；还有人认为覆土中臭味假单胞杆菌可以消除双孢蘑菇菌丝产生的乙烯，进而促进原基形成。总之，双孢蘑菇具有不覆土不出菇的特点，覆土质量对双孢蘑菇的产量和质量有直接影响。

2. 覆土材料的要求和制备 覆土材料应结构疏松，通气性好；具有团粒结构，持水性强，遇水不黏，失水不板结；含有少量腐殖质（5%~10%），但不肥沃，含盐量低于 0.4%；pH 7.5~8.0；不带任何病菌和害虫。草炭土、壤质土、塘泥以及人工配制的砻糠等都是较好的覆土材料。

在覆土前 3~5d 制备覆土材料。每立方米土约覆盖 20m² 的菌床，每 111m² 栽培面积需制备 4.5~5.5m³ 土。覆土材料一定要经过杀虫消毒。常用的方法是：拌入土重约 2% 的石灰，以杀死线虫；再喷入 10% 甲醛（1m³ 土约需甲醛 0.5kg）及敌敌畏 1%，覆膜堆闷 2~3d，然后摊晾至无药味时再使用（图 3-3-9）。

图 3-3-9 覆土材料消毒

（1）泥炭土。泥炭土是双孢蘑菇理想的覆土材料，其结构疏松，吸水性强，含水量可达 80%~90%，酸碱度适中，杂菌与害虫少。荷兰等国家使用的覆土材料为 75% 的泥炭土（泥炭土含 70% 黑色泥炭土、30% 白垩土）和 25% 的甜菜渣混合物。泥炭土多采用一次性覆土，厚度为 3cm 左右。

（2）砻糠土。为提高覆土材料的透气性，将混入适量砻糠的细土称为砻糠土。该土具有取土方便，制作简单，结构疏松，土层菌丝生长量大，出菇早，转潮快和高产优质等优点。

制作时将壤土表层 30cm 以下的土挖出，打碎，过 7 目筛，未过筛的应留下黄豆大的土粒作以后补土用。拌入 2% 石灰，并做常规消毒杀虫处理。

砻糠也可用新鲜无霉变的棉籽壳、麦糠、麦秸粉等代替，加入量约占土壤重量的 4%，每 111m² 栽培面积约需砻糠 250kg。砻糠先用 5% 石灰水（pH10 左右）浸泡 1~2d，捞出沥去余水，均匀喷入稀释 800 倍的 50% 的多菌灵和 0.5% 的敌敌畏，覆膜堆闷约 24h。在覆土当天，将砻糠与消毒的细土混合，调 pH 为 7.5~8.0，含水量 60% 左右。

3. 覆土前的菌床要求　菌床在覆土前一定要无病虫害，否则覆土后就很难根治。将有色薄膜放在料面 1~2min，若发现上面有螨虫，可用 0.5% 敌敌畏或其他有效药剂采用喷、熏结合法彻底杀虫。

在菌床表面搔菌，并轻轻拍平料面，以产生的机械刺激作用促使菌丝快速上土。菌床表面应保持偏干状态，不要喷水，以免覆土调水后因渗水量过大而使菌丝萎缩。若料面很湿润，应加强通风后再覆土；若料面干燥至菌丝稀少时，可提前 2d 轻轻喷水，并覆盖报纸，至菌丝回返料面时再覆土。

4. 覆土方法　当菌丝长至料深的 2/3 时，一般在播种后 15~18d，是最佳的覆土时期。覆土过早，会影响料内菌丝继续生长；覆土过晚，菌丝已长透培养料，容易冒菌丝、结菌块，使表面菌丝老化，推迟出菇时间及影响产量。

覆土厚度以 3cm 左右为宜。土层过薄，因持水性差而影响产量；过厚的土层会影响透气性。覆土时应一层层覆盖，逐渐增加厚度，使土层厚薄均匀，不要将土全部堆到料面上再摊开。覆土厚度不均会导致喷水不匀和出菇不整齐。覆土后不要拍压，可保持自然松紧度。

5. 覆土后的管理　从覆土到出菇需 15~20d。该期的主要管理措施是：控制室温在 20~22℃，空气相对湿度在 80%~85%；调整土层含水量及通气状况，及时吊菌丝和定菇位。

（1）吊菌丝。覆土后应根据土层含水量情况进行喷水。覆土后 2~3d，用 pH 7.5~8.0 的石灰水将土层调足水分，以土层稍粘手、水分不渗入料内为宜。喷水应选择室温低于 25℃ 的时段，并做到轻喷、勤喷、匀喷，每天喷 4~5 次，菌床每次喷水量 0.7~0.9L/m²。调水结束后，大通风 5~10h，再关闭门窗吊菌丝。通常在调水后 3d，在早、晚适当进行小通风，每次通风约 30min，以诱导菌丝纵向生长，快速上土，见图 3-3-10。

（2）定菇位。菌丝长至距表土约 1cm 时应加大通风量，迫使菌丝倒伏，使其横向生长，并加粗成线状菌丝，以备在该位置出菇，这就是定菇位。若通风不足，易使菌丝冒土或菇位太高；若菌丝还未长至距表土约 1cm 就开始通风，菇位就会定得太低。菇位过高或过低，都会严重影响产量与质量。

图 3-3-10　菌丝在土层中生长

（九）　出菇期管理

从播种到出菇一般需 35~40d。出菇期长短与栽培地区气候条件密切有关，通常 120~

140d。一般岭南地区冬季正常出菇，长江以北地区冬季气温偏低，通常在秋季和春季出菇，分别称为秋菇期和春菇期。秋菇期是双孢蘑菇的盛产期，约占总产量的70%，故秋菇管理是夺取高产优质的关键期。喷水、通风是该期的主要管理工作。此时的空气相对湿度应维持在90%左右，控制室温在12～18℃，并避免出现较大温差。

微课：双孢蘑菇二次发酵料压块出菇

1. 喷水 喷水是一项十分精细和技术性很强的工作。喷水主要有连续喷水和间歇重喷。没有轻重地均匀喷水为连续喷水。该喷水方法不伤菌丝，技术性不强，但菇潮不明显，产量略低。在一潮菇中，重喷结菇水和保菇水的方法为间歇重喷法。该喷水法菇潮明显，出菇整齐，有高产优质效果，但技术性强，喷水时期和喷水量掌握不当，易致菇蕾死亡或因土层漏水而伤害料中菌丝。

（1）结菇水。结菇水是由发菌期转向产菇期的关键性用水，是以大量水分和大通风条件使菌床环境发生迅速变化，迫使菌丝转入生殖生长。当定好菇位，菌丝变成线状，菌丝尖端呈扇状，或有零星白色米粒状原基出现时，是喷结菇水的最适时期。

结菇水的喷量应根据菌株耐水性、土层持水性、菇房保湿性及空气相对湿度的大小综合考虑。一般气生型菌株的菌床总用水量为 2.2～2.7L/m²，贴生型菌株的菌床总用水量为 3.1～3.5L/m²。结菇水要在 2d 内喷完，每日喷 4～5 次，以最后达到土层最大持水量，而不渗入料内为宜。喷完结菇水后，保持 1～2d 大通风，以防止菌丝冒土，待土层表面水分适度散发，再逐渐减小通风量，在适宜的温湿度与气体条件下，表土下 1cm 处会很快出现大量白色米粒状原基。

（2）保菇水。当大多数菇蕾长至黄豆大时，为进一步补充土层湿度，满足菇蕾迅速生长对水分需求的一次重水称为保菇水。保菇水的用量较结菇水大，气生型菌株的菌床总用水量约 2.7L/m²，贴生型菌株的菌床总用水量约控制在 3.6L/m²，应在 1～2d 内分多次喷完，最后以达到土层最大持水量或有少量水渗入料内为宜。停止喷水 2d，然后随着菇的长大逐渐增加喷水量，再随着菇的采收逐渐减小喷水量。喷保菇水期间双孢蘑菇的生长状况见图3-3-11、图 3-3-12。

图 3-3-11 菇蕾长至黄豆大

图 3-3-12 快速生长期

（3）喷水要看天、看菇、看菌丝生长势、看菌株耐水能力及菇房保湿能力等。喷水宜在18℃左右条件下进行，温度低时中午喷，温度高时早、晚喷。不要喷"关门水"，喷水后都要通风数小时，以免形成闷湿环境。喷水要注意干湿交替，使出菇与养菌紧密结合。喷水应轻、勤、匀，水雾要细，以免死菇或生长不整齐。喷水不能超过土层持水量而渗入料内，长

时间的土层漏水，易使土层下的菌丝萎缩，培养料变黑，甚至因烂料而绝产。阴雨天、菌丝生长弱的菌床及保湿能力强的菇房，都要减少喷水量。

2. 通风 通风量小，易致菇体畸形和发生病虫害；而通风过量，菇体会发黄，产生鳞片，早开伞或菇蕾死亡。通风应根据温度、空气湿度、天气及菇的生长情况而灵活掌握。温度低时中午通风，温度高时早、晚通风，以不造成菇房温度变化过大为宜。有风天气开背风窗，无风或阴雨天气开对流窗，干热风劲吹时尽量不通风。菇小、菇少时少通风，菇大、菇多时多通风。适宜的通风效果应以嗅不到异味、不闷气、菇生长良好而又感觉不到风的吹动为宜。

（十） 采菇期管理

采菇要视品种、气温、菌床养分、菇的销售渠道等情况而定。小而密的菌种应采早、采小。气温高于 16℃ 时，因菇生长快，可采小些；低于 14℃ 时，可稍迟采收。菌床料厚、养料足，可让菇长得略大些。若制作蘑菇罐头，优质菇的菌盖直径在 2～4cm；若销售鲜菇，一般在菌盖直径达 2～6cm 时采收，最好在 3～4cm 时采收，每天应采 2～3 次。

采收前约 4h 不要喷水，以免手捏部分变红。采收时，手捏菌盖轻轻扭下，三潮后的双孢蘑菇可用提拔法采菇，以减少土层中无结菇能力的老菌索。将采下的菇及时用锋利刀片削去带泥的菌柄，切口要平，以防菌柄断裂（图 3-3-13）。

图 3-3-13 双孢蘑菇采收前后

复习思考题

扫一扫，看
参考答案

1. 简述双孢蘑菇的生理特性。
2. 堆制发酵料的原理是什么？
3. 如何进行二次发酵？
4. 优质发酵料有什么特征？
5. 简述吊菌丝的目的、时机和措施，定菇位的目的、时机和措施。
6. 简述喷结菇水的目的、时机与措施，喷保菇水的目的、时机与措施。

任务四 黑木耳栽培

任务目标

✦ 知识目标 >>>
- 掌握黑木耳的生理特性。
- 掌握黑木耳菌棒制作方法。
- 掌握吊袋栽培黑木耳的关键技术。
- 掌握露天栽培黑木耳的关键技术。

⚒ 能力目标 >>>
- 会制作黑木耳菌棒。
- 会用吊袋方法栽培黑木耳。
- 会露天栽培黑木耳。

相关知识

一、概述

黑木耳（*Auricularia heimuer*）又名光木耳、细木耳、云耳等，属于真菌界担子菌门伞菌纲木耳目木耳科木耳属。野生黑木耳广泛分布于我国各地 20 多个省份，北起黑龙江、吉林，南到海南岛，西自西藏、甘肃，东至福建、台湾。主要产区是湖北、黑龙江、四川、贵州、河南、陕西、吉林、广西和云南等地。

黑木耳有"菌中瑰宝"之誉，被称为"素中之荤"。黑木耳营养丰富，含有蛋白质、木耳多糖、杂多糖、矿物质、维生素等营养物质。据测定，每 100g 干品中含蛋白质 10.6g、脂肪 0.2g、糖类 65.5g、粗纤维 7.0g、钙 0.375g、磷 0.201g、铁 0.185g，此外，还含有维生素 B_1 0.15mg、维生素 B_2 0.55mg、烟酸 2.7mg，含有人体必需的 8 种氨基酸。黑木耳中钙、铁、维生素 B_2 含量很高。钙的含量约为肉类的 30～70 倍，维生素 B_2 的含量约为大米、白面和大白菜的 10 倍。

黑木耳不仅有很高的营养价值，还具有较高的药用价值。黑木耳中的腺嘌呤核苷对抑制血栓形成有显著的作用。黑木耳中的多糖能提高免疫力，具有抗肿瘤、抗氧化、清除血液中胆固醇的作用，还可以降血压和降血脂。据《神农本草经》记载，黑木耳味甘、性平，具有补气益肺、活血补血的作用。

一般鲜木耳不宜直接食用，因为鲜木耳中含有一种卟啉类光感物质，会引起日光性皮炎，严重的可致皮肤坏死。鲜木耳在暴晒过程中会分解大部分卟啉，干木耳在食用前又经水浸泡，其中含有的剩余卟啉会溶于水，因而经过水发的干木耳可安全食用。

黑木耳人工栽培起源于我国，至今已有 1 400 多年历史。在我国唐代就采用原木砍花法种植黑木耳，靠天收耳，产量极低。新中国成立后，开始采用段木打孔接种法栽培黑木耳，使黑木耳产量大大提高。20 世纪 70—80 年代后，科研人员用木屑、棉籽壳、玉米芯进行黑木耳栽培研究，取得了一定成就。90 年代初，辽宁省朝阳市食用菌研究所总结十几年科研实践，形成了一套完整的塑料袋代用料地栽黑木耳的理论技术体系，此项技术迅速推广到全国 20 多个省份，改变了我国依靠木材生产黑木耳的历史，使黑木耳产量大幅提高。据中国食用菌协会统计数据显示，2017 年我国黑木耳产量高达 751.85 万 t，在食用菌中排行第二，仅次于香菇。

二、生物学特性

（一）形态特征

黑木耳由菌丝体和子实体组成。

微课：黑木耳
生物学特性

1. 菌丝体 菌丝体为有隔菌丝，纤细，有分枝，粗细不匀，常出现根状分枝。担孢子萌发为单核菌丝，有的产生钩状分生孢子。双核菌丝有锁状联合，但数量较少。菌丝在斜面培养基上呈灰白色，绒毛状，贴生于表面，生长较慢。老熟后常分泌褐色的色素。

2. 子实体 黑木耳的子实体通常单生为耳状，或群生为花瓣状，胶质，半透明，中凹，耳状、杯状、片状或不规则状（图 3-4-1）。鲜时柔软，直径 2～12cm，厚0.8～2.5mm，干时强烈收缩，泡松率为 8～16 倍，呈角质状，硬而脆。子实体有背腹两面。腹面着生担子，担子上产生有性的担孢子，担孢子呈肾形，$(9～15)\mu m×(5～6)\mu m$。分生孢子呈钩状或马蹄状，大小同担孢子。

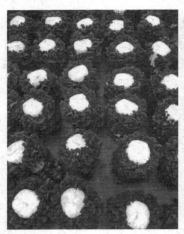

图 3-4-1 黑木耳

（二）生活条件

1. 营养 黑木耳是木腐菌，在生长发育过程中必须从基质中摄取碳素、氮素、无机盐和维生素等营养物质。在木材腐朽过程中，菌丝最初以利用木质素为主，然后利用纤维素。

2. 温度 黑木耳孢子萌发温度范围为 22～32℃，以 30℃最适宜。菌丝在 6～36℃均能生长，但以 22～28℃最为适宜，低于 5℃或高于 38℃均受到抑制。

黑木耳属于恒温结实性菌类。菌丝体在 15～32℃ 范围下均能分化形成子实体，以 20～24℃最为适宜。在适宜的温度范围内，温度稍低，生长发育慢，子实体肉厚、产量高、质量好。温度过高，生长发育快，子实体肉薄，质量差。在高温高湿条件下，容易发生流耳。

3. 水分和空气相对湿度　黑木耳生长发育所需水分绝大部分来自培养料。黑木耳在菌丝体培养期间，段木的适宜含水量在35%～40%，木屑培养料的含水量在60%～65%，配制培养基时加水量要考虑木屑的种类和颗粒的粗细。子实体形成阶段，要求空气相对湿度保持在85%～90%，低于80%子实体形成迟缓，甚至不易形成子实体。

4. 光照　黑木耳在不同发育阶段对光照的要求也不同。菌丝体在黑暗或有散射光环境条件下均能生长。光对黑木耳从营养生长转向生殖生长有促进作用。如黑木耳在菌丝体生长阶段给予较强的光照，会使菌丝集聚而形成褐色的胶状物，或过早出现原基，并分泌色素，导致无法正常出耳或严重减产。因此，黑木耳菌丝培养应在黑暗环境中进行。

黑木耳子实体的形成需要大量散射光或一定的直射光刺激，在黑暗条件下很难形成。据报道，光照对黑木耳子实体色泽和品质有重要影响，在光照度250～1 000lx才能形成正常的深黄褐色。在微弱的光照条件下，耳片呈淡黄色，甚至白色，又小又薄，产量低；光照度在400lx下，黑木耳呈浅黄色；光照度1 000lx以上呈黑色。

5. 空气　黑木耳是好气性真菌。当空气中二氧化碳浓度超过1%时，会阻碍菌丝体生长，子实体畸形，呈珊瑚状，往往不开片；二氧化碳浓度超过5%，会导致子实体死亡。因此在黑木耳整个发育过程中，要保持空气流通。在制作菌包时，培养料的水分不可太多，装料不能太满，以保证菌丝体有必要的氧气。另外，通风换气还可避免烂耳，减少病虫滋生。

6. 酸碱度　黑木耳适宜在微酸性的环境中生活，菌丝体在pH 4.0～7.5范围内均能正常生长，以pH 5.0～6.5为最适宜。

三、栽培技术

我国黑木耳栽培方式有两种，一种是段木栽培，另一种是代料栽培。随着生态环境的保护，代料栽培得到大面积推广。代料栽培黑木耳主要有吊袋栽培和露地栽培。大棚吊袋栽培的黑木耳耳芽整齐，出耳同步性好，且省地、省水、省工，并能抵御自然灾害，同时黑木耳无泥沙、灰尘污染，既干净又安全。露地栽培受自然气候条件影响较大，昼夜温差大，湿度差大，光强差大，给黑木耳生长提供了良好的条件，更有利于黑木耳生长；地栽黑木耳泡发率高，硬度和耐受拉力大。

（一）吊袋栽培技术

1. 吊袋栽培工艺流程　培养料选择→培养料配制→拌料→装袋→灭菌→冷却→接种→发菌期管理→划口→吊袋→出耳期管理→采收→转潮期管理。

2. 栽培季节确定　代料栽培黑木耳一般根据出耳期当地自然温度来决定栽培季节。黑木耳栽培可以选择春栽和秋栽两种。吉林、黑龙江等东北地区春栽1—3月生产栽培菌袋，4—6月出耳；秋栽5—6月生产栽培菌袋，8—10月出耳。河南等地春栽3—4月生产栽培菌袋，5—6月出耳；秋栽8—9月生产栽培菌袋，10—11月出耳。

3. 培养料选择　用不同培养料生产黑木耳，其长势、产量和质量会有一定差别。用棉籽壳培养料生产的黑木耳长势好，产量也高，但胶质较粗硬。用稻草和麦秸培养料生产的黑木耳胶质比较柔软。黑木耳是典型的木腐菌，用木屑培养料生产的黑木耳耳片舒展，胶质柔和，产量较高，但硬木屑和软木屑间也有差别，如杨树、柳树等软木屑栽培时产量和品质均不如柞树、千金榆等硬杂木屑。黑木耳代料栽培常用配方如下：

（1）木屑78％，麦麸12％，棉籽壳9％，石膏粉0.5％，石灰0.5％。

（2）木屑80％，麦麸或米糠15％，豆粕2％，玉米粉1.5％，石膏粉1％，轻质碳酸钙0.5％。

（3）木屑78％，麦麸或细稻糠20％，石膏粉1％，蔗糖1％。

（4）木屑55％，玉米芯25％，麦麸或米糠15％，豆粕2％，玉米粉1.5％，石膏粉1％，轻质碳酸钙0.5％。

（5）稻草50％，木屑30％，麦麸或细米糠15％，豆粕2％，玉米粉1.5％，石膏粉1％，轻质碳酸钙0.5％。

（6）豆秆粉80％，麦麸或细米糠18％，石膏粉1％，石灰0.5％～1％。

（7）木屑85％，麦麸10％，豆粕2％，玉米粉1％，石膏粉1％，石灰1％。

4. 拌料　人工拌料时，将木屑过筛，剔除小木片、石块、枝杈等杂物。按照生产配方先称取麦麸、石膏、石灰等原料，搅拌混匀，撒在平摊的木屑上，与木屑混合均匀，加水搅拌。

规模化生产中常使用搅拌机进行三级拌料。具体方法：按照配方，提前将预湿好的木屑用铲车放入一级拌料机，搅拌，同时将称量好的麦麸、豆粕、玉米粉、石膏粉、适量石灰放入一级拌料机中与木屑一同搅拌，并加水，调节水分含量及pH，一级搅拌时间约为15min。然后培养料通过提升机进入二级搅拌料斗，料斗上面有网筛，将大颗粒物及石块筛出，二级搅拌大约10min。二级搅拌完成后通过提升机进入三级搅拌，搅拌时间7～8min，拌料的总时间为30～40min。拌料时间过长培养料变酸较严重，pH下降过多；时间过短则拌料不均匀。

5. 装袋　用装袋机进行装袋（图3-4-2）。袋子17cm×33cm、厚0.002～0.004cm，材质为聚乙烯，装料后高度22～23cm，重1 500g，干料重约600g。装袋时在菌袋中间打孔，将料袋上部的剩余菌袋窝入孔中，插入接种棒封口（图3-4-3）。

图3-4-2　装袋　　　　　　　　图3-4-3　窝口插接种棒

6. 灭菌　高压或常压灭菌。若是高压灭菌，菌袋要选择高密度耐高压聚乙烯袋，灭菌要求为121℃、0.1MPa、90～120min；若是常压灭菌，灭菌时间为10 h以上。具体灭菌时间受菌袋大小、培养料颗粒度影响。

将经过灭菌的料袋搬入冷却室，待温度下降到28℃以下时进行接种。

7. 接种　接种环境及无菌操作要求与香菇代料栽培相同。于接种室或者接种箱中无菌接种，接种后用无菌棉塞或海绵塞封口。

8. 发菌期管理　接种后的菌袋移入培养室发菌，培养室可以是空的房间或塑料薄膜日光温室，但应卫生洁净，通风条件良好。菌袋单层立放在层架上或多层横向摆放，但菌袋之间留2～3cm间隙。

微课：黑木耳栽培管理

（1）温度。温度应掌握好"前高后低，宁低勿高"的原则。在室内和菌袋间放温度计，随时观察温度变化，温度不适宜时可通过开关通风口、温控设备来调节。

接种后5～7d，培养室温度控制在28℃为宜，使黑木耳菌丝迅速定植、吃料。接种后7～15d培养室温度以24～26℃为宜。接种后15～35d温度以22～24℃为宜，因此时菌丝迅速生长，代谢活动旺盛，会产生热量使菌袋内温度升高，袋内温度一般比室温高2～3℃。接种后45d左右，菌丝长满菌袋。然后继续培养5～7d，温度降至18～22℃，菌丝体在较低温度下生长会更健壮，菌丝能充分降解培养料，这个过程称为后熟或"困菌"。

（2）湿度。菌丝培养阶段，培养室内空气相对湿度保持在60%～70%，过高易造成杂菌污染，过低易使培养料水分蒸发。

（3）通风换气。黑木耳是好气性真菌，要注意通风换气，以保证有足够的氧气来维持正常的代谢作用。通风应掌握"先小后大，先少后多"的原则。接种后5～7d，如果温度不超标可少通风。菌丝封面后，每天早晚各通风1次，每次30min，促进菌丝生长。温湿度过高时，应适当增加通风次数和通风时间。

9. 出耳期管理

（1）大棚处理与菌包入棚。

①大棚处理。黑木耳吊袋大棚必须结构坚固，一般为南北走向，宽8～10m，长度为35～40m，大棚过长或过宽不利于通风；棚肩2.0～2.5m，棚顶高3.5～4.0m。

菌包入棚前，先将大棚处理干净。地面撒一层薄薄的石灰消毒，空间用0.2%的高锰酸钾溶液，或300mg/L二氧化氯溶液，或0.05%的二氯异氰尿酸钠溶液，或0.05%的三氯异氰尿酸钠溶液等进行空间喷雾消毒，或用烟雾消毒剂进行熏蒸消毒。

②菌包入棚。吊袋黑木耳入棚时间以地面化冻60cm以上、最低气温稳定在－3℃以上为标准，地面铺无纺布（图3-4-4）。

（2）菌包打孔及菌丝恢复。菌袋菌丝发满，要及时划口开穴。袋壁划口时先用0.1%的高锰酸钾溶液或0.1%的甲基硫菌灵溶液消毒菌袋表面，划口工具和划口人员的手用75%酒精消毒。划口方式有V形、斜

图3-4-4　菌袋进棚

"一"字形、"十"字形、Y形、三角形及圆钉形孔等。其中V形多用于生产朵形较大的大片木耳；"十"字形、Y形、三角形、斜"一"字形和圆钉形孔多用于生产小孔单片形木耳。小孔生产的黑木耳朵形好，易成片，生长健壮，品质好，产出的黑木耳市场售价比常规的V

形孔每 500g 高出 5～10 元。

V 形孔的边长 2.0～2.5cm，角度为 45°～55°，深度 0.5cm。对于 17cm×33cm 短袋，每袋划 12～15 个口，分 3 层，呈"品"字形分布。Y 形孔刀口为 0.6cm（三棱钉头的棱长），深度为 0.5～0.8cm，每袋菌包扎 140～160 个眼。圆钉形孔直径为 0.4cm，深度为 0.5～0.8cm，每袋菌包扎 180～220 个眼。

菌袋划口后上面覆盖薄膜进行保温保湿，必要时加盖草帘进行温度调节。遮阳，棚内温度保持在 20～22℃，空气相对湿度在 75%～85%，促使划口处长满气生菌丝。一般 7d 左右，菌丝恢复生长，孔眼部位菌丝长满，并封闭孔眼（图 3-4-5）。

图 3-4-5　打孔后菌丝恢复生长

（3）吊袋。在东北大部分地区春耳 4 月吊袋，6 月末采收结束；秋耳 8 月初吊袋，10 月末结束采耳。划口处长满菌丝，耳芽已经隆起时及时吊袋。如果没及时吊袋，袋内菌丝就会老化，形成胶质化的菌皮，影响黑木耳出耳；如果吊袋过早，菌丝还没封住出耳孔，吊袋后容易引起杂菌感染。

在棚内框架横杆上，每隔 20～25cm 按"品"字形系紧 2 根（或 3 根）尼龙绳，底部打结。把划口处长满菌丝的菌包袋口朝下夹在尼龙绳上，并在 2 根尼龙绳上扣上两头带钩的细铁钩（长5cm），上面放菌袋，菌袋上再放钩子，以此类推，一般每串挂 7～8 袋（图 3-4-6）。上下袋间距 5cm，相邻两串间距 20～25cm。最底部菌袋应距离地面40cm，吊袋密度为 50～65 袋/m²。为了防止风大时菌袋相互碰撞，使耳芽脱落，吊绳底部可用绳连接在一起。

图 3-4-6　吊袋

（4）吊袋木耳催芽、出耳管理。

①催芽管理（7～10d）。吊袋后，就要进行催芽管理。催芽是在耳孔处长出耳芽的过程（图3-4-7）。在此期间，充足的光照、较大的温差、足够的水分是催芽的关键。光照有助于耳芽原基的形成；较大的温差加速耳原基的分化；水分除保障菌丝和耳芽原基正常的生理活动之外，能更有效地拉大温差。这一阶段的温度保持在15～25℃，空气相对湿度 85%，光照度 300～1 000lx。

吊袋后第二天将地面浇透水，2～3d 后可打开

图 3-4-7　原基形成（催芽结束）

微喷，每天早、中、晚浇水，每次 5~10min，保持菌袋表面有一层薄而不滴的露水，可防止水进入菌袋产生青苔。昼夜温差以 8~10℃为宜，刺激耳芽形成。前 3d 为了保湿一般不通风或微通风，3d 后一般早晚各通风一次，每次 0.5~1h，保证空气新鲜。

②耳片分化期管理（5~7d）。原基表面开始伸展出小耳片为分化期。此阶段以保持形成的原基表面潮湿不干燥为宜。每日早晚各浇水 2~3 次，每次 5~10min。空气相对湿度应掌握在 85%~90%。加强通风，白天将棚膜卷起 10~20cm，打开门窗通风，防止二氧化碳浓度过高产生畸形耳。温度保持在 15~25℃，防止高温伤菌。

③展片期管理（6~8d）。子实体长至 1cm 大时，边缘分化出许多耳片，耳片逐渐向外伸展，划口处已被子实体彻底封住，即为子实体耳片展片期。耳片展开 1cm 后，就可以在耳片上浇大水，控制棚内空气相对湿度为 85%~90%。耳片直径在 1~2cm 时，白天将棚膜卷起 20~40cm，耳片直径长至 2~3cm 时将棚膜卷至棚肩或棚顶，保持全天通风。

（5）采收。当黑木耳长至 3~5cm 时，边缘内卷，耳根由大变小，耳片富有弹性时停止浇水，1~2d 后采收。采收时先采成熟的木耳，手指沿着耳的基部插入旋转摘下，也可用锋利的刀片齐袋壁削下，不要伤害到耳片，以免腐烂引起杂菌污染。吊袋黑木耳一般采收 3~5 潮。

（6）晒耳。采用专用晾晒架晾晒（图 3-4-8）。晾晒时耳床厚度 5~10cm，间隔一定时间顺同一方向翻动，半干时可以将晾晒厚度提高到 10cm 以上，逐渐阴干的黑木耳品质较好。

图 3-4-8　晒耳

（7）采收木耳后进行大棚消毒。清扫地面碎耳渣和落地弃耳等杂物，适当通风降湿，空间用 0.2% 的高锰酸钾溶液，或 0.05% 的二氯异氰尿酸钠溶液，或0.05% 的三氯异氰尿酸钠溶液，或 5% 漂白粉溶液等消毒液喷雾消毒，喷雾消毒每立方米用量不低于 30mL；也可用二氯异氰尿酸钠等烟雾型消毒剂进行熏蒸消毒。

（8）间歇期管理。每一潮耳采完后，需要停止喷水，取下遮阳网晒包 2~3d，让菌包休养生息，之后再盖上遮阳网喷水生长，进行正常管理。

（二）全光照地栽黑木耳

全光照地栽黑木耳不需遮阳棚，露地栽培，粗放管理。

1. 全光照地栽工艺流程　培养料选择→培养料配制→拌料→装袋→灭菌→冷却→接种→发菌期管理→划口→催耳期管理→出耳期管理→采收→转潮期管理。

其中培养料选择至发菌期管理同吊袋栽培。

2. 划口　将长满菌丝、经过后熟的菌袋用 0.25% 高锰酸钾溶液将菌袋表面擦洗一遍消毒。当最低气温稳定在 10℃以上时，在无风晴天的早、晚进行划口，不能选在雨天进行。划口方式同大棚立体吊袋栽培。

3. 催耳期管理

（1）催耳方法。催耳有直接催耳法和集中催耳法（图 3-4-9、图 3-4-10）。

图 3-4-9　直接催耳　　　　　　　　图 3-4-10　集中催耳

　　直接催耳法一般用于自然温度和降水最适于黑木耳生长的季节。在做好的耳床上铺地膜，将划口的菌袋间隔 10cm 左右呈"品"字形摆放到耳床上，上面盖上草帘直接催耳。此阶段温度控制在 25℃以下，空气相对湿度控制在 70%～85%。2d 后开始喷水，一般早、晚温度低时喷水，即上午 5—9 时、下午 5—7 时，每次喷水 5～10min。15～25d 后就有耳基形成。耳基形成后，将草帘撤掉，进行全光照管理。下雨时需盖上塑料布遮雨，防止雨水滴入划口。

　　集中催耳法是在气温低或风大、空气相对湿度低的情况下，为保证划口处子实体原基迅速形成而采取的办法。集中催耳法又分室外集中催耳法和室内集中催耳法。室外集中催耳法是将开口后的菌袋间隔 2～3cm 集中摆放在耳床上，摆放一床空一床（以便催芽后分床摆放），盖上草帘。此阶段温度保持在 15～25℃，昼夜温差大于 10℃，湿度要求草帘湿而不滴，帘子上不能有水滴滴入划口处，草帘的湿度以保证开口处菌丝不干枯为宜。以七阴三阳的散射光诱导原基形成。每天通风一次，每次 30min。室内集中催耳法是将菌袋间隔 2～3cm 摆放在室内培养架上，温度控制在 22～24℃，促进菌丝体恢复。5d 左右菌丝封口后，可将室内温度控制在 20℃以下，拉大昼夜温差。空气相对湿度控制在 70%～75%。光照和通风同室外集中催耳法。室内催芽一般经过 10～15d 开口处形成耳基，这时就可以将菌袋摆放在出耳床上进行出耳管理。

　　（2）耳场准备。出耳场地选在周围开阔、环境清洁、通风良好、易排水防涝、交通方便、靠近水源的场地。

　　根据不同地势、不同降水量做不同的畦床。低洼易涝排水不好的地块做高畦，坡地及排水良好的地块做平畦或低畦。畦床宽 1.2～1.5m，可因地制宜选择长度，作业道宽 40cm。床面喷洒消毒剂进行消毒，消毒剂有 2%石灰水溶液、0.2%高锰酸钾水溶液和 70%甲基硫菌灵可湿性粉剂 500 倍液。根据黑木耳出耳期对水分的大量需求，在摆袋前挖好蓄水池，铺设好微喷系统。

　　（3）排袋。排袋就是把菌袋摆放到耳床上，袋口朝下，袋与袋间隔 8～10cm，一般每平方米床面摆放 25 袋。当春季旬平均气温保持在 15℃以上时进行露地排袋。

　　排袋前耳床上铺打孔黑色除草地膜后再进行排袋。黑色薄膜由于光照不足可以抑制杂草生长。打孔处理是为了喷水时排除多余的水分，防止烂耳。此外，还可以增加空气相对湿度。

4. 出耳期管理

（1）耳片分化期管理（5～7d）。此阶段的管理主要是加大喷水量，保持床面湿润，空气相对湿度为80％。如天气干旱，耳芽表面不湿润，可向耳袋喷雾状水。

（2）展片期管理（6～8d）。此阶段为耳片快速生长期（图3-4-11）。要提高空气相对湿度和加强通风，保持空气相对湿度90％，每天喷水3～4次。如天气炎热，喷水要安排在早、晚进行。经7～10d培养，耳芽长成不规则的波浪状耳片。

5. 采收 当木耳长到直径3～5cm时，耳根收缩，耳片全部展开、起皱时，停止浇水，经1～2d即可采收。

图 3-4-11 快速生长期

复习思考题

1. 试述大棚立体吊袋栽培黑木耳的主要技术。
2. 试述全光照地栽黑木耳出耳的栽培管理要点。

扫一扫，看
参考答案

任务五 鸡腿菇栽培

任务目标

知识目标 >>>

- 了解鸡腿菇的生理特性。
- 掌握鸡腿菇熟料栽培技术。
- 掌握鸡腿菇发酵料栽培关键技术。

能力目标 >>>

- 会用熟料栽培鸡腿菇。
- 会用发酵料栽培鸡腿菇。

相关知识

一、概述

鸡腿菇（*Coprinus comatus*）又名毛头鬼伞、毛鬼伞、刺蘑菇，属于担子菌纲伞菌目鬼伞科鬼伞属。由于低温时菇体生长缓慢，菌柄上小下大，形似鸡腿，因此称为鸡腿菇。因菌盖表面有反卷鳞片，如肉刺，故民间又有刺蘑菇之称。

鸡腿菇是一种食用兼药用的菌类。幼时肉质细嫩，鲜美可口，色香味皆不亚于草菇。干品中蛋白质含量达 25.4%，氨基酸总量为 18.8%，含有 20 余种氨基酸，包括人体必需的 8 种氨基酸，特别是在谷物及蔬菜中缺乏的赖氨酸和亮氨酸含量十分丰富。此外还含有钙、磷、铁、钾等元素及维生素 B_1 等多种微量有机物。

鸡腿菇味甘性平，有益脾胃、清心安神、治痔等功效，经常食用有助消化、增进食欲和治疗痔疮的作用。据《中国药用真菌图鉴》等记载，鸡腿菇的热水提取物对小白鼠肉瘤 180 和艾氏癌抑制率分别为 100% 和 90%。另据报道，鸡腿菇含有治疗糖尿病的有效成分，以每千克体重用 2g 鸡腿菇的浓缩物投给小白鼠，1.5h 后降低血糖浓度的效果最为明显。

鸡腿菇保鲜期短，少数人食用后有轻微中毒反应，尤其是在与酒和含酒精的饮料共同食用时，因其所含毒素易溶于酒精，易与酒精发生化学反应引起呕吐或醉酒现象。

从 20 世纪 60 年代起，欧洲采用发酵堆肥进行野生鸡腿菇驯化栽培获得成功，并相继进行大规模商业化栽培。我国从 20 世纪 80 年代开始栽培，目前已推广到全国各地，通常采用发酵料或熟料进行覆土栽培。

二、生物学特性

（一）形态特征

1. 菌丝体 菌丝体前期呈白色或浅灰色绒毛状，细密，气生菌丝不发达。一般贴培养基表面生长；后期覆土后，便加粗成致密的线状菌丝，线状菌丝才能结菇。生长好的母种常分泌黑色素沉积在斜面培养基内。

2. 子实体 子实体单生或丛生，菇蕾期菌盖圆柱形，连同菌柄状似火鸡腿，鸡腿菇由此得名。后期菌盖呈钟形，高 9～15cm，最后平展。菌盖表面初期光滑，后期表皮裂开，成为平伏的鳞片，初期白色，中期淡锈色，后渐加深；菌肉白色，薄；菌柄白色，有丝状光泽，纤维质，长 17～30cm，粗 1～2.5cm，上细下粗，菌环乳白色，脆薄，易脱落；菌褶密集，与菌柄离生，宽 5～10mm，白色，后变黑色，很快出现墨汁状液体。孢子黑色，光滑，椭圆形，有囊状体。囊状体无色，呈棒状，顶端钝圆，略带弯曲，稀疏。

春、夏、秋季雨后生于田野、林园、路边，甚至茅屋屋顶上。子实体成熟时菌褶变黑，边缘液化。保鲜期极短，可食。我国主要产于华北、东北、西北和西南，河北、山东、山西、黑龙江、吉林、辽宁、甘肃、青海、云南、西藏等省份均有栽培。

（二）生活条件

1. 营养 鸡腿菇是草腐土生菌类。人工栽培时多选用木质素含量低的农副产品下脚料。鸡腿菇对营养要求不严格，能利用很广泛的碳源和氮源，稻（麦）草、玉米芯、棉籽壳、豆秸、食用菌菌糠等是常用的主要栽培原料，麦麸、畜禽粪、玉米面、石膏粉、磷肥、尿素、石灰等是常用的辅料。维生素 B_1 对鸡腿菇生长有明显的促进作用，若缺乏则菌丝生长受阻，子实体不能正常形成，加入玉米粉、麦麸等富含维生素 B_1 的原料有利于菌丝体的生长。

2. 温度 鸡腿菇属中低温型变温结实性菌类。菌丝生长的温度范围是 3～35℃，适宜温度是 21～28℃。菌丝抗寒能力强，在 -30℃ 的土壤中菌丝可以越冬。子实体分化需要 5～10℃温差，适宜温度为 10～20℃。子实体生长的温度是 10～30℃，超过 30℃不易形成子实

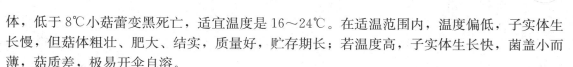

体，低于 8℃小菇蕾变黑死亡，适宜温度是 16～24℃。在适温范围内，温度偏低，子实体生长慢，但菇体粗壮、肥大、结实，质量好，贮存期长；若温度高，子实体生长快，菌盖小而薄，菇质差，极易开伞自溶。

3. 水分和空气相对湿度　鸡腿菇培养料的含水量以 60%～70%为宜，发菌期间空气相对湿度为 80%左右。子实体发生时，空气相对湿度应为 85%～90%，低于 60%菌盖表面鳞片反卷，子实体瘦小，菌柄硬，在 95%以上时菌盖易得斑点病。

4. 光照　鸡腿菇属弱光性菌类。菌丝生长阶段不需要光线，强光能加速菌丝体的老化。子实体分化需要散射光的刺激。子实体生长需要较弱的散射光，最适宜的光照度是 60～500lx。一定范围内，光线越弱，菇体越嫩白，商品价值越高。光线不宜过强，否则菇体变黄影响品质。

5. 空气　鸡腿菇菌丝体和子实体生长发育均需要新鲜空气。菌丝体虽然对二氧化碳忍耐程度较高，但通风不良时菌丝生长缓慢。子实体生长发育需要大量氧气，通风不良将导致幼嫩子实体发育迟缓，菌柄伸长，菌盖小而薄，产量和品质明显下降。

6. 酸碱度　鸡腿菇是喜偏碱性菌类。菌丝能在 pH 4.5～8.5 的培养基中生长，最适 pH 为 6.5～7.5。生产中常将培养料及覆土材料的 pH 调至 8.0～9.0，喷水管理时还要适当喷 1%～2%的石灰水，以防 pH 下降。

7. 覆土　鸡腿菇是土生性菌类，若不覆土，菌丝发育再好也不会形成子实体。覆土是鸡腿菇生活的必需条件之一，也是栽培管理的重要环节。要求所覆土持水力强、通气好、无病虫害。

三、栽培技术

鸡腿菇既可采用熟料栽培，也可采用发酵料、生料栽培。生料栽培仅在北方采用，普遍采用熟料和发酵料栽培。熟料和发酵料栽培时既可以采用袋栽，又可以采用箱式栽培或床架栽培。各种日光温室、塑料大棚、山洞、防空洞、车库、地下通道等，也可在粮田、果园、菜地里进行间作。

（一）熟料栽培

熟料栽培具有场地利用率高，出菇时间可灵活掌握，降低污染率，生物转化率高等优点。但该法需有完善的灭菌和接种设施，能源消耗大，成本较高。

1. 熟料栽培工艺流程　培养料选择→培养料配制→拌料→装袋→灭菌→冷却→接种→发菌期管理→覆土→出菇期管理→采收→转潮期管理。

2. 栽培季节的确定　栽培时菌丝生长阶段外界气温不要超过 28℃，且不低于 10℃；播种 40d 后进入子实体生长阶段，温度以 12～20℃为宜，可据此确定鸡腿菇栽培季节。另外，鸡腿菇具有不覆土不出菇的特点，而且菌丝不易老化，菌棒或菌砖经过长时间存放不影响其出菇性能，这些对实际栽培管理很有益处。在南方地区，一般春栽在 2—4 月，秋栽在 9—11 月；北方地区春栽在 3—6 月，秋栽在 8—10 月。一般来说，秋栽比春栽好。在黄河流域，每年以 9 月栽培最好。春栽出菇期短，培养料营养消耗不完。秋栽过早，杂菌污染严重，容易烧菌；过迟出菇慢，可能需要加温增加管理成本。

3. 培养料的选择　生产上常用培养料配方有以下几种。

（1）棉籽壳 90%，玉米粉 8%，尿素 0.5%，石灰 1.5%。

（2）玉米芯 88％，米糠或麦麸 10％，尿素 0.5％，石灰 1.5％。

（3）玉米芯 40％，棉籽壳 40％，麦麸 10％，玉米粉 5％，过磷酸钙 1％，石膏粉 2％，石灰 2％。

（4）麦秸或稻草 77％，干牛粪（或干鸡粪）14％，豆饼 3.5％，过磷酸钙 1％，石膏粉 2％，石灰 2％，尿素 0.5％。

（5）稻草 70％，棉籽壳 20％，玉米粉 5％，过磷酸钙 1％，石膏粉 2％，石灰 2％。

（6）平菇或金针菇菌糠 60％，棉籽壳 30％，玉米粉 8％，石灰 2％。

4. 拌料　按照配方进行配料，主料与辅料混合均匀，加水拌匀。培养料 pH 调至 8.5～9.0，含水量 60％～65％。

5. 装袋　常用 17cm×（30～35）cm、厚 0.004～0.006cm 的聚乙烯或聚丙烯塑料袋，将培养料均匀装入袋内。采用塑料套环加盖透气塞封口，或用塑料绳封口。

6. 灭菌　采用 100℃常压灭菌 10～12h，或 0.15MPa 条件下 128℃高压灭菌 2h，冷却后接种。

7. 接种　料袋灭菌后搬入接种室，待料温降至 30℃左右，在无菌条件下进行抢温接种。小袋采取两头接种，菌种要封住两端料面。大袋在培养袋周围打 3 排 9 个孔，孔径为 1.5cm，接入菌种，贴上 4cm×4cm 的胶布封住接种穴口，或再套上一个稍大的塑料袋。

8. 发菌期管理　将接种后的菌袋搬入已消毒的培养室或菇棚内进行培养。温度控制在 24～26℃，最高不超过 30℃。温度偏高时，把菌袋排成单排，堆积不超过 3 层，袋与袋之间相隔 3～5cm，防止袋内积温过高出现烧菌现象。温度低时，可把菌袋排成 3～5 排，每排可堆积 4～6 层，袋与袋、排与排之间靠紧，利用菌丝生长产生的热来提高堆温。每周翻堆一次，结合翻堆挑出杂菌污染的菌袋。定期通风换气，经常对发菌场所消毒治虫。

在条件适宜的情况下，经 25～35d 菌丝便可长满袋。此时如温度适宜，市场销售好，便可脱袋覆土出菇；若温度不适宜出菇或市场价格低，也可暂时放在阴凉处，待情况好转再覆土出菇。

9. 覆土

（1）土壤选择与处理。鸡腿菇必须经过覆土才能出菇。土壤最好选用含有一定腐殖质、透气性良好的壤土，如林地土、炭烧土、稻田土和菜田土。取表层 10cm 以下壤土，暴晒 2～3d，拍碎，过粗筛，土粒大小以不超过 2cm 为宜。加入 2％生石灰将 pH 调至 8 左右，然后用 0.2％高锰酸钾溶液均匀喷雾，将土粒含水量调至手握成团，落地即散。覆盖薄膜闷堆 3～4d，以杀灭土壤中的害虫和杂菌。

（2）脱袋排畦与覆土。在棚内把地整平，做成宽 1.0～1.2m、高 20～25cm、长不限的畦，喷洒 0.2％高锰酸钾溶液，杀灭场地中的害虫与杂菌，畦底及四周均匀地洒一层生石灰。

当菌袋菌丝长满后，剥去塑料薄膜，将菌棒排放在畦内。菌棒间隙 3～4cm，用消毒后的壤土填满袋缝，浇透水后在菌棒表面覆土，厚 3～4cm，整平料面，覆膜保温、保湿。

10. 出菇期管理　覆土后要保持土层湿润，适当通风，温度控制在 20～26℃，一般覆土后十几天菌丝基本发满。此后管理要以增湿、通风为主，要均匀喷雾，空气相对湿度提高到 85％～90％，温度控制在 16～22℃。每天掀动薄膜通风 1 次，给予一定的温差和散射光，刺激菇蕾的发生。通常覆土后 20d 左右，菇蕾破土而出。菇蕾破土后，保持温度在 20℃左右，不能向菇蕾直接喷水，否则极易引起小菇蕾死亡。这时若湿度偏低可灌注畦沟水来增湿。一般现蕾后 7～15d 即可采收。

11. 采收　鸡腿菇采收后极易开伞，菌盖自溶变黑，仅留菌柄，失去商品价值。当子实体呈圆柱形或钟形，高 5～12cm，菌盖直径 1.5～3.0cm，用手指轻捏菌盖，中部有变松、空的感觉，即可采收。注意一定不要采收过晚，七成熟时就要采收。

由于鸡腿菇生长参差不齐，采收时应采大留小。采收时动作要轻，一手按住覆土层，一手捏住子实体基部左右转动轻轻摘下，或用刀从子实体基部切下。采摘后用小刀削去基部泥土和杂质，立即销售或加工。

12. 采后管理　每潮菇采完后，及时清理畦内菇根和杂物，采菇处形成的凹陷部分用细土填平，补充 1 次 2％石灰水。停 2～3d 后喷 1 次重水，盖上薄膜，促进下茬菇发生。一般每潮菇间隔 10～15d。当菇蕾出现时，仍按上述方法重复管理。

（二）发酵料栽培

鸡腿菇发酵料栽培类似于双孢蘑菇栽培方法，可于改造后的塑料大棚、半地下菇棚、阳畦、地沟、防空洞或农房中栽培。为了降低成本，人们也可采用建畦铺料栽培。

1. 培养料的配制　生产上常用培养料配方有以下几种。

（1）稻草或麦草 80％，畜禽粪 15％，尿素 1％，磷肥 1％，石灰 3％。

（2）玉米芯 94％，尿素 1％，磷肥 2％，石灰 3％。

（3）稻草 40％，玉米秸 40％，畜粪 15％，尿素 0.5％，磷肥 1％，石灰 3.5％。

（4）食用菌菌糠 70％，棉籽壳 25％，尿素 0.5％，磷肥 1％，石灰 3.5％。

2. 发酵　由于鸡腿菇菌丝生长旺盛，培养料可采用一次发酵技术，发酵时间适当延长 2～3d。

（1）原料预处理。将秸草等下脚料提前 2d 用石灰水预湿，干粪打碎与石膏、石灰等混合，磷肥、尿素等溶于水，结合建堆，将各辅料加入主料中。

（2）建堆发酵。按照每铺约 30cm 厚的主料撒一层辅料的顺序建堆。制成宽 1.5～2.0m、高 1.0～1.5m、长度不限的料堆，每隔 50cm 打料孔，用草被和薄膜围盖料堆。60℃左右时维持 1d 翻堆，重新复堆打孔（翻 2～3 次堆），最后 1 次翻堆时喷入 0.1％二氯异氰尿酸钠。

在发酵后期不得向料内喷水，总发酵期 5～7d。高温持续时间不要过长，否则培养料失水过多，营养消耗过大，出菇后劲不足，将会严重影响产量和效益。发好的料呈咖啡色，有酱香味而无酸臭味，含水量在 65％左右，pH 8.0 左右。散堆降温至 30℃以下准备播种。

3. 栽培方法

（1）畦栽。此法是在菇畦中铺料、播种、发菌、出菇，具有简单、省工、成本低的优点，适于早春和晚秋栽培。

①建畦。在大棚内或遮阳好的林地、农田中，挖宽 80～100cm、深约 20cm 的菇畦，两畦间留 40～50cm 的走道兼排水沟。喷施敌百虫，浇透底水后撒石灰。

②播种。先铺料再播种，分 3 次完成，每次铺料厚度为 5～7cm，下、中、上层菌种的用量分别为 30％、30％和 40％，料总厚度为 15～20cm，总用种量约占干料的 15％。播完后用消毒木板轻轻压实，使料和菌种紧密结合，盖一层消毒报纸，利于遮光、调节水分及防止冷凝水浸泡菌种，最后盖一层薄膜以保温、保湿。

（2）袋栽。用（20～26)cm×50cm 聚乙烯塑料袋，先用缝纫机大针在袋中间及距袋口

两端6～7cm处各扎一道微孔线（共3道微孔线），用线绳将一端袋口扎活结，用层播法装袋，微孔线处放菌种，两端用种量多于中间，上端袋口仍用线绳扎活结。一般每袋装干料1.0～1.5kg，总菌种用量为15%左右。袋要装得饱满、充实，菌袋外壁要光滑。

4. 管理措施 从种到收要历经发菌期、覆土期、分化期、产菇期和间歇期的管理，整个生产周期约3个月。决定成败的关键是发菌期。

（1）发菌期。发菌期要求光线暗，空气新鲜，料温约25℃，空气相对湿度约80%。料温不要高于30℃，湿度不要太大，随菌丝生长不断加强通气量是发菌成功的关键。

袋栽应根据气温高低决定排袋方式。气温高时，单层摆放；气温低时，可多层叠放。播种3d后菌丝开始吃料，每隔7d左右翻堆1次，调换菌袋位置，使其发菌一致。畦栽的应在3d后经常抖动薄膜或撑起缝隙，以加强通风换气，促使菌丝向料内伸展。认真检查发菌情况，发现污染及时处理。约30d菌丝长透培养料，即可覆土使其出菇。

（2）覆土期。

①覆土材料的处理。选用吸水性强，通气性好，表土下20～30cm的壤质土。每100m² 栽培面积用覆土约4m³，加40%二氯异氰尿酸钠可溶性粉剂4kg、5%的甲醛10kg。将药粉与药液均匀洒入覆土中，覆膜堆闷2～3d，再拌入3%左右的石灰，将土壤pH调至8.0～8.5，湿度调至手握成团、落地可散，散除药味后就可使用。

②覆土方法。菌丝长满培养料就可覆土。

畦栽覆土法：揭去报纸和薄膜，向无病虫害的料面均匀覆土约3cm厚。

袋栽脱袋覆土法：在棚内或有遮阳效果的植物行间挖宽40～100cm、深25cm左右的菇畦，灌透底水，底水渗后洒石灰消毒。将发好菌的菌袋脱袋，卧排于畦中（图3-5-1）；或采用立式排菌块法，即将菌块对称横切两半，切面朝下排入畦内，菌袋要间隔约3cm（图3-5-2）。覆土、浇水，直至表土厚度均匀达到3cm。

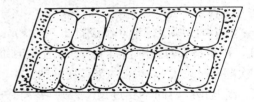

图 3-5-1　卧式排菌块法

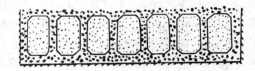

图 3-5-2　立式排菌块法

袋栽不脱袋覆土法：将菌袋立排在地面或床架上，宽度约1m，长度不限，四周用竹竿固定防止倾倒。将上端袋口解开并拉直袋筒，然后在袋口上覆土3cm厚（图3-5-3）。此法有节省用土量，防止杂菌传染，采收二潮菇的菌袋可调头覆土再出菇，提高产量，产菇结束后便于清理菇房等优点。

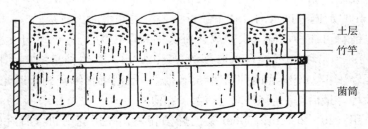

图 3-5-3　不脱袋覆土法

③覆土后的管理。覆土后 7～10d 要保持土层湿润。3～6d 后视土层干湿情况进行喷水，做到少量多次，喷水不要超过土层持水量而渗入料内。空气相对湿度保持在 80%～85%，气温 22～26℃，光线要暗，空气新鲜。

（3）分化期。当土中布满菌丝就可进入分化期的管理。降温至 18～20℃，创造温差，提高空气相对湿度至 85%～90%，加强光照及通气条件。

（4）子实体生长期。温度约 20℃，空气相对湿度约 90%，光照较弱，空气新鲜。勿向菇体直接喷水（易变色），为防喷水不当而导致菇体变黄，最好用较细的水管浇注于菇丛缝隙中。喷水后要注意通风，勿形成闷湿环境。适宜的喷水通风应根据天气及菇的生长情况灵活掌握。

一般 7～10d 即可现蕾，子实体变白，菌柄伸长，菌盖有少许鳞片，尚紧包菌柄，菌环刚松动时采收（六七成熟）。幼菇虽然生长缓慢，但达到生理成熟时生长极快，采收不及时，会因成熟快而开伞，放出黑色孢子并很快自溶，彻底失去商品价值。采收前约 4h 之内不要喷水，以免手接触处的菇体变红或产生色斑。采收时，手握菌柄下部，轻轻旋转后再拔起，随即用小刀削净菌柄基部的泥土。

（5）间歇期。采收后洁净料面，整平孔穴，喷 2% 石灰水，约 10d 后又可现蕾，采完两潮菇后喷施追肥。可收 4～5 潮菇，约需 3 个月。

复习思考题

1. 影响鸡腿菇生长的条件有哪些？
2. 简述鸡腿菇熟料栽培技术要点。
3. 试比较鸡腿菇发酵料栽培与双孢蘑菇栽培管理上的异同。
4. 鸡腿菇畦栽法与袋栽法在覆土时有哪些不同？
5. 如何做到鸡腿菇适时采收？

扫一扫，看
参考答案

任务六　草菇栽培

任务目标

☆ 知识目标 >>>

- 了解草菇的生理特性。
- 掌握草菇发酵料栽培技术。
- 掌握草菇熟料栽培关键技术。

⚒ 能力目标 >>>

- 会用发酵料栽培草菇。
- 会用熟料栽培草菇。
- 会用生料栽培草菇。

相关知识

一、概述

草菇［*Volvariella volvacea*（Bull. Ex Fr.）Sing.］属担子菌门伞菌目光柄菇科包脚菇属，又名兰花菇、美味草菇、美味包脚菇、中国蘑菇、贡菇、南华菇、稻草菇、秆菇、麻菇、浏阳麻菇。草菇分布较广，主要分布于我国、日本及东南亚各国，非洲、大洋洲、美洲也有分布。在我国主要分布于广东、广西、福建、江苏、江西、河南、河北、湖南、湖北、台湾等地。

草菇鲜品肉质细腻肥嫩爽口，干品芳香馥郁，制成罐头色香宜存，食用方便。草菇蛋白质含量高于一般的蔬菜，且含有较多的鲜味物质谷氨酸，味道鲜美。

草菇还有较高的药用价值。据古代医书记载：草菇性寒、味甘，有消暑去热、增益健康之功效。现代医学研究表明，草菇含有异构蛋白，可增强人体免疫机能，降低胆固醇含量，预防动脉粥样硬化；所含的含氮浸出物和嘌呤碱对癌细胞增殖有一定抑制作用；由于维生素 C 含量高，因而对于维生素 C 缺乏症（坏血病）有一定疗效。

草菇是热带和亚热带地区的一种草腐性食用菌，也是我国南方夏季栽培的主要食用菌种类。草菇栽培起源于我国，早在 18 世纪我国就已经积累了较为完善的栽培经验。广东省韶关市南华寺的和尚从腐烂稻草堆上生长草菇这一自然现象得到启示，创造了栽培草菇的方法，故有"南华菇"之称。湖南省浏阳地区盛产柠条，每年割麻后草菇就大量生长于遗弃的麻秆和麻皮堆上，故草菇又名"浏阳麻菇"。草菇栽培技术随后被华侨传到了马来西亚、缅甸、菲律宾、印度尼西亚、新加坡、泰国等地，近年来美国和欧洲也有栽培，因此，国外把草菇称为"中国蘑菇"。

草菇采收的旺季恰恰是其他食用菌很少收获的炎热夏季，它不仅满足了人们对菇类食品的消费需求，丰富了人们的"菜篮子"，而且售价较高，经济效益较好。草菇也是食用菌中生长周期最短的一种菌类，从播种到收获仅为两周左右，栽培周期约 30d。栽培草菇主要用稻草、麦秸等纤维素含量较高的原料，我国是农业大国，纤维素原料极为丰富，且生产时无需特殊设备，栽培技术容易掌握，产值高，收益大，是农业中经济效益高、发展前途好的项目之一。

二、生物学特性

（一）形态特征

微课：草菇生物学特性

1. 菌丝体 草菇菌丝在琼脂培养基上呈灰白色或银灰色，老化时呈浅黄褐色（图 3-6-1）。菌丝纤细，无锁状联合，气生菌丝发达，爬壁力强，生长速度快。有些品种在试管内易出现厚垣孢子，在培养后期出现红褐色的斑块。在栽培瓶或袋中呈灰白色、半透明状，生长迅速，分布均匀，有些品种培养后期在瓶壁或袋壁上出现红褐色的厚垣孢子斑块。研究表明，草菇厚垣孢子形成能力与品种有关，但与产量和质量无直接关系。

2. 子实体 子实体单生、群生或丛生。一个成熟开伞的草菇子实体由菌盖、菌柄和菌托三部分组成。菌盖直径5～12cm，初为钟状，成熟时平展，边缘整齐，中央稍凸起，呈灰色，四周较淡，边缘灰白色，表面具有黑褐色纤毛，形成放射状条纹。菌褶初为白色，后变为粉红色，离生。菌柄中生，上细下粗，幼时中心实，随着菌龄增长，逐渐变中空，质地粗硬稍纤维化。菌柄基部有外菌幕破裂后形成的菌托，上部黑色，向下颜色渐变淡，底部近白色。菌托基部生有根状菌丝束，是子实体吸收养分和水分的器官，由松软膨胀的细胞组成。担孢子椭圆形或卵形，孢子印粉红色。

图 3-6-1　草菇母种

　　草菇子实体初生时为白色小颗粒，形如鱼卵，以后逐渐长大如豆，如雀蛋、鸭蛋。根据子实体发育情况，大致可分为针头期、小纽扣期（小菇蕾期）、纽扣期（菇蕾期）、蛋形期、伸长期和成熟期 6 个阶段（图 3-6-2、图 3-6-3）。子实体成熟时弹射出担孢子，担孢子在适宜条件下萌发又开始新的生活周期。除有性生活周期外，还有一个无性的小生活周期，即草菇的菌丝上经常产生大量的厚垣孢子，厚垣孢子在条件适宜时萌发成菌丝进入上述有性生活周期。

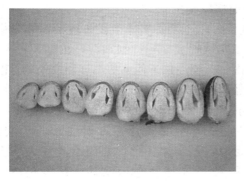

图 3-6-2　草菇纵剖面

图 3-6-3　不同生长阶段的草菇

（二）　生活条件

1. 营养　草菇属草腐菌，主要营养需求包括碳源、氮源、矿质元素等。草菇一般从已经发酵的有机物和土壤中吸收所需要的营养物质。草菇可利用的碳源原料很多，如富含纤维素的稻草、麦秸、废棉、甘蔗渣，富含半纤维素的玉米芯，富含木质纤维素的废菌渣，富含淀粉的麦麸和米糠。

　　草菇可利用的氮源包括有机氮和铵态氮，不能利用硝态氮。有机氮包括蛋白质和尿素。菌丝从培养料中的蛋白质获取氮源的途径是分泌胞外酶，将大分子蛋白质降解成短肽或氨基酸才能吸收进入菌丝细胞。草菇分解蛋白质的能力较强，然而草菇对病虫害的抗性较弱，如果培养料含氮量过高，则病虫害发生严重。草菇培养料的含氮量以 1.2% 左右为宜。在草菇生产中经常采用腐熟的干牛粪、鸡鸭粪、干猪粪和新鲜的麦麸、米糠作氮源，以满足草菇的生长需要。

　　采用农林废弃物作为栽培原料，矿质营养已能满足草菇基本生长的需要，但是生产上在原料处理时添加了较多的石灰，其目的不完全是为了提供矿质营养，更重要的是破坏稻草表

面的蜡质层和角质层、破坏纤维素分子结构以及调节培养料的酸碱度。

2. 温度 草菇属高温型恒温结实性菌类。孢子在 25～45℃时萌发形成菌丝体，低于 25℃或高于 45℃均不萌发。菌丝生长温度为 20～40℃，最适温度为 30～35℃，低于 20℃则菌丝生长极为缓慢，低于 15℃或超过 42℃菌丝生长受到抑制，5℃以下或 45℃以上菌丝会很快死亡。子实体分化和生长发育的温度为 25～38℃，低于 25℃或高于 38℃都难以形成原基，最适温度为 30～32℃。在子实体发育温度范围内，温度越高，子实体发育越快，但菇体小，易开伞，肉质不结实；在较低温度下，子实体发育较慢，不易开伞；遇 21℃以下的低温或 45℃以上的高温，小菇蕾会萎缩死亡。恒定温度有利于子实体的形成和发育，原基形成后如果出现大幅度降温会引起菇蕾死亡。

3. 水分和空气湿度 草菇是喜湿性菌类，只有在高温高湿条件下才能获得高产。无论是营养生长阶段还是生殖生长阶段，都要求较高的湿度。培养料含水量直接影响到草菇菌丝的生长，含水量应维持在 65%～72%。水分不足时菌丝难以在培养料间隙蔓延和降解基质，菌丝易干枯死亡；含水量过高时，易造成培养料通气不良，并促进厌氧菌增殖，草菇菌丝萎缩。原基形成后，空气相对湿度保持在 85%～90%，若过干原基容易长出菌丝返回到营养生长阶段。子实体生长所需水分主要来自培养基质，子实体生长过程中增加空间湿度主要是为了减缓栽培区域水分蒸腾速度，出菇时空气相对湿度应维持在 85%～95%；超过 95%时，菇体易腐烂；低于 80%时，则菇体生长缓慢，表面粗糙无光泽。

4. 空气 草菇是好氧性菌类，无论是菌丝生长阶段还是子实体生长阶段都需要良好的通风条件。如果通风不良，二氧化碳浓度过高，子实体呼吸受到抑制则会停止生长或死亡。在出菇阶段，菇房内必须时常通风换气。但通风换气时要注意不使菇房温度和空气相对湿度的变化过大，否则易使菇体顶端凹陷，影响商品品质。

5. 光照 草菇的孢子萌发和菌丝生长完全不需要光线，但子实体的形成则需要一定的散射光，最适宜的光照度为 300～500lx，在完全黑暗的条件下，很难形成子实体。光线强弱，影响子实体的色泽与品质。光线充足时，子实体颜色深黑而有光泽，子实体组织致密，品质好，商品价值高；光照不足时，则子实体灰色而暗淡，甚至灰白，子实体组织也较疏松，商品价值低；强烈的直射光对子实体的生长有抑制作用，易灼伤幼菇。

6. 酸碱度 草菇喜偏碱性环境，培养料以 pH 8～9 为宜。一般草菇孢子萌发适宜 pH 为 7.4～7.5，菌丝生长适宜 pH 为 8～9，子实体发育适宜 pH 为 7.5～8.0。

三、栽培技术

根据对栽培原料的处理方式不同，草菇栽培可分为熟料栽培和发酵料栽培；根据栽培场地不同，草菇栽培可分为室内栽培和室外栽培。因其栽培原料不同，又有多种栽培方式。栽培者应根据当地环境条件，采用最有利的栽培方式。

熟料栽培是将栽培原料经高温灭菌后用于栽培。优点是不易发生污染，安全可靠；缺点是工艺复杂，耗费能源，成本高。

发酵料栽培是原料经堆肥发酵处理后用于栽培，适用于任何配方或任何原料。培养料经过发酵，可使其中的一些养分降解为更容易吸收利用的物质，并改善了理化性状，还利用发酵过程中产生的高温，杀灭培养料中的杂菌与害虫。既有生料栽培工艺简单、投资少、便于推广的优点，又具有熟料栽培安全可靠的优点。缺点是当气温低时，发酵时间长、堆温低、效果差。

草菇的室内栽培能人工控制其生长发育所需的温度、湿度、通气、光照及营养等条件，避免低温、干旱、大风、暴雨等自然条件的影响，全年均可栽培，一年四季均有鲜菇供应市场。目前草菇栽培正向工业化、专业化、自动化生产的方向发展。华南地区由于温差较小，气温较高，可在室外稻田中栽培，其他地区只能在高温的夏秋季节进行室内栽培。但由于室外栽培受气候条件影响较大，产量不稳定，且用草量多，生产成本高，有的还占用耕地，其生产技术也较复杂，不容易掌握，仅在部分地区推广栽培。

（一）发酵料室内床架栽培

1. 栽培工艺流程　菇房消毒→培养料预湿→建堆发酵→翻堆→进料→铺料→二次发酵→通风冷却→播种→发菌期管理→出菇期管理→采收→转潮期管理。

2. 菇房结构及消毒　菇房应近水源，能保温保湿，通气透光。栽培室基本要求是室内透气性好，能保温控湿。可专门建造，也可利用育苗室、温室、草棚、蘑菇房、地下室和花房闲置时栽培。床架可用角铁、木棍或竹竿制作，通常为4～5层，宽1.0～1.2m，层距60～70cm，床架间的走道宽60cm。

菇房内要用多菌灵和敌敌畏混合液喷洒，以消毒杀虫。床架用高锰酸钾溶液或饱和石灰水涂刷消毒，室内用甲醛熏蒸（每立方米用甲醛10mL、高锰酸钾5g），密闭熏蒸24h。

3. 培养料的选择　培养料是草菇丰产的物质基础，选择适宜的培养料是草菇高产的重要措施之一。草菇的培养料种类很多，生产用的原料主要是农作物的秸秆，一般以棉籽壳为原料的产量较高，稻草、麦秸次之，甘蔗渣较差。栽培时，要选用新鲜、无霉、无变质、未雨淋的原料。如选择稻草时，要选择金黄色、无霉变的干稻草；废棉和棉籽壳要选晒干的、未受雨淋、未发霉、新鲜的原料。

栽培草菇除了主料棉籽壳、废棉、稻草、麦秸外，还需要一定量的辅料，如牛粪、马粪、鸡粪、米糠或麦麸、花生饼粉、过磷酸钙、磷酸二氢钾、磷酸氢二钾、石灰等，以增加培养料的养分。

常用的培养料配方：

（1）棉籽壳97%，石灰3%。

（2）废棉90%，石灰3%，过磷酸钙2%，麦麸5%。

（3）干稻草82%，干牛粪粉15%，石灰3%。

（4）干麦秆82%，干牛粪粉15%，石灰3%。

（5）稻草（铡成7cm长）49%，棉籽壳49%，石灰2%。

（6）稻草30%，麦秆62%，麦麸5%，石灰3%。

（7）玉米秸秆（切成3～4cm长）97%，石灰3%。

4. 建堆发酵

（1）前发酵。以稻草、麦秆等为主料的，先碾压、切段后用2%石灰水浸泡24h，或用石灰水浇淋，边淋水边踩踏，直到材料浸透为止，含水量70%左右（以手握紧原料，指缝间有水渗出为宜）。然后加入辅料拌匀后堆成长方形堆，高1.0～1.2m、宽1.2～1.4m，长度根据用料量而定（用干料一般为10～15kg/m²），堆中间要适当打通气孔，堆好后覆盖草帘保温保湿。当料温达60℃时，维持1d后翻堆。如水分不足需要补水，同时用石灰水调整

pH 至 10～11。当料温再达 60℃时，维持 1d 后翻堆。发酵好的原料质地柔软，表面蜡质已脱落，手握有弹性，无异味，含水量 70％，pH 8～9。

以棉籽壳为原料，可直接将原辅料加水混合、拌匀，含水量 70％左右。堆制发酵，当料温升至 60℃，维持 1d 后翻堆。翻堆后料温升至 60℃及以上时，再维持 1d。pH 8～9，含水量 70％左右。

（2）铺料与后发酵。将发酵好的培养料趁热搬入已消毒好的菇房，平铺在床架上，根据气温的高低和培养料的特性进行铺料，铺料厚 15～25cm，进行二次发酵。关闭门窗，向菇房内通入蒸汽，使菇房温度上升至 60℃，维持 2～4h，进行巴氏消毒。消毒结束后，打开门窗，通气降温，待菇房温度降至 50～52℃，保持 4～7d，此阶段主要是培育有益放线菌。后发酵结束后料中可有少量的白色放线菌，料有淡淡的香味。如果发酵结束有刺鼻的氨味，一定不能播种，要让料温在 50～55℃保持 1～2d，待氨味消失后结束后发酵。

5. 播种　后发酵结束后，打开门窗排出废气，料温降至 35～38℃时，选用生长健壮、无病虫、刚产生厚垣孢子的菌种进行播种，太嫩及存放时间过久的菌种不宜使用。播种方法有撒播、穴播、条播。但在实际生产中以点播加撒播效果较好，点播穴距 10cm 左右，深 3～5cm，将约 1/5 的菌种撒在料的表面上，用木板轻轻拍平。也可采用撒播。一般 100m² 栽培面积需菌种 300～400 瓶（750mL 菌种瓶）。接种后要稍加压实，让菌种与培养料紧贴在一起，促进发菌。如果菇房保温保湿性能差，则需要覆盖塑料薄膜。

6. 发菌期管理　播种后至菌丝长满培养料期间为发菌期，此阶段管理重点主要是控制菇房的温湿度（图 3-6-4）。播种后关闭门窗 3～5d，保湿，菇房温度 32～35℃，促使菌丝萌发；若料温达到 40℃，需开门窗进行通风降温。播种后 5～6d，若菌丝已布满料面，则喷雾以保湿，空气相对湿度维持在 90％，并进行大通风。冬季栽培时播种后立即加温，可使用热水炉，将热水通入菇房内铺设的水管中，水温控制在 70～80℃，通过控制热水流量控制菇房温度。

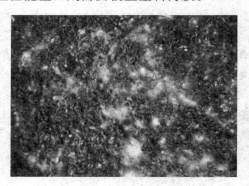

图 3-6-4　播种后发菌情况

7. 出菇期管理　出菇阶段的管理重点是保温、保湿、通风和透光。

菌丝布满料面后喷出菇水，后通风 20～30min，再将门窗关闭，保持空间温度 28～32℃，空气相对湿度保持在 85％～90％，以便诱导子实体产生。逐渐给予光照，以利于菌丝扭结出菇。

菌丝布满料面 1～2d 后开始陆续出菇（图 3-6-5）。室内气温应保持在 28～32℃，料温保持在 33～36℃。当床面上可见零星小白点，即形成原基后，渐停喷水，待原基长至黄豆大小时，轻喷雾状水，空气相对湿度控制在 85％～90％，维持较大的通风换气量，经 2～3d 即可采收。

8. 采收及采后处理　在正常的栽培条件下，播种后 12～14d 即进入采收期。为了提高草菇产品的商品价值，应在菇体长成卵形、菌膜未破前进行采收。草菇生长速度快，所以一般应早、中、晚各采收 1 次。采收时，为了避免碰伤邻近小菇，应一只手按住菇体周围的培养料，另一只手握住菇体并左右旋转，轻轻摘下，切忌用力拔，以免牵动附近菌丝，影响下一潮菇的生长。

草菇是高温型食用菌，采后依然进行旺盛的呼吸和生长，在 30℃室温下，采后的草菇 4～6h 就会开伞而失去商品价值。草菇不耐低温，在低于 15℃条件下超过一定时间就会冻坏、出水。所以收获的草菇应贮藏于 16℃的空调房，在此条件下可贮藏 2～3d。也可以将鲜草菇在沸水中煮熟之后，捞起，再放入冰箱中冷藏。

图 3-6-5　草菇出菇料面

9. 间歇期管理　头潮菇采完后，停止喷水 2～3d，并用塑料薄膜覆盖，按照出菇期管理措施管理，再经 4～6d 又可采收二潮菇。一般每播种 1 次可收 2～3 批菇。

（二）熟料栽培

草菇栽培存在单产低和稳产差等问题，这可能与培养料氮素营养不足有关。若培养料中氮素营养过多，发酵不足时料中氨味重，会使草菇菌丝受害。但若延长发酵期则培养料理化性质不适宜草菇生长。培养料及栽培环境易受各种生物因素的影响，病虫害发生也较严重。草菇熟料栽培可避免生物因素影响，减少氨对菌丝的影响。采用稻草熟料栽培的生物学效率可达到 30%～40%，高于稻草发酵料栽培。

微课：废棉、稻草混合发酵料栽培草菇技术

1. 熟料栽培的工艺流程　稻草切段→石灰水处理→配料→装袋→灭菌→冷却→接种→发菌期管理→出菇管理→采收→转潮期管理。

2. 培养料选择　草菇熟料栽培常用的配方有以下几种。

（1）稻草 85%，麦麸或米糠 10%，花生饼粉或黄豆粉 3%，石灰 2%，含水量 65%～70%。

（2）稻草 89%，麦麸或米糠 9%，石膏粉 1.3%，钙镁磷肥 0.7%，含水量 65%～70%。

将稻草切段，长 15～20cm，用 4%石灰水浸泡 6～10h，捞起，摊晾或挤压水分，以手抓握稻草有 1～2 滴水下滴为宜，水分含量 70%～75%。

3. 拌料及装袋　按照配方，在处理好的稻草中拌入麦麸、花生饼粉及磷酸二氢钾，混合均匀。选用对折径为 22～24cm、质量好的聚乙烯塑料薄膜筒，切成 55cm，一头用粗棉线活结扎紧。将培养料装入袋中，边装料边压紧，每袋装湿料约 2kg，在离袋口 2～3cm 处用棉线活结扎紧。料袋排放于周转框内，操作时注意避免刺破塑料袋。

4. 常压灭菌　把装好的料袋放在常压灭菌锅或蒸汽灶中进行灭菌。灭菌时 2～3h 内温度上升至 100℃，再继续保持 4～5h。灭菌时间不宜过长，以免培养料酸化。经过高温处理，培养料中的营养物质热浸提出来，马上就可以被草菇菌丝利用，同时杀灭部分杂菌，而不需要灭菌彻底，所以容易获得高产。

5. 接种　料温下降到 38℃以下，在无菌室或接种箱，分别解开两端的扎绳，接入草菇菌种。一般选择适合袋栽模式的菌种屏优一号做栽培种，用种量以一瓶 750mL 容量的菌种

接 12~14 袋为宜。

6. 发菌期管理 将接种好的菌袋搬入培养室，温度控制在 32~35℃，空气相对湿度控制在 80% 左右。当袋内菌丝吃料 2~3cm 时，将袋口扎绳松开一些，但不能完全打开，以便给菌丝生长提供足够的氧气，此阶段料温上升快，应注意防止料温过高而烧菌。培养室温度控制在 28~32℃，继续培养 10~15d，菌丝可长满袋。

7. 出菇期管理 将长满菌丝的菌袋搬入出菇房，卷起袋口，排放于层架上，覆盖塑料薄膜。菇房温度控制在 32℃ 左右，空气相对湿度 90% 左右，每天通风 2~3 次，每次 20~30min。经过 2~3d 管理，小菇蕾在袋口形成，可掀开塑料薄膜。当菇蕾长至小纽扣期时，可向袋口及空间喷雾化水。再经过 2~3d 管理，菇蕾长至蛋形期即可采收。采收后菌袋上重新覆盖塑料薄膜，至第二潮原基形成，随后的出菇管理与第一潮相同。

复习思考题

1. 简述草菇的生活条件。
2. 草菇栽培的关键技术是什么？
3. 草菇子实体和菌种分别在什么温度条件下保存？

扫一扫，看
参考答案

任务七 银耳栽培技术

任务目标

◎ 知识目标 >>>

- 了解银耳的生理特性。
- 掌握银耳制种技术。
- 掌握银耳袋栽关键技术。

人 能力目标 >>>

- 会制作银耳各级菌种。
- 会用袋栽法栽培银耳。

相关知识

一、概述

银耳（*Tremella fuciformic* Berk.）又名白木耳、白耳子、雪耳，分类上隶属于担子菌门银耳纲银耳目银耳科银耳属。

银耳营养十分丰富。据测定，每 100g 银耳干品中含粗蛋白质 5.0g、糖类 78.3g、脂肪 0.6g、粗纤维 2.6g、灰分 3.1g、钙 380mg、磷 250mg、铁 30.4mg、硫黄素 0.14mg、硫胺素 0.002mg、烟酸 1.5mg。

银耳是我国久负盛名的滋补品，具有较高的药用价值。银耳性平、味甘，入肺、脾、肾经，有滋阴补肾、润肺止咳、和胃润肠、益气和血、补脑提神、壮体强筋、嫩肤美容、延年益寿的功能。银耳蛋白质中含有 17 种氨基酸，还含有酸性异多糖、中性异多糖、有机磷、有机铁等化合物，能提高人体免疫能力，起扶正固本作用，对老年慢性支气管炎、肺源性心脏病有显著疗效，还能提高肝的解毒能力，有护肝作用。临床上，银耳主要用于治疗虚疹、咳喘、痰中带血、虚热口渴、肺痿等症。

我国人工栽培银耳起源于湖北房县（1866）和四川通江（1894）。当时的栽培方法是原木砍花，依靠天然银耳孢子接种，在温度、湿度适宜的环境条件下才能出耳，收成无保证，而且只能在老产区才能栽培。陈梅朋、杨新美等真菌学工作者深入四川、云南、贵州、湖北、福建等银耳产区，总结各地的栽培经验，研究了银耳的生态学和生物学特性。20 世纪50 年代末至 60 年代初，华中农学院、三明真菌研究所先后用银耳纯种——孢子悬浮液栽培银耳。1959 年陈梅朋首次分离到银耳和香灰菌的混合菌种，并认为是银耳纯菌种，以此进行段木人工接种试验，长出银耳子实体。1962 年以后，上海市农业科学院、三明真菌研究所证明银耳纯种在灭菌的人工培养基上能够完成它的生活史。经过华中农业大学、上海市农业科学院、三明真菌研究所等单位科研人员的深入研究，探明了银耳生长的理论，即银耳生长过程必须与分解能力较强的香灰菌混合，才能大大提高出耳率。三明真菌研究所分离出银耳和香灰菌的纯菌种，采用混合制种并进行人工接种栽培试验，出耳率达到 100%。1974 年福建古田县姚淑先改进了银耳瓶栽方法。1979 年，古田县的戴维浩在段木栽培银耳和瓶栽银耳工艺的基础上，首创木屑、棉籽壳塑料袋栽培法，降低了生产成本，大幅度提高产量。目前，银耳主要采用设施化袋栽技术。

银耳是我国传统的出口特产之一，在世界上享有很高的声誉，产量与质量均居世界首位。2000 年我国银耳鲜品总产量为 10.3 万 t，2007 年为 25.1 万 t，2018 年约为 52.6 万 t，在我国各种食用菌中产量位居第十。

二、生物学特性

（一）形态特征

银耳由菌丝体和子实体两部分组成。

1. 菌丝体　银耳菌丝白色，双核菌丝有锁状联合，多分枝，直径 1.5～3.0 μm。在斜面培养基上，菌丝生长极为缓慢，有气生菌丝，从接种块直立或斜立长出，菌落呈绣球状，也有一些菌丝平贴于培养基表面生长。银耳菌丝体易扭结、胶质化，形成原基。在转管时受到机械刺激，银耳菌丝易产生酵母状分生孢子，生长转向以酵母状分生孢子为主的无性繁殖世代，以芽殖或裂殖方式进行繁殖。

香灰菌丝又称耳友菌丝，是银耳菌丝的伴生菌，两者在基质降解与利用方面互相促进。香灰菌是一种子囊菌。菌丝粗壮，呈羽毛状分枝，初期白色，后逐渐变灰白色，有时有炭质的黑疤，并能分泌黑色素，使培养基变为黑褐色。香灰菌丝的生长速度比银耳菌丝快，分解木质纤维素的能力强，能将培养基质中的木质素、纤维素、半纤维素等大分子物质降解为小分子营养物质，供银耳菌丝分解利用，充当银耳菌丝的"开路先锋"。没有香灰菌丝则银耳菌丝生长缓慢，产量极低。

2. 子实体　银耳子实体状如菊花或鸡冠，由薄而多褶的耳片丛生在一起，耳丛大小不一，直径为 3～15cm 或更大（图 3-7-1）。新鲜时耳片柔软洁白，半透明，光滑，胶质而富有弹性，耳基鹅黄色；干燥后强烈收缩成角质，硬而脆，白色或米黄色。子实层在瓣片的表面，耳片边缘波状，成熟的耳片切面有 3 层，两侧为子实层，中间为髓。担子卵形或近球形。担孢子一端大一端小，无色透明，大小为 $(5～7.5)\mu m \times (4～6)$ μm，孢子印白色。担孢子产生芽管，萌发成菌丝或以出芽方式产生酵母状分生孢子。

图 3-7-1 银耳

（二）生活条件

1. 营养 银耳是木腐性菌类。它能直接吸收利用葡萄糖、蔗糖等小分子糖类，而纤维素、木质素等大分子营养物质则需要通过香灰菌丝分解后才能逐渐供其吸收利用。银耳能利用蛋白质、氨基酸等有机氮。由于人工栽培是用银耳与香灰菌混合制作的菌种，所以栽培可用富含木质纤维素的木屑、棉籽壳、蔗渣、秸秆等为碳源，以米糠、麦麸、尿素等为氮源，添加少量磷酸二氢钾、硫酸镁、石膏等提供矿质元素。

2. 温度 银耳属中温型恒温结实性菌类。银耳孢子萌发温度为 15～32℃，22～26℃ 最为适宜。银耳菌丝生长温度为 5～34℃，最适温度为 20～25℃，低于 12℃ 菌丝生长极慢，高于 30℃ 菌丝生长不良。香灰菌丝生长最适温度为 22～26℃。低于 18℃ 生长受到影响，培养基上常出现白毛团成块集结，厚而光滑，气生菌丝衰弱；若高于 28℃，白毛团量少而小。

银耳子实体分化和发育的适宜温度为 20～24℃；低于 18℃，子实体发育较慢；高于 28℃，耳基易糜烂，朵小质量差。

3. 水分和空气相对湿度 银耳培养基质中最适含水量为 53%～58%。一般木屑培养料料水比为 1：（0.8～1.0），棉籽壳培养料料水比为 1：（1.0～1.1）。银耳菌丝极耐旱，将长有银耳菌丝的木屑菌种置于硅胶干燥器 2～3 个月，香灰菌丝会死亡，而银耳菌丝仍然存活，因此可以利用这一特性从混合菌种或栽培基质中分离出纯银耳菌丝。人工栽培时，如果培养料的含水量过大，香灰菌丝生长繁殖快，银耳菌丝生长较差，二者的生长比例失调，影响银耳栽培的产量和质量。子实体生长阶段，空气相对湿度对产量和质量影响较大，湿度偏低会影响原基形成，湿度偏高易发生流耳现象，空气相对湿度以 85%～90% 为宜。

4. 空气 银耳属好气性菌类。银耳无论是在菌丝生长阶段还是在出耳阶段，对空气的新鲜度都要求较高。在菌丝生长阶段，如果培养料中的含水量过高，会影响培养料底部的氧气供应，使菌丝生长受到抑制。发菌室如果通风不良，虽然不至于缺氧，但由于培养料水分蒸发，必然会提高空气相对湿度，造成接种穴口杂菌污染；如果通风过多，接种口过分蒸发失水，影响原基形成。所以，在菌丝生长阶段，空气直接或间接影响着菌丝的生长。

在出耳阶段，耳房空气中的二氧化碳严重影响子实体的形成。通风不良，二氧化碳浓度过高，抑制耳芽发育，阻碍开片，易长成一团，即"拳耳"，没有商品价值。银耳栽培如果需要用煤火加温，必须安装排气管，否则会使二氧化碳浓度升高，同时产生的二氧化碳会使银耳中毒枯死。

5. 光照　银耳菌丝生长不需要光照。子实体分化需要有少量的散射光，完全黑暗的环境中很难形成子实体。在一定的散射光下子实体发育良好，色白质优；光线过暗，子实体分化迟缓；直射光不利于子实体的分化发育。在银耳子实体接近成熟的 4～5d，应保证室内有足够的散射光，有利于提高产品的品质。

6. 酸碱度　银耳喜微酸性环境，pH 在 4.5～7.2 银耳菌丝都能正常生长，其孢子萌发和菌丝生长的适宜 pH 为 5.2～5.8。人工栽培时，培养料 pH 可调至 6.0～6.5，在银耳菌丝和香灰菌丝生长过程中会产生酸性物质，使培养料酸化，pH 降低，出耳时培养料的 pH 仍在最适范围 5.2～5.5，适于银耳正常生长。

三、栽培技术

银耳的栽培主要有段木栽培与代料栽培两种方法。利用代料栽培银耳不仅可以广泛利用农林副产品，变废为宝，而且能够解决段木栽培与林业发展的矛盾，这对保护生态环境及生物能源的良性循环具有积极意义。

代料栽培银耳主要有瓶栽和袋栽两种栽培方式。目前以设施化袋栽为主，工厂化栽培刚开始起步。下面以袋栽为例介绍银耳的栽培技术。

（一）　栽培工艺流程

菌种准备→培养料选择→装袋→打穴→贴胶布→压扁料袋→灭菌→冷却→接种→发菌期管理→出耳期管理→采收→转潮期管理。

（二）　准备菌种

银耳菌种是由银耳菌丝和香灰菌丝组成的混合菌种，其各级菌种的生产方法与一般食用菌不同。

1. 银耳菌丝和香灰菌丝的分离　银耳菌丝与香灰菌丝具有不同的特点。银耳菌丝不能分解木质素、纤维素，生长速度慢，仅在耳基周围或接种部位数厘米内生长，远离耳基、接种部位处没有银耳菌丝，菌丝喜干，耐旱能力较强；而香灰菌丝分解木质素、纤维素能力强，生长速度快，远离耳基、接种部位处也有香灰菌丝生长，生长后期会分泌黑色素，使培养基变黑，但菌丝耐旱能力较差，基质干燥后即死亡。利用两者特性的不同，可以从混合菌丝中分离出纯银耳菌丝和纯香灰菌丝。

（1）银耳菌种分离。挑选菌丝分布均匀，生长健壮，子实体长势好，朵形正常，无病虫害，出耳后 5～10d 的菌袋或菌瓶。割去菌袋或菌瓶上的子实体，挖取基质内灰白色块状耳基作为分离材料。用无菌纸包好分离材料，置于通风处风干 7～10d。

去掉分离材料周围疏松的培养料，置于硅胶干燥器内 2～3 个月，然后用接种针挑取一小块白色颗粒状菌丝团移入 PDA 培养基斜面上或银耳菌丝萌发培养基上，于 22～25℃条件下培养 10～15d 可获得白色的银耳菌丝。

银耳菌丝萌发培养基配方：麦麸 100g，蔗糖 10g，麦芽糖 10g，蛋白胨 2g，磷酸二氢钾 1g，过磷酸钙 1g，硫酸镁 0.5g，琼脂 30g，水 1 000mL。

（2）香灰菌丝分离。在远离耳基、接种部位处取材料，挑取一小块基质接入 PDA 培养基中，在 23～25℃条件下培养 3～4d。接种块先是长出白色菌丝，然后转为黄绿色，分泌黑色色素，培养基逐渐变黑即为香灰菌丝。

2. 母种生产 在 PDA 培养基上先接一小块银耳菌种，置于 22～25℃下培养 5～7d，可见到接种块长成白色绣球状，再在离银耳接种块 0.5～1.0cm 处接种一小块香灰菌菌种，在 22～25℃下继续培养 5～7d 即可得到银耳与香灰菌混合母种。

3. 原种生产 采用适宜的培养基（如木屑 78%，麦麸 20%，蔗糖 1%，石膏粉 1%），料水比为 1：（1.0～1.2），用 750mL 菌种瓶作为容器，每瓶只装半瓶料，料面压平，塞紧棉塞。0.14MPa 下灭菌 1.0～1.5h，冷却后接入银耳与香灰菌混合后的母种。一般 1 支母种接种 1 瓶原种培养基。在 22～25℃下培养 15～20d，料面会有白色菌丝团长出，并分泌黄色水珠，随后胶质化形成原基。

4. 栽培种生产 栽培种培养基配方、制作方法与原种培养基相同。接种时，先用接种勺刮除原种表面的耳芽，捣碎料面坚实的银耳菌丝层，挑取少量的下层含香灰菌菌丝的疏松料与之混合，捣碎。取一小勺混合的原种，移入栽培种培养基，摇动，使菌种均匀分布于料面。一般每瓶原种可接种 40～60 瓶栽培种培养基。接种后置于 22～25℃下培养 15～20d，料面有白色菌丝团长出，并分泌黄色水珠，随后胶质化形成原基。

（三）栽培季节的确定

银耳栽培周期为 35～45d。其中菌丝生长阶段为 15～20d，要求温度 25～28℃，不超过 30℃；子实体生长期 18～25d，温度要求 25～28℃。据此，利用自然条件银耳每年可安排春、秋两季栽培，春栽一般安排 3～5 月，秋栽 9—10 月。各地可根据当地气候确定栽培时期，也可利用不同的海拔高度或建造控温菇房进行周年生产。

（四）培养料的准备

棉籽壳透气性好，营养丰富而全面，栽培银耳时菌丝粗壮、出耳齐、朵形大、不易烂耳、产量高，是银耳栽培最好的原料。使用棉籽壳时，要求棉籽壳新鲜，无霉变，使用前暴晒 3～4d。不要使用针叶树木屑，多种阔叶树木屑混合比单一的阔叶树木屑好，经过堆制呈棕红色的木屑效果更好；木屑颗粒不宜过粗，使用前要过筛，以防刺破塑料袋。玉米芯、豆秸粉等秸秆可用来栽培银耳，但效果不如棉籽壳好，秸秆使用前要粉碎。麦麸为银耳和香灰菌提供氮素和维生素，陈旧麦麸维生素被分解，应选用新鲜、无霉变的麦麸，也可用细米糠代替。生石膏或熟石膏均可，要求为粉状，便于拌料均匀。常用的培养料配方有以下几种：

（1）棉籽壳 83%，麦麸 15%，石膏 2%。

（2）木屑 77%，麦麸 18%，石膏 1.5%，过磷酸钙 1%，黄豆粉 1.5%，白糖 1%。

（3）棉籽壳 40%，木屑 38%，麦麸 20%，石膏粉 1.7%，硫酸镁 0.3%。

（4）玉米芯 71%，麦麸 25%，石膏粉 1.5%，白糖 1%，黄豆粉 1.5%。

（5）豆秸粉或麦秸粉 71%，麦麸 25.5%，石膏粉 1%，白糖 1%，黄豆粉 1.5%。

栽培银耳的配方还有很多，但近年来的生产实践表明，采用配方（1）银耳的产量与质量较理想，而且相对稳定，已广泛应用。各配方中麦麸用量及培养料的含水量严重影响污染率，因此应根据季节及原材料调整配方中麦麸用量和含水量。高温季节栽培麦麸用量可减少，棉籽壳用量相应提高；如棉籽壳含油分多，也可减少麦麸的用量。高温季节栽培时含水量适当减少，低温季节栽培时相应提高含水量；如果棉籽壳的棉绒少，透气性强，可适当提高含水量。

（五）拌料

人工拌料时，在干净的水泥地面上将主料摊开，撒上麦麸、石膏等辅料，拌和均匀。

加入适量的清水，搅拌均匀。机械拌料时，将棉籽壳、木屑、玉米芯等搅拌均匀后再加入其他原料搅拌均匀。调节好含水量，高温季节含水量适当减少，低温季节可相应提高含水量。

（六）装袋

选用 12cm×（45～50）cm 聚丙烯塑料袋。由于银耳栽培袋口径小、袋长，不便于手工装袋，最好采用机器装袋，以提高装袋效率和质量。装袋时菌袋上下要松紧一致，不要过松或过紧。当培养料装至离袋口约 8cm 时，取下料袋进行扎口。扎袋口时，将料袋竖起，压紧料面，弹掉沾在袋口的培养料，把袋口拧在一起，贴近料面，用棉绳或包装绳扎紧，折回袋口再扎数圈。扎好袋口后，用木板将料袋稍压扁，以便于灭菌、接种和出耳管理。

（七）打穴

袋栽银耳需要打穴接种，主要有 3 种方式。

（1）料袋装好后，用直径 1.5cm 的打孔器，每个料袋打 4～5 个接种穴，穴深 2cm，然后用 3.3cm×3.3cm 的食用菌专用胶布紧贴穴口。封口后立即上锅灭菌。

（2）装袋后先灭菌，在接种时边打穴，边接种，边贴胶布。

（3）料袋装好后，灭菌前加套一层外袋。所用外袋选用厚 0.015cm，比内袋宽 2cm，长与内袋相等的低压聚乙烯袋子，两端扎成活结，便于接种操作。接种时，打开外袋一端，将其脱至另一端，打穴接种。接种后将外袋拉起扎口。

（八）灭菌

一般采用常压蒸汽灭菌。料袋在灭菌灶内呈"井"字形摆放。灭菌开始要大火猛攻，要求在 5h 内温度升至 100℃，并根据锅体容量、结构、料袋排放方式，保持 10～14h，保证灭菌彻底。

灭菌后停火，待温度降到 80℃ 左右即可出锅冷却。冷却场所要注意提前消毒，搬运料袋时要防止刺破料袋。

（九）接种

待袋温降至 30℃ 以下可进行接种。无论在接种室或接种箱中接种，其基本要求与程序是一样的。首先要对接种环境进行彻底消毒，认真检查菌种质量。接种前用接种刀挖去菌种表层的银耳原基，捣碎表层 2cm 菌种，再将下层较疏松的香灰菌丝层 4～6cm 挖起，两层混合均匀。

接种时先用 75% 酒精棉球对料袋表面打穴区擦拭消毒，然后用打孔器在料袋一侧沿直线等距离打穴。一般每袋打 4～5 个接种穴，穴径 1.5cm，深 2cm。多人配合接种，一人打穴，另一人注入菌种，第三个人用 3.3cm×3.3cm 食用菌专用胶布将穴口封严，第四个人负责搬运、堆垛菌袋。接种时应注意穴内菌种要比胶布凹下 1～2mm，这样有利于银耳白毛团的形成，并分化胶质化原基。一般 1 瓶菌种接种 20～25 袋，有 80～100 个接种穴。

（十）发菌期管理

应选择在通风良好、干净卫生、保温保湿的发菌室或耳房发菌，也可在接种室就地发菌。接种后的菌袋按"井"字形堆垛排放，每层 4 袋，堆高 1.0～1.3m，不超过 1.5m。如果温度较高，每层 3 袋或 2 袋，降低堆高，以利散热。

接种后 1～4d 是菌种萌发期，温度控制在 27～28℃，促进菌丝早萌发。室内要保持干燥，空气相对湿度维持在 60％以下。发现封口胶布翘起或脱落，要及时贴好，避免污染杂菌或接种块失水，影响菌丝萌发和后期子实体原基形成。

接种 3～4d 后菌丝开始吃料，菌袋温度会高于室温，培养室温度需控制在 24～25℃。接种后 5～7d 进行一次翻堆，检查并处理菌种不萌发、杂菌污染的料袋。随着菌丝的快速生长，菌袋发热，料温不要超过 30℃，避免烧菌。室内光线要暗。

（十一）出耳期管理

耳房建造在近水源、周围环境清洁、交通便利、排水方便的地方，耳房要通风良好、保温保湿。耳房内用竹、木搭层架，层架宽 70cm，长根据耳房确定，层间距 30～35cm，底层离地 30cm 以上，顶层离屋顶 60cm 以上，过道宽 80cm，搭 8～9 层栽培架。床面用 3～4 根竹竿铺成层架，既省架料，又利于层架之间空气流通。耳房门窗需安装纱网防虫。

1. 耳芽发生期管理　接种后 11～14d 为耳芽发生期。要提前对耳房进行清洗和消毒。

菌袋培养约 10d 后，搬至出耳房的层架上，菌袋间隔 2～3cm，为随后的子实体生长留下空间。此时，接种块直径可达到 10cm，穴与穴之间相互交接，这时袋内的氧气供应不足，菌丝生长受阻，需开口增氧。将胶布揭起一角，卷折成半圆形，贴成 Ω 形，形成一个黄豆粒大小的通气孔。菌袋侧放，孔口朝一个方向，避免喷水时水滴滴入穴内。揭开胶布通气后，菌丝呼吸作用加快，室内二氧化碳浓度增加，注意加强通风换气。揭胶布后 12h 开始喷水，每天 3～4 次，使耳房的空气相对湿度保持在 80％～85％，喷水后继续通风 30min，不可喷关门水。保持耳房内温度不超过 28℃。

揭胶布通气后 2d，接种穴内开始出现黄色水珠，这是出耳的前兆。如果黄水分泌过多，可把菌袋侧放，让黄水流出，或用干净纱布、棉球把黄水吸干。否则，黄水长期积于接种穴内，易造成烂耳。

2. 幼耳期管理　接种后 15～16d，当接种穴内白毛团胶质化，形成耳芽，这时揭去菌袋上的胶布。菌袋依然侧放，上面覆盖报纸，喷雾保持报纸湿润，但不能积水。每天掀动报纸 1 次，如发现耳芽处黄色水珠较多，应减少喷水，增加通风，促进耳芽顺利长大。

第 17～18 天进行割膜扩穴管理。用锋利刀片沿穴口边缘 1cm 将塑料薄膜割掉，使穴口直径扩至 4～5cm，注意不要割伤菌丝。原基形成后，耳房温度控制在 23～25℃。温度低于 18℃，耳芽成团不易开片；温度高于 30℃，耳片疏松、薄，容易烂蒂。子实体发育期间，使室内空气相对湿度保持在 90％～95％。低于 80％，分化不良，色泽黄；高于 95％，耳片舒展，色白，但易烂耳。每隔 4～5d 将报纸取下，在太阳下暴晒消毒，同时也让子实体露出通风 8～10h，再盖上报纸保湿。这样干湿交替，有利于子实体生长健壮。如果耳片干燥，边缘发硬，可收起报纸，直接向耳片喷少量雾状水，通风后再盖上报纸。喷水和通风管理要视幼耳发育情况及室内温度而定，气温高、耳片黄时多喷水，气温低、耳片白时少喷水。不要喷关门水，每次喷水后均应通风 10～20min。

在耳芽和幼耳发育阶段，需要有一定的散射光，通常 15m² 的耳房安装 3～4 只日光灯补充光照，长出的银耳开片好、肥厚、色泽白、产量高。

3. 成耳期管理　经过 10d 左右，子实体可长到直径 12cm 左右，进入成熟期，耳片完全展开、疏松、弹性减弱。此时要减少喷水量，延长通风时间和次数，空气相对湿度降至 80％～85％，保证尚未展开的耳片继续扩展，耳片加厚，获得优质银耳（图 3-7-2）。如果继

续维持高湿环境，易发生烂耳。经过 7d 左右就可
采收。

图 3-7-2　成耳期银耳

（十二）采收

当耳片全部展开、无包心、色白、半透明且
四周的耳片开始变软下垂时即可采收。采收前 1d
停止喷水，使耳片略为干缩，耳基干燥。采收时，
用锋利的刀片从料面将整朵银耳割下，留下耳基，
采后再用小刀削去蒂头。

采收后的银耳可直接在太阳下晒干或用烘干
机烘干，但色泽黄，商品价值低。近年来采用剪
花脱水技术，即将新鲜银耳用清水浸泡 4～8h，使耳片充分吸水展开，捞起，用手把一朵子
实体掰成 7～8 小朵，摊于塑料薄膜上，在太阳下暴晒，边晒边喷淋清水，直到蒂头变白，
再倒入水池中清洗，捞起沥干，摊于竹匾上烘干，即可获得雪白的银耳子实体。

（十三）再生耳的管理

塑料袋栽培银耳第一茬产量高、收益大，一般只收一茬耳。有的菌袋营养尚未耗尽，还
可再出一茬耳。第一茬耳采收后，将含水量仍较多的菌袋集中在一起，停水 2～3d，为其出
耳创造条件。一般在割耳后 3h 左右原耳基会吐出大量的黄水，如无黄水吐出者，则不能再
生。然后与第一茬耳一样进行盖报纸、喷水、保温、保湿、通风换气等管理，经 7～10d 又
可出第二茬耳。但再生耳耳片较小、较薄，品质较差，经济效益不显著。

复习思考题

1. 影响银耳生长的因素有哪些？
2. 比较银耳菌丝和香灰菌丝的特性，它们有什么关系？
3. 如何分离、生产银耳各级菌种？
4. 简述银耳栽培技术要点。

扫一扫，看
参考答案

任务八　猴头菇栽培

任务目标

知识目标 >>>

● 了解猴头菇的生理特性。
● 了解猴头菇栽培技术要点。

能力目标 >>>

● 掌握猴头菇栽培技术。
● 能够解决猴头菇栽培过程中菇体畸形等问题。

相关知识

一、概述

猴头菇［*Hericium erinaceus*（Bull.）Pers.］俗称刺猬菌、山伏菌、猴头蘑、对口蘑、对脸蘑等，隶属于非褶菌目猴头菌科猴头菌属。

猴头菇是我国著名的食用兼药用菌。鲜嫩的猴头菇经特殊烹调，色鲜味美，为一种名贵菜肴，与熊掌、燕窝、鱼翅列为中国四大名菜，素有"山珍猴头，海味燕窝"之称。猴头菇有较高的营养价值，每 100g 干品中含蛋白质 26.3g、脂肪 4.2g、糖类 44.9g、粗纤维 6.4g、磷 856mg、铁 18mg、钙 2mg，还有维生素、胡萝卜素等。明、清时期被列为贡品，猴头菇具有较高的药用价值，其性平、味甘，有利五脏、助消化的功能。研究表明，猴头菇含有多糖类、多肽类物质，可增强胃黏膜屏障机能，从而促进溃疡愈合，炎症消退。猴头菇具有较高的抗癌活性和增强人体免疫功能的疗效作用。

野生猴头菇产于湖北宜昌和四川的深山，产量极少，极为珍贵。我国猴头菇的人工栽培始于 1959 年，上海市农业科学院从齐齐哈尔采集野生猴头菇分离得到菌种，并用木屑瓶栽获得成功。1979 年浙江省常山县微生物厂利用金刚刺酿酒残渣培育猴头菇获得成功。其后野生猴头菇经紫外线诱变，选育出了常山 99 号猴头菇菌株，改进栽培技术，产量有了较大的提高，形成了商品化生产。发展至今，黑龙江海林市建成国家级猴头菇标准化示范园，福建古田县吉巷乡建起了猴头菇专业村，浙江常山县开启了猴头菇的"二次创业"的进程，猴头菇生产迎来了新一轮发展的春天。

随着科学技术的发展与推广，人工栽培猴头菇范围不断扩大，以上海、浙江、江苏、吉林和福建等为大规模生产地，全国大多省市也发展较快。目前猴头菇除了供国内食用、药用外，还对外出口，因而发展潜力很大。

二、生物学特性

（一）形态特征

1. 菌丝体　菌丝细胞壁薄，具横隔，有锁状联合。在 PDA 培养基上，菌丝呈绒毛状，由接种点向四周放射扩散，菌丝前期生长缓慢，后期基内菌丝多，有不发达的气生菌丝（图 3-8-1）。

图 3-8-1　猴头菇母种

2. 子实体 猴头菇子实体肉质、块状、头状，似猴子的头而得名（图 3-8-2）。一般直径 5～20cm，新鲜时颜色洁白或微带淡黄色，肉质松软细嫩。干燥时淡黄色至黄褐色，无柄，基部着生处较狭窄。除基部外均匀分布针形肉质菌刺。菌刺的长短与生长条件有密切关系，菌刺下垂生长，呈圆锥形，刺长 1～5cm，刺前端尖锐或略带弯曲，刺粗 1～2mm，刺面布以子实层，产生大量的孢子，孢子印白色。担孢子透明无色，球形或近于球形，大小为（5.5～7.5）μm×（5～6）μm，表面光滑。

图 3-8-2 猴头菇

猴头菇多发生于秋季，生长于深山密林中的栎类及其他阔叶树的立木、腐木上。分布在日本及北美洲、欧洲等地。在我国主要分布于黑龙江、福建、吉林、山西、河北、河南、浙江、安徽、湖南、广西、四川、贵州、云南、陕西、甘肃、内蒙古、青海、西藏等省份。

（二）生活条件

1. 营养 猴头菇属于木腐性菌类。含有纤维素的农副产品，如木屑、甘蔗渣、棉籽壳、稻草等都是栽培猴头菇的良好原料，但松树、杉树、柏树等木屑，因含有芳香油或树脂，会抑制猴头菇的生长发育，所以未经处理不能利用。实验表明：以葡萄糖为碳源，菌丝体前期生长较快，以红薯淀粉为碳源则后期生长较好；氮源对菌丝生长影响很明显，以酵母膏和麦麸等作氮素营养效果较好。但猴头菇菌丝分解纤维素、木质素的能力较弱，特别是接种初期生长十分缓慢，故配料时要尽可能精细些，常加入 1% 的蔗糖作辅助碳源。

2. 温度 猴头菇属低温型恒温结实性菌类。菌丝生长温度范围是 6～30℃，但常以 25～28℃最为适宜。高于 30℃生长缓慢，菌丝体易老化，35℃以上则停止生长；温度低则生长缓慢，但菌丝体粗壮浓密。置于 0～4℃低温条件下保存半年仍能生长旺盛。子实体在 12～24℃的范围都能生长，在 16～20℃生长最为适宜。温度高低对子实体的形态影响较大，在最适宜温度范围内，子实体个大，菌肉坚实，菌刺短，色泽乳白，商品价值高；气温不在适宜温度范围，子实体个小，菌肉松软，菌刺细长。高于 25℃生长缓慢甚至停止，即使能形成子实体也难长大；当气温低于 8℃时，子实体色泽暗红，菌刺短小，甚至无刺，商品质量严重下降。人工栽培时，当菌丝生长到一定阶段，需创造子实体分化的适宜条件，促进优质菇生长。

3. 湿度 猴头菇是喜湿性菌类。猴头的不同生长阶段对水分的要求不同。菌丝体生长基质含水量以 60%～65%为宜，空气相对湿度为 60%～70%。子实体发育阶段需水分较多，培养基中的含水量以 65%为宜，原基形成期空气相对湿度为 70%～80%，子实体生长期空气相对湿度保持在 85%～90%较适宜。若空气相对湿度低于 60%，子实体发育会受抑制，颜色变黄，甚至很快枯萎干缩；如果空气相对湿度长期高于 90%，同时通气不良，易产生畸形菇。因此，猴头菇生产管理过程中，合理喷水保湿尤为重要，一定要勤喷、轻喷、少喷。

4. 空气 猴头菇是一种好气性真菌，生长发育过程中需要充足的氧气供应。只有在通气良好的情况下，才能促进菌丝体的生长和子实体的形成。猴头菇对二氧化碳极为敏感，菌丝体生长阶段，一般能忍受 0.3%～1.0% 浓度的二氧化碳；子实体生长阶段二氧化碳浓度超过 0.1%，菌柄会不断地长出分枝，菌柄伸长，菌刺弯曲成畸形或长成珊瑚状的畸形菇。二氧化碳浓度过高时，子实体不易形成，特别是冬季，培养室内加温，二氧化碳浓度增加，要注意通风换气，保持室内空气清新，有利于培养优质菇。

5. 光照　猴头菇属于厌光性菌类。菌丝体生长阶段应保持黑暗条件。子实体的分化需要少量的散射光，一般光照度为 200～400lx 时，子实体健壮洁白，品质高；过强的直射光则使子实体发育受阻和出现颜色变红等不良情况。

6. 酸碱度　猴头菇是喜酸性菌类。在中性或碱性的培养料中菌丝很难生长，只有在偏酸性的环境中，才能充分地分解培养料中的有机质，因此在斜面培养基中通常用柠檬酸或苹果酸酸化。

猴头菇菌丝可以在 pH 2.4～5.0 的范围内生长发育，其中以 pH 4.0 时最适宜，因此人们在拌料时常把 pH 调到 5.4～5.8。当 pH 为 2 或 9 时，菌丝停止生长。

猴头菇菌丝生长过程中会不断地分泌有机酸，因此在培养后期，基质会过度酸化，从而抑制菌丝生长。为了稳定基质的酸碱度，在配制培养基时常加入 0.2% 的磷酸二氢钾或 1% 的石膏粉作为缓冲剂。

三、栽培技术

猴头菇的栽培有段木栽培和代料栽培两种方法。段木栽培现仅为少数研究单位试验用和极少数山区采用。代料栽培主要采用袋栽法和瓶栽法。

（一）栽培工艺流程

培养料配制→拌料→装袋或装瓶→灭菌→冷却→接种→发菌期管理→出菇期管理→采收→转潮期管理。

（二）栽培季节

猴头菇属中低温型菌类，子实体最适宜生长温度为 15～18℃，栽培季节一般在春、秋两季。我国南北气温差异较大，南方气温适宜猴头菇发育的季节大致为春分至小满（3月下旬至 5 月下旬）、寒露至小雪（10 月上旬至 11 月下旬）两个时段内，北方则为立夏至芒种（5 月上旬至 6 月上旬）、白露至寒露（9 月上旬至 10 月上旬）。各地的小气候不同，还应根据本地的气象资料综合分析、判断。由于猴头菇菌丝要经过 25～30d 才能由营养生长转入生殖生长，因此确定猴头菇发育后期时间，再向前推 25～30d 作为播种期。

（三）培养料的选择

各地根据当地原料来源，就地取材，选择合适的猴头菇栽培原料。目前，猴头菇栽培多以棉籽壳、玉米芯、木屑等作为主料，麦麸、米糠、糖、石膏、过磷酸钙等作为辅料。常见的配方有以下几种：

（1）木屑 78%、米糠 10%、麦麸 10%、蔗糖 1%、石膏粉 1%。
（2）棉籽壳 86%、米糠 5%、麦麸 5%、过磷酸钙 2%、石膏粉 1%、蔗糖 1%。
（3）玉米芯 76%、麦麸 12%、米糠 10%、蔗糖 1%、石膏粉 1%。
（4）木屑 18%、棉籽壳 56%、麦麸 10%、米糠 10%、玉米粉 5%、石膏粉 1%。

以上原料除木屑外，其余的均要求新鲜、无霉变。拌料时通常加入 0.2% 的柠檬酸。

（四）拌料

在配制培养料时，要求主料和辅料混合均匀，将蔗糖、过磷酸钙、石膏粉等辅料先溶于水，再倒入配料中反复拌匀。培养料的含水量应根据料的不同，严格掌握在 60%～65%，水分宁少勿多。适宜 pH 为 5.4～5.8，常采用 0.2% 的柠檬酸调酸，切忌在配料中加入石灰，不能使培养料的 pH 偏碱，否则不利于猴头菇的生长，也不能加多菌灵、二氯异氰尿酸钠等，因其会抑制猴头菇菌丝生长。

（五）装瓶（装袋）

1. 装瓶　用装瓶机装瓶，边装瓶边打孔。一般要将培养料装至瓶肩处，离瓶口约 2cm，这样既有利于菌丝的后期生长和早出菇蕾，又有利于形成的菇蕾很快伸长到瓶口处，接触到新鲜空气良好生长。

装瓶不能装得太满或者太浅。装得太满，一方面瓶内揭盖前缺氧，不利于菌丝体后期生长及子实体尽早分化，从而推迟现蕾；另一方面还常因菌丝生长接触到瓶盖纸而引起杂菌污染，同时也不便于打孔与接种。装得太浅，瓶中空气充足，在发菌期间很容易发出菇蕾，并在瓶内生长，由于打开瓶口后瓶内二氧化碳含量远比瓶外高，因此过早形成的菇蕾因缺氧而难以继续良好发育，常形成基部狭长的畸形菇。

装瓶时还要松紧适度，不能过松也不能过紧。一般往瓶子装料时，培养料要下松上紧，这样随着瓶子在灭菌、出锅、接种过程中不断运动，上下就会松紧均匀。

2. 装袋

（1）袋口窝口法。采用 (17～18)cm×(35～40)cm、厚 0.005cm 的聚丙烯袋，装干料量为 500～550g，装料后高度 19～21cm。装袋后通过窝口机窝口，并插入接种棒。这种料袋制作方式多在东北采用。

（2）卧式袋栽法。在栽培香菇、银耳的地区，人们多采用袋子侧面打孔接种出菇的方法，袋子一般为 (12～15)cm×55cm、厚 0.004cm 的聚乙烯袋，每袋能装 0.45～0.55kg 的干料。一般采用半自动螺旋压料式装袋机装袋，与传统银耳、香菇料袋制作方法相似，工作效率较高，如福建、浙江等地。

（六）灭菌

灭菌可以采用高压蒸汽灭菌或常压蒸汽灭菌。高压蒸汽灭菌可采用 123℃，灭菌 2h；常压蒸汽灭菌一般为 100℃，灭菌 8～10h。

排瓶或排袋时必须注意瓶与瓶间或袋与袋间有空隙，蒸汽能穿透，灭菌才能彻底。同时，无论是常压灭菌还是高压灭菌都必须排净冷空气。

（七）接种

待料温下降至 30℃时，即可在消过毒的接种箱、超净工作台或无菌室接种。接种室要加强无菌观念，严格进行无菌操作。

一瓶 750mL 菌种可接 60 瓶栽培种。接猴头菇菌种时，应注意把菌种接入瓶中的接种穴时，一定要用周围的培养料轻轻覆盖住。这样一方面有利于菌种尽快定植，均匀发菌；另一方面还可防止猴头菇菌种在瓶中未发好菌的前提下提早产生菇蕾，造成栽培上的失败，因为这样的菇蕾是无法正常生长发育的。

长袋的接种模式与银耳、香菇相似，每袋接种 3～4 穴，接种后采用专用透气胶布封口，

然后转入发菌室按"井"字形堆叠。

（八）发菌期管理

接种后将料袋或料瓶移入发菌室，避光黑暗培养。室内温度掌握在 20～25℃ 范围内，空气相对湿度以 60%～65% 为宜。早春气温低，应注意室内升温，秋季则要降温防止烧菌。接种后 14～16d 进入菌丝旺盛生长期，此时将室内温度调至 21～22℃。在发菌期间要经常进行翻堆、检杂、通风换气。一般经 25～30d，菌丝长满菌瓶或菌袋，即可进行催蕾。

（九）催蕾期管理

此阶段是猴头菇由营养生长转向生殖生长的关键时期，所以要人为创造良好的温、光、气、湿等条件，满足猴头菇子实体发育的需要，尽可能使菌瓶或菌袋现蕾整齐一致。

将长满菌丝的菌瓶或菌袋转到菇房或室外荫棚，放到床架上，每个床架 6～7 层，高 2.8m，宽 0.9～1.3m，层间距 30cm。

将菌瓶的瓶口处封口纸去掉，盖上湿报纸，进行催蕾出菇。此时温度应降至 15～18℃，通过空间喷雾、地面洒水及空中挂湿草帘等方法加大湿度，加强通风，并增加散射光照。这样人为造成温、光、气、湿等条件的改变，促使菌丝转向生殖生长，几天后从瓶口处出现白色突起状的菇蕾。

若是长菌袋采用侧面出菇法，将接种口透气胶布与老菌种块去除，穴孔向上或向下放置。其他管理操作同菌瓶催蕾。

（十）出菇期管理

菌瓶现蕾后要及时将报纸揭去。出菇房温度以 15～20℃ 为宜，空气相对湿度保持在 85%～90%，不能直接对子实体喷水，以防伤水、烂菇。室内或菇棚要求空气新鲜，但不能有强风，否则子实体表面会出现干燥现象。通风不良或湿度过大，易形成畸形子实体。随着子实体长大，光照度可控制在 200～500lx，这样子实体生长健壮、圆整、色泽洁白，商品价值高（图 3-8-3）。光照过强，子实体色泽微黄至黄褐色，品质下降。

图 3-8-3　猴头菇不同的出菇方式

菌袋现蕾后的管理同菌瓶现蕾后的管理方法。

（十一）采收

在适宜的环境条件下，猴头菇现蕾后 10～12d，当猴头菇子实体七八成熟，球块已基本长大，菌刺长到 0.5～1.0cm，尚未大量释放孢子时，即为采收最佳期。此时子实体洁白、味清香、纯正，品质好，产量高。采收时用小刀齐瓶口或袋口切下，或用手轻轻旋下，并避免碰伤菌刺。若当子实体的菌刺长到 1cm 以上时采收，则味苦，风味差，往往是子实体过熟的标志。

猴头菇的苦味来自孢子和菇脚，采收后的子实体应及时切去有苦味的菇脚，浸泡于 20% 的盐水中，鲜食、制罐、晒干或烘干（图 3-8-4）。

（十二）转潮期管理

采收后，立即对料面进行清理，即用小刀或小耙子清除料表面残余的子实体基部、老化的菌丝、出过菇的废料、有虫卵的部分，并防止病虫害的发生。覆盖瓶口，停止喷水 1~2d，加强通风换气，使空气相对湿度保持在 70% 左右，在出菇房或菇棚进行养菌。约 1 周后，可再次催蕾，进入下一潮菇的管理。瓶栽一般可以收两潮菇，袋栽一般出 3~4 潮。

图 3-8-4 晒猴头菇

扫一扫，看
参考答案

复习思考题

1. 简述猴头菇的生活条件。
2. 简述猴头菇袋栽的生产过程。
3. 优质猴头菇的标准是什么？为什么有时会产生畸形菇，原因是什么？

任务九 灵芝栽培

任务目标

◆ 知识目标 >>>
- 了解灵芝的生理特性。
- 掌握灵芝短段木栽培技术。
- 掌握灵芝代料栽培技术。

人 能力目标 >>>
- 会用不同方法栽培灵芝。
- 会收集灵芝孢子粉。

相关知识

一、概述

灵芝是灵芝属（*Ganoderma* P. Karst）真菌的总称，又称灵芝草、神草、瑞草、丹芝、神

芝、仙草等，俗称木灵芝。灵芝隶属于担子菌亚门层菌纲多孔菌目灵芝科灵芝属。灵芝作为世界范围内广泛分布的一类多孔菌，品种多样，资源广泛。全世界共有 200 多种，我国有 105 种，其中包括不能食用的毒芝，药用的仅有 20 多种，如赤芝、紫芝、黄芝、青芝、白芝、黑芝、云芝等。目前药用应用最广的为赤芝（*Ganoderma lucidum*），其次为紫芝（*G. sinense*），主要分布在华北、西南地区，东南沿海，长江中下游和大兴安岭、小兴安岭地区等。

灵芝是我国珍贵的药用真菌，《神农本草经》就将灵芝列为上品，称紫芝"主耳聋，利关节，保神益精，坚筋骨，好颜色，久服轻身不老延年"；称赤芝"主胸中结，益心气，补中增智慧不忘，久食轻身不老，延年成仙"。李时珍的《本草纲目》对灵芝的药用价值也有详细的记载，随着现代医学研究的深入，灵芝的药理作用已被证实，灵芝具有抑制肿瘤、调节免疫力、抗衰老、降血糖、保肝解毒等作用。

我国于 20 世纪 60 年代开始人工驯化栽培。70 年代初灵芝片剂生产获得批准，正式应用于临床治疗神经衰弱、冠心病、老年慢性支气管炎等。80 年代以后，栽培技术趋于成熟，生产区域不断扩大。灵芝栽培在初期以段木栽培为主，之后利用木屑进行瓶栽，目前普遍采用代料栽培和短段木熟料栽培模式，其产量和质量不断提高。据最新统计，2017 年和 2018 年我国灵芝年种植量近 28 万 m²，年产灵芝近 30 万 t，年产灵芝孢子粉 2 万 t。产品畅销日本、韩国及东南亚国家和地区。

二、生物学特性

（一）形态特征

灵芝由菌丝体和子实体组成。

1. 菌丝体　灵芝菌丝白色，直径 1～3μm，纤细，有分枝，弯曲，有锁状联合。在 PDA 培养基上，菌丝分泌一层含有草酸钙的白色结晶物。接种点处菌丝常呈淡黄白色，菌丝匍匐生长于基质表面，老熟时分泌黄色或黄褐色的色素，易形成菌膜。

2. 子实体　菌丝体发育到一定阶段后，在适宜的条件下，开始相互扭结，在基质表面形成光滑的白色物，并向上突起，即子实体的原基。菌盖幼时肉质，成熟后木栓质，在菌柄顶端光照较强的一侧发生，呈肾形、半圆形或近圆形。直径 4～20cm，厚约 2cm，表面有漆样光泽，棕红色或深褐色，有环状棱纹和辐射状皱纹（图 3-9-1）。边缘往往向内卷。菌柄圆柱形，侧生，长 3～19cm，粗 0.5～4.0cm，与菌盖同色或呈紫褐色至黑色，表面有漆样光泽。菌肉近白色至淡褐色，厚 0.2～1.0cm；菌管近白色，后变为浅褐色，长 0.2～1.0cm。菌管内壁着生担孢子，成熟的担孢子为卵

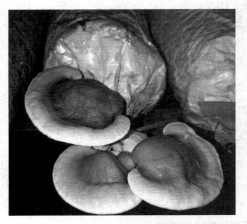

图 3-9-1　人工栽培的灵芝

形或卵圆形，顶端平截，双层壁，外孢壁光滑，内孢壁粗糙，大小为 (8.5～11.5)μm×(5～7)μm。

（二）生活条件

灵芝属高温型菌类，人工栽培时，必须提供灵芝生长所需的营养条件和环境条件，才能

获得优质高产。

1. 营养　灵芝是典型的白色木材腐生菌，具有较强的降解木质素、纤维素的能力，既可以在阔叶树朽木上生长，也可以在松树朽木上生长。在段木栽培中，所需要的营养物质可以从木材韧皮部和木质部中获得；在代料栽培中，所需要的碳素营养主要来自阔叶树木屑、棉籽壳、玉米芯和豆秸等，氮素营养主要来自麦麸和米糠。培养料中主料与辅料配比要合理，这是灵芝高产优质的重要物质基础。

2. 环境条件

（1）温度。灵芝属高温型恒温结实性菌类。变温条件对子实体的分化与发育不利。担孢子萌发适宜温度为 24～26℃，菌丝体在 4～38℃温度范围内都能生长，最适宜的生长温度为 25～30℃。子实体在 18～30℃范围内均能分化，最适温度为 24～28℃。子实体发育温度为 25～30℃，低于 25℃，子实体生长速度较慢，菌盖小，质地坚实；30℃时，子实体生长速度较快，但菌盖薄，质地差。因此，变温条件下容易产生厚薄不均的发育圈，使菌盖畸形。

（2）水分和空气湿度。灵芝是喜湿性菌类。代料栽培中培养料含水量以 60%～65% 为宜，段木栽培中段木适宜含水量为 40% 左右。菌丝体培养阶段，室内空气相对湿度为 60%～70%。湿度过高，容易造成杂菌感染；过低易造成培养料失水，菌丝干缩。子实体分化与生长阶段空气相对湿度应保持在 85%～90%。空气相对湿度过低，子实体生长发育不良，盖缘的幼嫩生长点易老化，一旦出现老化变褐现象，即使再加大湿度也难以恢复正常生长。

（3）空气。灵芝是好氧型真菌，整个生长过程都需新鲜空气。在菌丝生长阶段，如氧气不足，菌丝生长将受到抑制甚至窒息死亡。在子实体生长期，通常情况下，空气中二氧化碳浓度为 0.03%，不能超过 0.1%，否则菌柄成鹿角状分枝，不能正常形成菌盖，导致畸形。

（4）光照。菌丝体生长阶段不需要光，强光对菌丝体的生长有抑制作用。在黑暗条件下，菌丝生长迅速、洁白、健壮。在子实体生长发育阶段则需要有较多的散射光（300～1 000lx）。若光照低于 100lx，多数子实体无法发育形成菌盖。当光照大于 5 000lx 时，子实体常呈短柄或无柄状。灵芝子实体有明显的趋光性，子实体总是朝着有光源的方向生长，因此在灵芝栽培时，不要经常改变光源方向，以免造成菌盖畸形。

（5）酸碱度。灵芝喜欢在弱酸性环境中生长，菌丝体在 pH 3.0～7.5 均能生长，最适 pH 为 4.5～5.2。

三、栽培技术

灵芝栽培常见的栽培方法有短段木熟料栽培和代料栽培。段木栽培灵芝生产周期需要 1～2 年，产量较低，但质地优良，商品价值高。代料栽培生长周期从接种到采收结束需 3 个月左右，灵芝产量高，但子实体质地疏松。

（一）短段木熟料栽培

短段木熟料栽培的灵芝菌盖厚实、宽大、色泽鲜亮、栽培周期短、生物转化率高、经济效益最好，但同时也受森林资源制约，有一定的局限性。

1. 栽培工艺流程　段木处理→装袋→灭菌→冷却→接种→发菌期管理→整地作畦→排场覆土→出芝期管理→采收。

2. 段木处理

（1）树种选择。栽培灵芝的树种主要以硬质阔叶树种为主，多选用壳斗科、桦木科、金

缕梅科、大戟科、桑科、悬铃木科、榆科、椴树科、蔷薇科等植物。树木胸径在 5～15cm 较好。根据灵芝栽培时间提早 15d 左右砍伐。

（2）切段、调水、装袋。接种前 1 周左右，把段木截成 10～20cm 长的小段，断面要平。通过浸水或晾晒调节段木含水量至 35%～42%，当横断面中心部有 1～2mm 的微小裂痕时含水量比较适宜。将长短一致的短段木用绳子捆扎成捆，装入配套规格的塑料袋（常压灭菌选用聚乙烯塑料袋，高压灭菌选用聚丙烯塑料袋或耐高压的聚乙烯袋）。

3. 灭菌　将段木袋放入常压灭菌锅内进行灭菌，100℃保持 8～10h。灭菌结束，待温度降至 70℃时出锅，搬入干净并消过毒的接种室或接种帐中冷却，等温度降至 30℃ 以下时，便可接种。高压灭菌于 0.15MPa 蒸汽压力下灭菌 2h，自然降温冷却后，搬入接种室。

4. 接种　段木温度降至 30℃ 以下时即可接种。接种前用烟雾消毒剂对接种环境和接种工具进行消毒。待烟雾散尽后，戴上无菌手套进行接种。选择菌丝洁白、健壮浓密、无杂菌污染、无褐色菌膜、菌龄不超过 40d 的菌种。按照无菌操作规程进行接种，在段木上表面及段木之间均匀地撒满菌种，扎口时一定要扎紧。为了保证菌丝体生长阶段氧气供应，可在扎袋口时塞一团灭过菌的棉塞。袋内有积水时倒掉积水，袋子破损时用胶布贴补小洞。接完菌种后即可搬入培养室培养。

5. 发菌期管理　培养室事先经过严格消毒，杀虫后，将接种后的短段木菌袋放在层架上或呈"品"字形堆叠在具垫板或泡沫塑料板的地面上。层架之间或两菌墙之间留 70cm 通道便于检查。温度控制在 22～25℃，进行黑暗培养。接种后 2～3d 菌种开始萌发、吃料。接种后 7d，翻堆检查 1 次，及时剔除污染的菌棒。感染杂菌的菌棒可重新灭菌接种。菌丝定植后，每天中午通风 1h，空气相对湿度保持在 40%～50%。随着菌丝的生长，呼吸量加大，袋内开始出现水珠，此时要加强通风，每天通风 1～2 次，每次 1～2h。如果袋内积水过多，可用无菌针刺孔排水。灵芝菌丝定植后，会在段木表面形成一层红褐色菌皮，可防止其他杂菌侵入。

接种后 15～20d，当段木表面形成一层菌皮时，可解开袋口，微露细缝，增氧降湿，待袋壁水珠消失后再扎紧袋口，连续处理 3～4 次，促进菌丝向木材内部生长。前提是培养室要用杀菌剂消毒净化。经过 45～55d 培养，菌丝在料内长透，再经过 15～20d 培养便可达生理成熟（图 3-9-2）。一般室内培养期约 60d。

图 3-9-2　发好菌的短段木

6. 整地作畦　在选好的场地先深翻 20cm，清除杂物。按东西走向作畦。畦宽 1.5～1.8m，深 30cm，长度依场地而定。畦间留宽 35～70cm 走道，畦底撒石灰消毒。畦四周挖好排水沟，沟深 30cm。

7. 排场覆土　排场覆土应选在 4—5 月天气晴好时进行。菌丝生理成熟且 1/3 菌袋有芝蕾出现时，菌袋即可下地排放。菌袋在出芝场炼棒或复菌 7～15d，促使菌袋在运输过程中造成的菌丝体或菌皮的损伤重新愈合。在此期间确保大棚通风良好，给予一定的散射光，避免阳光直射。菌袋进场地时按菌丝培养熟化程度分类排场，以便后期管理。

菌袋进棚 15d 后开始开袋覆土。选择气温在 15～20℃ 的晴天或阴天上午进行，切忌雨天操作。首先去除包装袋，接种面朝上排放在已做好的畦面上，菌棒之间相距 7～8cm。覆土时，将菌棒之间的孔隙填满土，顶部再撒上 2cm 厚的土。覆土材料要求土质疏松透气的沙壤土，加入生石灰调节 pH 为 8。覆土后浇透水。

8. 出芝期管理　灵芝段木覆土后，在适宜的环境条件下经 8～12d 便可现蕾，此时应加强管理，否则易发生畸形或病害，减产甚至绝收。此时，芝床内温度应保持在 26～28℃，空气相对湿度维持在 80%～90%，促进菇蕾表面细胞分化。减少通风次数，促使芝蕾伸长形成芝柄。同时给予光照度为 1 000lx 的散射光。灵芝菌柄生长至 3～4cm 时，用锋利刀具从基部疏去多余芝蕾，每个菌棒保留 1 个健壮芝蕾。

当菌柄长到 5～7cm 长时，菌柄顶端即可形成菌盖。此时减少喷水次数，加强通风，降低空气相对湿度，使芝体生长速度降低，增加芝盖的致密度，使芝体外观匀称美观。

9. 采收　当灵芝子实体菌盖不再增大，菌盖表面色泽一致，边缘有同菌盖色泽一样的卷边圈，有大量褐色灵芝孢子分散，菌盖下方色泽一致，此时即可采收（图 3-9-3）。

灵芝子实体采收时，用修枝剪从菌柄基部剪下。注意不要接触菌盖和菌盖下方，也不要用水冲洗子实体，不让菌柄与其他菌盖碰撞，除去泥土和其他杂质，剪去过长菌柄，单个排列进行日晒或通风阴干。

图 3-9-3　待采灵芝

（二）代料栽培

灵芝代料栽培包括瓶栽法和袋栽法。20 世纪 80 年代前，大多采用瓶栽，即利用玻璃瓶作为栽培容器培养出芝的方法。现在多采用袋栽法，即用塑料袋代替菌种瓶培养的方法。两种方法除了培养容器不同外，在培养料配方、接种方法及管理措施方面几乎都相同。

1. 栽培工艺流程　培养料选择→拌料→装袋→灭菌→冷却→接种→发菌期管理→出芝期管理→采收

2. 栽培季节确定　生产季节安排对灵芝代料栽培生产的产量、质量有着密切的关系。安排恰当，子实体生长能获得良好的自然生长条件，灵芝能得以良好生长，子实体个体大、质坚、品质好、产量高。反之，灵芝子实体发育不良。我国一些地区代料栽培灵芝的适宜季节，因其自然气温不同而有一定差异（表 3-9-1）。

表 3-9-1　我国一些地区代料栽培灵芝的适宜季节

地　区	制种时间	栽　培　时　间	
		开　始	结　束
华　南　地　区	2 月中、下旬	3 月下旬至 4 月上旬	6 月上、中旬
长江流域地区	4 月上、中旬	5 月上、中旬	7 月中旬
黄河以北地区	4 月下旬至 5 月中旬	5 月中、下旬	7 月下旬

3. 培养料选择　灵芝栽培原料非常广泛，阔叶树木屑、棉籽壳、玉米芯、甘蔗渣等可作为主料，麦麸、米糠、石膏、石灰、蔗糖、过磷酸钙等可作为辅料。栽培配方很多，各地可因地制宜，就地取材。常用的配方有以下几种。

（1）杂木屑 79%，麦麸 20%，石膏粉 1%。

（2）杂木屑 39％，棉籽壳 39％，麦麸 15％，玉米粉 5％，蔗糖 1％，石膏粉 1％。

（3）杂木屑 30％，玉米芯 50％，麦麸 18％，石膏粉 1％，过磷酸钙 1％。

（4）棉籽壳 78％，麦麸 17％，玉米粉 2％，石膏粉 1％，蔗糖 1％，过磷酸钙 1％。

以上培养基含水量为 60％～65％，pH 7.0～7.5。

4. 拌料　按照配方选用新鲜、无霉变的培养料。用搅拌机拌料，先将主料（如棉籽壳、玉米芯、木屑等）搅拌均匀，然后加入其他原料搅拌均匀。

5. 装袋　灵芝袋栽时常采用的塑料袋有聚丙烯或低压聚乙烯袋。常用 17cm×35cm 或 20cm×45cm，厚为 0.004cm 的袋子。机械或手工装袋，装满压实，松紧度以手用力握有弹性为准。中间打个 2cm 粗的洞，直到料底，封口。

6. 灭菌　装好的料袋应及时灭菌，常压灭菌温度 100℃保持 8～10h，或者在 0.15MPa 下高压灭菌 2h。灭菌后，将料袋移入洁净的冷却室，待料温低于 28℃便可接种。

7. 接种　料袋温度低于 28℃后，按无菌操作，在接种室内接种。将菌种接入穴内，封口。用 17cm×35cm、厚 0.004cm 的塑料袋一头接种，接种量一般为 500mL 菌种瓶接种 20 袋，或者接入枝条菌种。用 20cm×45cm、厚 0.004cm 的塑料袋两头接种，接种量一般为 500mL 的菌种瓶接种 10 袋。

8. 发菌期管理　培养室清理消毒后，把接完种的菌袋移入培养室的层架上或直接把菌袋摆放在地面上，5～8 层叠放。接种后 2～3d，培养室温度控制在 25～26℃，促进菌丝定植，此时不宜翻动，不用通风。接种后 4～5d，菌落形成，温度可降至 22～24℃，注意通风，空气相对湿度控制在 60％～65％。接种后 15～20d，菌丝向内吃料 4～5cm，此时温度控制在 20～22℃，注意通风换气。培养 25～35d，菌丝长满菌袋。再经过 7～10d 的培养，使菌丝达到后熟。在培养过程中，每隔 10～15d 翻堆 1 次。在后期发菌过程中，可加大通风量，并给予 100～200lx 散射光。当菌丝体个别分化原基时，表明菌丝体已达生理成熟，可移入出芝棚，进行出芝管理。

9. 出芝期管理

（1）墙式出芝。在出芝场所，将菌袋单排一层层卧倒摆放，每层摆放数量与温度有关，可摆 5～10 层，袋与袋间距 2～3cm。层与层间摆放 2 根粗细基本相同的细竹竿，有利于通风降温，还可防止子实体生长过程中挤碰变形。排与排间距 0.8～1.0m，便于人工作业管理。

出芝场所温度控制在 25～28℃，空气相对湿度为 85％～90％，加强通风管理，并给予 500～1 000lx 的散射光。料面有多个芝蕾出现时用消毒剪刀剪去一些，一般每个出芝面只保留 1～2 个健壮的芝蕾。

（2）埋袋出芝。将长好菌丝的菌袋移入出芝场所，用 1％高锰酸钾溶液对菌袋进行表面消毒，然后用刀片将菌袋划破，揭去薄膜，接种穴朝上竖立在畦上。菌袋间距 2～3cm，孔隙处用沙壤土填充。整个畦摆满后，在菌袋顶端覆一层厚约 2cm 的沙土，浇足水。经过 2 周，原基可发生并伸出土面。其余管理同上。

（三）灵芝孢子粉的收集

灵芝成熟后释放大量担孢子，即灵芝孢子粉。灵芝孢子粉褐色或棕红色，产量很低，平均每 100kg 灵芝子实体只能得到 5～8kg 的孢子粉。灵芝孢子粉含有丰富的灵芝多糖、灵芝多肽、三萜类、氨基酸、蛋白质等生物活性物质。研究证明，灵芝孢子粉具有养心安神、调节免疫力、抑制肿瘤、抑杀病毒等功能。因此灵芝孢子粉具有很高的药用价值和经济价值，日益受到栽培者的重视。以灵芝孢子粉为主要产品的，栽培时应选用多孢灵芝菌株。目前收集灵芝孢子粉的方法主要有地膜法、套袋收集和利用机械风收集方法。

1. 地膜法 当灵芝散粉时，沿畦床方向摆放塑料薄膜，接受散落的孢子。用干净毛刷将薄膜内灵芝孢子粉集中到一起收集起来。缺点是收集的孢子粉中会含有一些沙土，孢子粉的纯度不够高。

2. 套袋收集法 当子实体白色边缘基本消失或完全消失，菌盖颜色加深，从菌柄基部首先开始释放孢子，子实体下方出现棕色孢子粉，此时应及时套袋。

套袋前，同样在地面先铺一层薄膜，在每一个灵芝基部先套一个矮一些的套环，起固定作用。在套环里面再套一个圆筒形薄膜，底部扎紧，袋口向上，同时在袋内套上一个和灵芝大小一样的透气性好的纸筒（无纺布）。在纸筒上盖一纸板，防止孢子粉逃逸。纸板与灵芝菌盖要有 5cm 高的孔隙。注意不能用报纸做套袋，否则会造成铅污染，也不能用透气性差的硫酸纸。

套袋后空气相对湿度保持在 75%～80%，温度为 22～28℃。套袋后不能喷水，采用地面灌水来调控湿度，注意通风换气，每隔一天通风换气 1～2h。一般套袋的第一周，孢子释放量最多，占孢子总量的 60% 以上。第一次收集孢子是在灵芝套袋后 40～50d 进行。去掉上面的纸板，先用干净毛刷把菌盖上面的孢子粉刷到纸筒里，小心提起圆筒形薄膜，把灵芝孢子粉倒入干净的容器中，然后原样放回，盖上纸板继续收集。

3. 利用机械风收集孢子粉 当灵芝孢子粉弹射时，在大棚内距离地面 1m 处架设两台换气机器，功率为 300W 的两台机器可供面积为 300m² 的芝棚使用。在风机的出风口处套一条长布袋，每隔 2m 将布袋用绳拴在大棚上面固定，布袋离地高 1.0～1.5m。每天早上 4—8 时、晚上 5—8 时及阴天全天打开电源，形成负压流，收集灵芝孢子粉，吸完后用干净毛刷收集到容器中。

复习思考题

1. 灵芝栽培有哪些方法？
2. 试述灵芝代料栽培技术要点。

扫一扫，看
参考答案

任务十　秀珍菇栽培

任务目标

◈ 知识目标 >>>

● 了解秀珍菇的生理特性。
● 掌握秀珍菇栽培技术。

⚒ 能力目标 >>>

● 会控制菇蕾期秀珍菇菌盖与菌柄的比例。
● 会栽培秀珍菇。

相关知识

一、概述

秀珍菇（*Pleurotus pulmonarius*）又名印度鲍鱼菇，别名环柄香菇、袖珍菇、姬平菇、小平菇等，原产于印度。秀珍菇隶属于真菌门担子菌纲伞菌目侧耳科侧耳属。

秀珍菇的名称来源于台湾，不同于普通的凤尾菇是因为其形体较小，柄有 5～6cm，盖直径＜3cm，秀珍菇其实是一个商业味比较浓厚的凤尾菇名称。秀珍菇不仅营养丰富，而且味道鲜美，蛋白质含量比双孢蘑菇、香菇、草菇更高，质地细嫩，纤维含量少。据测定，鲜菇中含蛋白质 3.65％～3.88％、粗脂肪 1.13％、还原糖 0.87％～1.80％、糖分 23.94％～34.87％、木质素 2.64％、纤维素 12.85％、果胶 0.14％，还含有纤维素、矿物质元素等。蛋白质含量接近于肉类，比一般蔬菜高 3～6 倍。秀珍菇含有 17 种以上氨基酸，更为可贵的是它含有人体自身不能制造，而饮食中通常缺乏的苏氨酸、赖氨酸、亮氨酸等。可见，秀珍菇是一种高蛋白、低脂肪的营养食品，鲜美可口，具有独特的风味，美其名曰"味精菇"，颇受消费者青睐。

目前，我国福建、上海、浙江、广西、江苏、安徽、河南、山东等地有较大面积栽培。随着秀珍菇产业的兴起，生产规模不断扩大，已由千家万户的分散栽培模式转变为集约化、设施化栽培模式。

二、生物学特性

（一）形态特征

1. 菌丝体 秀珍菇菌丝体呈白色、纤细绒毛状，有分枝，有横隔。气生菌丝发达，有锁状联合。

2. 子实体 秀珍菇子实体多为丛生，少有单生，菌盖扇形、贝壳形或椭圆形，直径 3～12cm。幼时为浅灰色，后逐渐变为深灰色，成熟后又变浅呈灰白色，有些还呈淡黄色至深棕色。表面光滑干爽，边缘呈波状，初内卷，后反卷。菌肉厚度中等、白色。菌褶白色、延生、密集、不等长。菌柄白色，侧生、少近中生，长 2～6cm，粗 0.6～1.5cm，基部无绒毛。孢子印白色。

（二）生长发育条件

1. 营养 秀珍菇属于木腐菌，是一种分解木质素、纤维素能力较强的食用菌。栽培料中以陈积的杂木屑、棉籽壳、豆秸粉作栽培碳源，以麦麸、玉米粉等作氮源。适宜的碳氮比为 30：1。

2. 温度 秀珍菇属于中高温型菌类，在不同生长发育阶段对温度要求不同。菌丝生长阶段温度范围为 8～30℃，最适宜生长温度为 23～25℃。温度低于 5℃，菌丝生长缓慢或停止生长。温度高于 35℃，菌丝会死亡。

秀珍菇为变温结实性菌类，子实体分化阶段，最适温度 15～20℃。如果有 10～20℃的昼夜温差刺激，易产生原基。温度持续超过 28℃时，难分化出原基。子实体发育阶段，最适宜温度 15～25℃。低温时菇体质量好，但生长慢；高温时子实体生长快，但质量差。

3. 水分和湿度 水分是秀珍菇的重要组成部分，秀珍菇生长中所需要的水分来自培养料和空气中的水蒸气。因此，在菌丝体培养阶段，培养料含水量为 60%～65%，含水量低于 60%时，菌丝体生长缓慢；当培养料含水量超过 70%时，会导致氧气不足，影响菌丝呼吸，容易产生厌氧杂菌。菌丝生长的空气相对湿度为 60%～70%最适宜。

从原基形成至子实体成熟，要求空气相对湿度为 85%～90%。空气相对湿度低于 70%时，原基不易形成，菇朵易干萎，子实体生长缓慢，菇柄细，菌盖小，菌盖脱水，边缘出现裂缝，甚至出现干菇。相对湿度高于 95%时，在通风不良、气温较高的环境条件下，子实体易发生病害和变软腐烂。

4. 空气 秀珍菇是好气性真菌。随着菌丝伸长扩展，需氧量也随之增大，因此发菌期要注意通风换气。菇蕾形成初期，菌丝呼吸量逐渐加大，则要增加棚内的空气流通，否则将会使部分菇蕾因缺氧而夭折。菇蕾进入伸长期后，又需要保持一定浓度的二氧化碳，以 0.4%～0.5%为宜，以促进菇柄伸长，抑制菇盖扩展过快，否则将影响到质量。秀珍菇子实体生长很快，从菇蕾形成至采收仅需十余小时，因此，此期间必须随时注意控制菇棚内的通风量和风速。

5. 光照 秀珍菇发菌阶段不需要光照。子实体分化需要一定的散射光，光照度以 600～800lx 为宜。成熟期适当减弱光照度。

6. 酸碱度 秀珍菇菌丝在 pH 为 4～8 范围内均可生长，适宜 pH 为 5.8～6.2。

三、栽培技术

目前秀珍菇栽培主要以季节性规模栽培为主。秀珍菇子实体发育过程需要大量的氧气，采收潮次多，采收间隔期短，出菇期长达 80d 左右。菇房周转利用率低，不太适合工厂化周年栽培，只宜在室外建专用的栽培棚。

（一）栽培工艺流程

培养料配制→拌料→装袋→灭菌→冷却→接种→发菌期管理→低温刺激→出菇期管理→采收→转潮期管理。

（二）培养料选择

秀珍菇可利用阔叶树木屑、棉籽壳、稻草、玉米芯等农副产品下脚料作栽培原料。其中木屑要有一定的颗粒度，粒径以 1～2mm 为宜，以利于培养料的通透性。全部使用粉状的木屑通透性差，不利于菌丝生长。可以添加 30%左右的棉籽壳、玉米芯以增加通透性。适当添加部分有机氮源和无机氮源，有利于菌丝体健壮生长和高产优质。常用配方有：

（1）木屑 63%，棉籽壳 20%，麦麸 12%，玉米粉 2%，石灰 2.5%，过磷酸钙 0.5%。

（2）木屑 40%，棉籽壳 40%，麦麸 16%，石灰 2.5%，过磷酸钙 1.5%。

（3）棉籽壳 20%，木屑 40%，玉米芯 20%，麦麸 13%，豆粕 2%，玉米粉 2%，石灰 1.5%，轻质碳酸钙 1.5%。

以上培养基含水量为 60%～65%，灭菌后 pH 为 6.0～6.5。

（三）拌料

配方不同，所用材料预处理也有所差异。木屑材料需过 2～3 目的筛，剔除小木片及有棱角的硬物，防止装袋时刺破菌袋，造成污染。棉籽壳、玉米芯等提前预湿。按配方称取各原料，加水后充分拌匀，拌料时调整 pH 为 8.5～9.0，因为在拌料、装袋、灭菌时培养料中微生物繁殖会产生苹果酸、柠檬酸、草酸等酸性物质，使 pH 下降，所以在拌料时要比菌

丝适宜生长的 pH 调高 2.0~2.5。拌料的方式可以人工拌料，也可采取机械三级拌料。

（四）装袋

通常采用 17cm×(38~40)cm、厚 0.003~0.004cm 的低压高密度聚乙烯袋，因聚乙烯袋收缩性好，在出过一潮菇后，菌棒水分含量变小，若用聚丙烯袋则菌棒和袋壁之间有空隙，容易侧壁出菇。采用手工装袋或机械装袋，每袋装湿料 1.2~1.3kg，装袋松紧适度，袋口采用塑料套环棉塞。

（五）灭菌

装袋后要及时灭菌，常压灭菌时，当温度升至 100℃时保持 8~10h。高压灭菌时，因聚乙烯袋承受压力小，蒸汽温度升至 115℃时保持 2.5~3.0h。自然冷却后开锅取出，放入冷却室。

（六）接种

当料袋冷却至 28℃时，将料袋移入接种室内，按无菌操作规程接种。当前秀珍菇的栽培种多采用枝条菌种，直接将枝条菌种插入出菇包培养料的空穴中。接种后的菌袋转入培养室内发菌培养。

（七）发菌期管理

接种后的菌袋移入培养室内进行发菌培养，第 1~10d 培养室内温度控制在 24~26℃，少通风，以保温保湿促菌丝快速定植；第 10~22d 因菌袋内菌丝新陈代谢加快而致袋内温度上升，此时应将培养室温度调到 21~23℃；第 23~30d 菌丝生长速度减慢，温度控制在 20~22℃，促进菌丝加粗及对培养料进一步分解。一般经 30~35d 菌包发满，再经过 10d 培养，达到生理成熟，表现为菌包结实、菌丝洁白。菌丝如果后熟不足，容易造成头潮菇畸形率升高。菌丝发育阶段不需要光线照射，室内湿度以控制在 60%~70%为宜。

（八）出菇期管理

将生理成熟的菌袋搬进菇房进行上架排袋或大棚内进行平地垒叠菌墙。上架排袋现在较常用的是网格培养架排袋，即房内两旁各排单面网格 1 架，中间为双面并列，各列间距 110cm 为作业道。每架底层离地面 20cm，使室内地面通风流畅。平地垒叠菌墙在我国北方栽培秀珍菇时被广泛应用。在大棚内，采取平地重叠菌袋 8~10 层，长度视棚内场地而定。叠袋时两个菌袋底部对接，重叠摆放呈一列菌墙。

菌袋搬入出菇房后，将菌袋沿着颈圈把塑料袋割掉后开袋，并刮去老化的菌种。然后白天罩膜，晚上揭膜，人为创造 10℃以上的温差刺激，促进原基分化；或者将菌袋移入冷库，喷水湿润，在 8~10℃条件下保持 16~24h，然后将菌袋重新转至出菇架上排放；或者直接将移动式制冷机放入菇棚，将棚温降低。总之，创造较大的温差，有利于菇蕾整齐形成。

出菇阶段菇房内空气相对湿度要保持在 85%~90%，可通过向地面浇水或空中喷雾来实现。低于 70%时不易形成子实体，70%~80%时子实体生长较慢，高于 95%则会引起杂菌滋生。温度保持在 15~25℃，光照度 600~800lx，加强通风管理。连续 3~5d，料面上开始分化原基。

菇蕾形成时，温差不要过大，同时为了促进菌柄的生长，根据菇的生长情况调节通风量，通风量最好不要过大。秀珍菇表皮组织较薄，受湿度影响较大，菇蕾形成期菇棚空气相对湿度保持在 90%左右，不低于 85%。当棚内空气相对湿度低于 75%时，菇蕾很容易干死，遇到强风吹袭时，菇蕾甚至会发黄萎缩。随着子实体长大，可适当增加喷水量和通气量，增加光照。

（九） 采收

秀珍菇生长很快，条件适宜，菇蕾形成 1d 后即可采收。子实体成熟标志为菇柄长 3～4cm，菌盖直径 2～3cm 即菌盖渐平展时。在颜色由深逐渐变浅，孢子尚未弹射采收为宜。采收时一手压住培养料，一手抓住菇体轻轻扭转即可拔下。秀珍菇多丛生，采收时必须整丛一次性采收完，采时保持子实体完整。采摘下的菇要及时剪根、分级、包装，并进行冷藏保鲜。

目前秀珍菇的市场分级标准一般为：

一级菇：菌盖直径 2～3cm，菌柄长度 4～6cm，剪去老化根，菌盖褐色或灰白色、无裂边，菌柄白色，含水量 85％，无任何发黄、农药残留等异常情况。

二级菇：菌盖直径 3～4cm，菌柄长度 5～7cm，菌柄不带残渣，有少量菇裂边，含水量 80％～85％，无其他任何异常情况。

等外菇：市场上等外菇菇盖直径超过 4cm，菇脚较长，容易裂边。未经过分级的秀珍菇也视同等外菇。

包装好的商品要及时送入保鲜冷库进行冷藏处理。库温控制在 4～8℃。经过上述处理的商品，可以达到较长时间的保鲜效果。

（十） 采后管理

采菇后，除去料面上的老化根和一些没有分化的原基，可直接刮至新鲜的培养料，刮完后不可直接向料面喷水，加大菇房通风换气 1～2d。菇房的空气相对湿度维持在 70％～80％，使料面干燥一些，防止霉菌发生及部分虫卵孵化。在此条件下养菌 7～10d，让菌丝恢复生长。进入第二潮菇的出菇管理。经养菌后的菌袋第二潮菇出菇前需对菌袋进行补水，使每个菌袋增重 30～50g。第二潮菇前期需低温刺激，其余管理同第一潮菇的管理。

复习思考题

1. 试述秀珍菇栽培工艺流程。
2. 试述秀珍菇出菇阶段管理要点。

扫一扫，看
参考答案

任务十一　榆黄蘑栽培

任务目标

◇ **知识目标 >>>**
- 了解榆黄蘑的生理特性。
- 掌握榆黄蘑栽培技术。

⚒ **能力目标 >>>**
- 会调配榆黄蘑培养料。
- 会栽培榆黄蘑。

相关知识

一、概述

榆黄蘑（*Pleurotus citrinopileatus*）又名金顶侧耳、玉皇蘑、金顶蘑，隶属于担子菌亚门伞菌目口蘑科侧耳属。榆黄蘑自然分布区域较为狭窄，国外主要分布在欧洲、北美洲、非洲及日本等地；国内主要分布于黑龙江、吉林、辽宁、河北、广东等地。夏季生于榆、栎、桦、柳等阔叶树的倒木、枯立木上，偶尔也生于衰弱榆树的活立木上。榆黄蘑是长白山、大兴安岭、小兴安岭地区夏秋季节经常采食的野生菌之一。

榆黄蘑色泽艳丽，外形优美，气味芳香，肉质脆嫩，含蛋白质、维生素和矿物质等多种营养成分，氨基酸含量丰富，且必需氨基酸尤为丰富，属于高营养、低热量食品，长期食用，有降低血压、降低胆固醇含量的功能，是理想的保健食品。并含有丰富的钾、钠、钙、铁、锌，以及维生素 C、烟酸、泛酸等，是不可多得的珍贵食用菌。

榆黄蘑生长力强、出菇快、生长期短、产量高，既可段木栽培，也可代料栽培，菌丝生活力强，可在榆树、杨树、桦树、椴树、水曲柳、槐树等阔叶树锯木屑培养基上生长发育，还可在棉籽壳、废棉、玉米芯、花生壳、豆皮、麦秸、稻草、茶渣以及栽过草菇和双孢蘑菇的废培养料上生长发育。以棉籽壳、废棉和玉米芯栽培榆黄蘑的产量较高。

榆黄蘑属侧耳类食用菌，近年来在我国东北地区广泛栽培，南方各地零星种植。由于榆黄蘑质脆易碎，货架寿命短，不宜包装运输，以及烹饪加工后会褪去黄色，使榆黄蘑规模化生产受到影响。

二、生物学特性

（一）形态特征

1. 菌丝体 榆黄蘑菌丝白色，粗壮，气生菌丝多，有锁状联合。

2. 子实体 子实体多丛生或簇生，呈金黄色（图 3-11-1）。菌盖基部下凹呈喇叭状，光滑，单个子实体直径可达 3.4～5.1cm，菌盖厚 0.3～0.7cm，肉质，边缘平展或波浪状，鲜黄色；菌肉白色；菌褶白色，延生，稍密，不等长；菌柄白色至淡黄色，偏生，长 2～12cm，粗 0.5～2.0cm，有细毛，常数个或数十个柄基部连在一起。菌丝洁白浓密，气生菌丝发达，菌落边缘整齐、均匀，生长势强。孢子印白色，浓密时浅玫瑰色或淡紫色。孢子无色，圆柱形，光滑，大小为 (6.8～9.9)μm×(3.4～4.1)μm。

（二）生活条件

1. 营养 榆黄蘑属于腐生菌。对纤维素、半纤维素、木质素、淀粉分解能力很强，酶系活力很大，生物学效率较高。玉米芯、蔗渣、稻草、棉籽壳等均可栽培。一般来

图 3-11-1 榆黄蘑

说，单一原料栽培生物率低，多采用混合料进行栽培。培养料中添加适量的麦麸或米糠、豆饼，可提高氮素营养，增加产量。榆黄蘑不同生长阶段，碳氮比有所不同。菌丝生长阶段，

所需的碳氮比约为 20∶1，在生殖阶段即子实体分化阶段，所需的碳氮比为（30～40）∶1。

榆黄蘑还需少量的微量元素，如钙、磷、钾、硫等无机盐类与维生素，这些都是代谢过程酶的活化剂，将大大促进与加快菌丝的生长和子实体的发生，对提高质量与产量起着重要作用。生产中常用石膏、碳酸钙、硫酸镁、B 族维生素等提供微量元素。

2. 温度 榆黄蘑属于中温型恒温结实性菌类，菌丝生长温度为 7～32℃，适温为 20～25℃。子实体生长发育的温度为 17～28℃，适温为 18～23℃，当昼夜温差在 10℃ 的环境下，子实体分化加快并能提高产量。

3. 水分和湿度 榆黄蘑属于喜湿性菌类。不同生长阶段对水分的要求不同，菌丝体生长基质最适含水量为 62%～65%，低于 50% 或高于 80%，菌丝体生长会受到抑制。菌丝生长期间空气相对湿度为 60%～70%。子实体发育阶段需水分较多，空气相对湿度保持 85%～90% 较适宜。在 80% 以下，子实体发育缓慢，瘦小；低于 60% 时，子实体生长停止；降至 40%～45% 或以下时，子实体不分化，菌盖龟裂萎缩，最后干枯而死；高于 95% 时，小菇蕾成丛，产生畸形菇，菌盖水渍化易碎。

4. 空气 榆黄蘑属于好气性真菌，对二氧化碳也较为敏感。在菌丝生长发育阶段与子实体分化阶段，均需足够的氧气。在子实体分化阶段，对氧气的需求量略有降低，但子实体形成后，由于代谢旺盛，子实体的活力加大，呼吸加强，对氧气的需求量大幅增加。所以，在出菇阶段，应使培养室内保持通风良好的环境。在菌丝生长阶段，二氧化碳浓度控制在 0.5% 以下，菌丝生长正常。在子实体形成阶段，二氧化碳浓度大于 0.1%，对子实体就有毒害作用，使菌柄出现几度分化，菌盖发育受阻，菇体畸形，甚至不形成。

另外，榆黄蘑子实体对甲醛、敌敌畏等挥发性刺激性药物特别敏感，易受药害。

5. 光照 榆黄蘑属于喜光型的真菌。菌丝生长阶段可完全在黑暗下生长，但在出菇阶段则要求有适当的散射光。

子实体分化和生长期需要散射光，光照度要求在 200lx 以上。在低于 40lx 光照度下，容易引起子实体的二度分化，只能长出珊瑚状的瘦弱菌柄，菌盖的颜色趋于浅黄至白色；在 5lx 光照度下，子实体分化迟滞，出现畸形菇，甚至不形成子实体。

6. 酸碱度 榆黄蘑是喜酸性菌类。菌丝生长 pH 为 5～7，最适 pH 为 5.5～6.0。配料时 pH 调为 8.0～8.5。

三、栽培技术

与其他侧耳属食用菌栽培方法类似，榆黄蘑栽培方式多样，可以进行段木栽培，以代料栽培为主。日本设施化栽培以熟料瓶栽为主，我国以袋栽为主，可采用生料、发酵料和熟料等多种栽培方式。生料、熟料和发酵料栽培，除培养料的处理方法不同外，其他管理方法相同，在此主要介绍熟料袋栽工艺。实际生产中应根据栽培季节等条件灵活掌握。

（一）熟料袋栽工艺流程

培养料选择→拌料→装袋→灭菌→冷却→接种→发菌期管理→出菇期管理→采收→转潮期管理。

（二）栽培季节

榆黄蘑可以春季或秋季栽培。一般春季气温稳定在 5～10℃ 时进行接种，气温 18～22℃ 时为最适出菇季节。东北地区秋季栽培常在 7 月中、下旬接种，8 月中、下旬开始出菇。

（三） 培养料选择

玉米芯、玉米秸秆、稻草、阔叶树木屑、麦秸、豆秆以及食用菌菌渣等均可作为栽培原料。新鲜松、杉树木屑不能直接使用，但露天日晒雨淋条件下堆放 6 个月以上可以使用。秸秆类原料经过粉碎成粉末状后使用效果较好，多种原料混合配制较单一原料产量高。此外，还需要准备含氮量较高的米糠、麦麸、玉米粉等辅料，其中玉米粉对提高榆黄蘑产量效果较好，多种辅料混合使用效果更佳。根据当地原料来源就地取材，选择合适的培养料配方。常见配方有以下几种：

（1）玉米芯（或棉籽壳、木屑）78％，麦麸（或米糠）20％、石膏粉1％、石灰1％。

（2）豆秸83％，麦麸10％，玉米粉5％，磷酸二氢钾0.2％，石灰1.8％。

（3）棉籽壳82％，麦麸10％，饼粉5％，石灰1％，过磷酸钙1％，石膏粉1％。

（4）稻草（或麦秸粉）53％，木屑30％，麦麸10％，玉米粉5％，石灰2％。

（四） 拌料

培养料保持干燥、无霉变，按配方准备原料，料水比为1∶（1.1～1.3），根据原料含水量，最终培养料含水量为65％左右。将主料混合均匀，辅料溶解在水中，边倒入主料边搅拌，使培养料干湿均匀。pH调至8～9，准备装袋。

（五） 装袋

采用22cm×(45～50)cm、厚0.004cm聚乙烯或高压聚丙烯塑料袋。一头先用聚丙烯塑料绳扎好活结，采用装料机装袋，每袋装入干料1kg。装好料袋要做到料面平整，料袋饱满，松紧一致，扎好袋口。菌袋制作过程中要轻拿轻放，防止栽培袋破损，如出现破损，用胶布补好。

（六） 灭菌

装袋后的菌袋应及时灭菌，以防培养料酸败。常采用高压蒸汽灭菌和常压蒸汽灭菌。常压灭菌为100℃，保持8～10h；高压蒸汽灭菌采用0.147MPa压力下（128℃）灭菌1.5～2.0h。

（七） 接种

当培养基冷却至30℃以下时，在无菌条件下两头接种。

（八） 发菌期管理

将菌袋移入发菌室，可采用床架式和堆垛培养，5～7层菌袋堆垛，高温季节菌袋不超过4层，防止温度过高产生烧菌。垛与垛之间留有50cm宽过道，便于管理。发菌室温度以18～23℃为宜。空气相对湿度以60％～70％为宜，可采用地面喷水和空中喷洒雾状水增加湿度。黑暗条件培养，适当通风。条件适宜的标志为菌丝洁白、发菌速度快并且整齐。发菌期间要定期观察，及时拣出污染的菌袋，以防造成大面积感染。还要注意通风口防虫处理，减少虫害发生。

（九） 出菇期管理

榆黄蘑出菇管理可采用床架出菇法和脱袋覆土出菇法。

1. 床架出菇法

（1）排袋上架。发菌完毕后的栽培袋，解开扎口绳或去掉袋口的封口纸，留下离料面5～6cm的塑料袋，防止料面水分散失。摆上菇架，温度控制在15～25℃，空气相对湿度90％，打开通风窗不关闭。

（2）催菇。增加光照、温差、通风等刺激。保持温度17～25℃，空气相对湿度85%～90%，每天通风2～3次，要求有300～800lx散射光，8～11d现蕾。

（3）子实体生长。现蕾后，子实体进入生长阶段（图3-11-2、图3-11-3）。温度控制在17～25℃，空气相对湿度保持85%～90%，加强通风管理。由于这一时期对水分需求量较大，出菇棚要有良好的密闭性能，可在棚内接入洁净的水源，同时安装潜水泵、自动喷雾系统等设备补湿。每天喷水3～4次，每次不超过1h，避免向菇蕾上喷水，保持空气相对湿度在85%～90%，防止发生畸形菇。子实体长大后可直接喷水。

图3-11-2 幼菇期

图3-11-3 快速生长期

2. 脱袋覆土法 菌丝长满袋后移入简易菇棚内进行覆土出菇管理。

（1）覆土准备。取菜园土表层10cm以下土壤，1m³覆土加5kg生石灰均匀拌入，再用喷雾器将0.5kg甲醛兑水15kg喷入土中，用塑料薄膜密封24h，掀开散去药气。

（2）覆土出菇。在棚内挖畦床，宽1m，深20cm，长度不限。在畦床表面撒一层生石灰，再将发好菌的栽培袋的外层塑料袋全部脱去，横卧排放于畦床上，排放时菌棒间距2～3cm，将准备好的土壤填充于菌棒间空隙，覆土厚度为2cm左右，喷细雾浇水，保持覆土层湿润，棚内空气相对湿度70%～80%。其他管理方法同床架出菇法，出菇状见图3-11-4。

图3-11-4 覆土出菇

（十）采收

温湿度适宜的条件下，榆黄蘑现蕾7d后即可采收。一般七成熟即菌盖边缘未完全展开、孢子未弹射时采收最好。如果菌盖边缘充分展开，不但菇体纤维增加，影响品质，还会影响下一潮菇的产量。采收时，一手按住培养料，一手抓住菌柄，将整丛菇旋转拧下，将菌柄基部的培养料去掉，每采完一次菇后，应及时清理、打扫卫生。管理得当，每丛一次可采收300g左右，正常情况下，能收3～4潮菇。

榆黄蘑不耐运输与贮存，如果鲜销，没有及时销售，可存放于5℃冷库中，但贮存时间不宜超过3d，否则菇质会大大降低；如果不能鲜销，可通过快速脱水干燥、盐渍等方法进

行初加工。

扫一扫，看
参考答案

（十一） 转潮期管理

第一茬菇采后，停止喷水，保持温度在 22～28℃养菌，促进菌丝生长积累营养。一般经过 7～10d，再次喷水增加湿度，转入出菇管理。

复习思考题

简述榆黄蘑袋栽关键技术。

任务十二　竹荪栽培

任务目标

⚙ 知识目标 >>>

- 了解竹荪的生理特性。
- 掌握竹荪原料的选择和配制方法。
- 掌握竹荪栽培的铺料方法。
- 掌握竹荪栽培技术。

⚒ 能力目标 >>>

- 会铺料和播种。
- 会管理不同生长时期的棘托竹荪。

相关知识

一、概述

竹荪又名竹笙、竹参、面纱菌、网纱菇、竹菇娘、仙人笠、僧笠蕈等，因其常自然发生在有大量竹子残体和腐殖质的竹林地上而得名，隶属于腹菌纲鬼笔目鬼笔科竹荪属。我国实现人工栽培的种类包括长裙竹荪（*Dictyophora indusiata*）、短裙竹荪（*D. duplicata*）、棘托竹荪（*D. echinovolvata*）和红托竹荪（*D. rubrovolvata*）。其中长裙竹荪味道鲜美，短裙竹荪在我国栽培面积最大。

竹荪是一种营养丰富、香甜味浓、酥脆适口的食用菌，"与肉共食，味鲜防腐"，色、味、香、形四绝。据分析，长裙竹荪干品中含粗蛋白质 15％～22.2％、粗脂肪 2.6％、糖 38.1％，其蛋白质中含有 16 种氨基酸，其中谷氨酸的含量达 1.76％。竹荪还含有维生素 B_1、维生素 B_2、维生素 C 和多种矿物质磷、钾、铁、钙、镁等。竹荪不仅味美，而且有类似人参的补益功效，在云南省竹荪汽锅鸡就是十分出名的具有滋补作用的菜品。经常食用竹荪可以降低血压，减少血液中胆固醇的含量，抗过敏，治疗痢疾，特别是对肥胖者有减少腹壁脂肪积累的良好效果。

竹荪形态优美，具有淡绿色的菌盖、粉红色或褐色的菌托、白色的菌柄和网状的菌裙，因此又有"面纱女郎""穿裙子的少女"等拟人化的美称。竹荪是著名的山珍，素有"真菌之花""真菌皇后""林中君主"等美称，历代均列为贡品。

　　竹荪分布于中国、法国、美国、日本、印度、菲律宾、斯里兰卡等国。我国竹荪资源十分丰富，主要分布在广东、广西、云南、贵州、四川、陕西、湖北、江西、浙江、台湾、吉林、黑龙江、河南等地。我国的竹荪过去长期依赖天然野生，产量稀少，价格昂贵。曾在香港市场上每千克售价 4 000～6 000 港元。20 世纪 70 年代开始人工驯化栽培，多采用熟料室内栽培，虽有成功，但产量低，周期长。近年来，科学工作者对竹荪的生态环境进行了深入研究，发现竹荪与竹类的根系不存在共生关系，只是利用竹类植物的枯枝烂叶营腐生生活，甚至在许多树种的伐桩地下部及秸秆腐叶中也能生长，没有严格的选择性，确认竹荪为腐生性菌类。广东微生物研究所及云南植物研究所的纪大干、贵州的胡广掘等相继从野生竹荪中分离出纯菌种，1982 年广东微生物研究所人工驯化栽培短裙竹荪获得成功。湖南会同县的曾德蓉首先发现棘托竹荪新品种，该品种具有抗逆性强、栽培原料广泛、栽培周期短、出蕾率和成功率高等特点，目前已开发成主栽品种。

二、生物学特性

　　目前人工栽培的 4 个竹荪种类中，棘托竹荪具有抗逆性强、栽培原料广泛、生产周期短、适应粗放管理、产量高、技术易于推广等特点，是我国主要栽培品种，故此处主要介绍该种类的栽培技术。

（一）形态特征

　　竹荪的形态结构分为菌丝体、子实体、孢子、菇蕾 4 个部分。

　　1. 菌丝体　棘托竹荪孢子萌发后形成单核菌丝，也称一次菌丝，较纤细。与可亲和的一次菌丝质配后形成双核菌丝，又称二次菌丝。二次菌丝生长粗壮，有分隔，呈索状生长，它没有进行组织分化，不是菌索（有些资料称之为菌索或三次菌丝都是不恰当的）。棘托竹荪菌丝洁白，在培养基表面匍匐生长，见光不变色，这是其区别于其他竹荪的重要标志。

　　2. 子实体　竹荪子实体原基形成时，在索状菌丝尖端扭结形成小菌球，俗称菌蛋。菌球初期为白色，长有许多小刺。在湿度大、光线弱的环境下小刺长；在光线强、湿度低的环境中小刺逐渐消失。随着菌球长大，颜色逐渐转成咖啡色或暗褐色。成熟的菌球直径 4～10cm，球壁内外膜间由胶体物质组成。外膜如皮膜，柔韧富有弹性；内膜白色，中间半透明的胶质体较厚，是供给子实体生长的营养物质。

　　成熟的子实体由菌盖、菌柄、菌托、菌裙 4 个部分组成。菌盖像一顶钟形的小帽，在菌裙和菌柄的顶端。菌盖高 4～5cm，直径 4～6cm，厚 0.1～0.3cm。菌盖表面布满多角形小孔，小孔内布满墨绿色的孢子液。菌裙像一把伞撑开在菌盖之下，有很多网孔，网孔多角形。菌裙与菌柄等长或超过菌柄，菌裙半边短些，另半边长一些。初期菌裙呈折叠式被压缩在菌盖里面，当菌柄伸长停止时，菌裙才开始放下，此时，子实体散发出浓郁香气。菌柄位于菌盖之下，由白色柔软的海绵状组织构成。菌柄长 15～38cm，中空，圆形，上细下粗。菌托位于菌柄的基部，杯状，底部有数根粗壮的索状菌丝。

　　担子长棒状，有 4～6 枚担孢子。担孢子呈不规则的棒状、长肾状或长卵状，微弯曲。

　　竹荪多在夏秋季单生、群生或丛生于竹林、竹阔叶混交林和阔叶林下的腐殖质土层中。

其中棘托竹荪生于竹林或竹阔叶混交林中，特别是多生于山湾部位的疏残林地，林分郁闭度0.4左右。在我国棘托竹荪主要分布于湖南、贵州；长裙竹荪主要分布于湖北、湖南、浙江、福建、广东、广西、云南、贵州；短裙竹荪主要分布于湖北、浙江、江苏、云南、贵州、四川、广东、河北、黑龙江、辽宁、吉林；红托竹荪主要分布于云南、贵州、浙江。

（二）生活条件

1. 营养　棘托竹荪是一种草腐性菌类，其生长发育所需的养料主要是碳源、氮源、无机盐和维生素，而这些营养物质都来自植物残体。棘托竹荪对营养物质的利用范围较广，没有严格的选择性，既可利用竹类植物枯枝落叶堆积腐烂的腐殖质、赤松下的针叶腐殖质，又可利用芦苇、秸秆等。

2. 温度　棘托竹荪是高温型恒温结实性菌类。菌丝生长时温度范围为15～33℃，适宜温度为26～30℃。子实体形成的温度范围为22～32℃，适宜温度为27～29℃。

在我国已大规模人工栽培的竹荪中，除棘托竹荪外其他3种属中温型恒温结实性菌类。如长裙竹荪的菌丝生长温度为5～30℃，最适温度为23℃左右；子实体分化温度为17～29℃，以20～25℃为适宜。短裙竹荪菌丝生长温度在10～28℃，适宜温度为15～18℃，26℃以上生长缓慢；子实体分化温度为16～25℃，以23～25℃为适宜。红托竹荪与长裙竹荪类似。

3. 水分与湿度　培养料适宜的含水量为65%～70%。菌丝体生长阶段的空气相对湿度为75%～80%，子实体发育阶段为90%～95%。竹荪出菇阶段需要覆土，若没有覆土，子实体不能形成。出菇时土壤的含水量应低于25%，并进行干湿差刺激，有利于原基形成。

4. 空气　棘托竹荪菌丝的生长对培养料的透气性要求严格，需要有很好的透气性。如果培养料中没有加入粗料，则透气性差，菌丝生长极慢。所以，无论是菌种培养基还是培养料，加入粗料，可提高透气性，使菌丝生长快而且健壮。此外，棘托竹荪栽培需要覆土，应选择透气性好的覆土材料，黏土或易板结的红土不能用。

5. 光照　菌丝生长阶段对光不敏感，有光线或无光线菌丝都能生长，菌丝生长过程中见光不变色。在子实体生长发育阶段，适当的散射光有利于原基形成，栽培棚以三分阳七分阴为宜。

6. 酸碱度　菌丝生长阶段，培养基的pH以5.5～6.5为宜。出菇阶段，培养料的pH应为5～6。竹荪在生长过程中，自始至终都需要微酸性的环境，才能形成大量子实体。

7. 生物因素　在自然条件下，竹荪的孢子传播依赖于蜂、蝇等昆虫。在菌丝生长过程中，菌丝体能穿过许多微生物拮抗线而正常生长发育，并照常形成子实体。抗杂能力强于其他食用菌。由此推论，这些与竹荪同生共处的微生物能同时参与有机物的分解，而起到像香灰菌菌丝对银耳所起的有益作用。这一现象在竹荪栽培实践中具有很大的意义。

三、栽培技术

目前竹荪栽培的品种较为混乱，棘托竹荪这一正规名称反而较少使用，人们常把棘托竹荪与其他种类混为一谈。目前应用较多的棘托竹荪品种有D7、D8、D720等，这些品种都是高温型，子实体分化最适温度为28℃，最高温度可达到33℃。而长裙竹荪、短裙竹荪、红托竹荪的品种一般都是中温型，这一点在选择品种和栽培管理时要特别注意。

（一）竹荪室外栽培工艺流程

备料→原料预处理→铺料→播种→覆土→发菌期管理→搭盖遮阳棚→出菇期管理→采收→干制。

（二）栽培季节及场所

1. 栽培季节的确定　棘托竹荪是高温型菌类，适宜的出菇温度为 27～29℃，在夏天出菇最合适。室外栽培，若发菌温度适合，30～50d 可长满菌丝并形成原基，从原基形成到采收需要 20～30d。室外栽培播种期从 11 月至翌年 3 月均可，各地的栽培习惯不同，有的地区在春节前播种，有的则在清明节前后播种。由于出菇季节不变，早播种，发菌时间长，分解基质充分，菌丝体积累的营养丰富，产量高，质量好。在确定栽培季节后，菌种生产应提前安排。一般母种需 13d 长满，原种需 45～60d，栽培种需 30～40d。

2. 栽培场所选择　棘托竹荪一般采用室外栽培，其栽培场所要求水源方便，阴湿背风，土壤疏松不易板结，土壤呈酸性或中性。棘托竹荪室外栽培可与果树或作物套种，可以用柑橘园、香蕉园、经济林、玉米地等。若树冠大，可在树头的两边作畦栽培，四周用草帘挡风保湿，利用树冠遮阳；若树冠小，可在行间作畦栽培，但要搭盖遮阳棚。栽培之前要翻松土壤、晒白，使土壤疏松，最好拌入木屑、谷壳等改良土壤，可提高土壤的透气性。随后整畦，畦宽 110cm、畦沟宽 40cm、高 20cm，在畦内挖一宽槽，槽深 10cm、宽 60～80cm，该凹槽用于铺放培养料。

（三）培养料的选择

栽培棘托竹荪的原料非常丰富，可用竹头、竹枝、竹叶、树头、树枝、树叶，还可利用甘蔗头、甘蔗渣、甘蔗叶、黄豆秆、玉米秆、麦秆、稻草、芦苇、杂草等。各种原料经过切片或切成 5～10cm 的长条，晒干即可。选择何种原料可根据当地资源条件、栽培时间、收获年限等要求来决定。质地硬的材料，菌丝生长速度慢，但收获年限长、产量高，一次播种可采收 2～3 年；质地软的材料，如玉米秆、甘蔗渣、稻草、麦秆等，菌丝生长速度快，但一般只能当年采收，产量略低。硬质材料宜提早播种，软质材料可略迟播种。与作物（如玉米）套种的宜选用软质材料，当年播种，当年受益。此外，培养料应粗细搭配，粗料有利于提高培养料的透气性，细料可填充粗料中的孔洞，有利于菌丝生长。

原料在使用之前，用清水直接浸泡 2～3d，直至劈开粗块后无白芯为止，捞起，沥干水分，铺入畦床。原料也可经过适当的预处理，常用的预处理方法有以下两种。

1. 石灰水浸泡法　播种前 1 周左右，将粗细料装入塑料编织袋内（占 2/3 袋），扎口，竖直放入 2%～3% 的石灰水池内，上置重物（使石灰水淹没原料），浸泡 5～6d，至水池内产生大量气泡，pH 降至 8～9。浸泡的目的是通过碱处理，破坏竹片表面的蜡质层，使部分纤维素降解，以利于竹荪菌丝吸收利用。应注意浸泡后必须用清水将培养料反复冲洗至 pH7.5 以下，以满足竹荪喜酸性环境营腐生的生活习性。也可将培养料从石灰池捞出后，整袋竖立于溪水内，提动袋口进行漂洗使 pH 降至 7.5 以下。培养料沥干至含水量达 65% 左右即可。

2. 石灰水浸泡再发酵法　播种前 1 个月左右，将上述石灰水浸泡后的湿料与未经浸泡的细料混合，再加总用量 1% 的过磷酸钙、3% 的花生饼粉（黄豆、菜子饼粉），含水量控制在 65% 左右。如水分不足，可加些清水。随后立即堆成锥形堆，堆高 80cm、宽 100cm、长

5m。堆面用厚草帘等覆盖（雨天盖薄膜，雨后及时揭膜），堆中部插温度计，当堆温达65℃以上时，进行第一次翻堆，以后每隔6d、5d、4d、3d翻堆一次，最后一次翻堆要补足水分。整个发酵过程20d左右。发酵好的培养料料面出现白色斑点（放线菌），闻之有土香味，含水量为65%。

（四）铺料

1. 培养料配方

（1）全部由竹材组成，主要是半腐熟的竹片，长10～15cm、宽3cm、厚0.5～1.0cm，并配合一部分竹根、竹鞭、竹枝、竹刨花及竹屑等，用量（干重）为25kg/m²。

（2）由小杂木条、豆秸、竹枝组成，其配比分别为80%、10%、10%，长均为3～4cm，小杂木条宽1cm、厚1～2cm，用量为20kg/m²。

（3）甘蔗渣80%，麦麸20%，用量为20kg/m²。

（4）玉米秆80%，长为15～30cm，杂木屑20%，用量为25kg/m²。

2. 铺料与播种 原料按配方的比例要求，预先用上述方法进行预处理或用清水浸泡。铺料之前将浓度为0.1%的辛硫磷拌湿木屑撒在畦面或用茶籽饼水浇灌，以便驱虫，再均匀盖上1cm厚的土块。随后将培养料铺入畦床上，边铺料边播种，通常为三层料夹两层菌种或两层料夹一层菌种。

具体方法：将预处理过的粗料铺入畦槽，厚度为5cm，然后在料面上均匀撒播一层菌种；第二层再堆放粗、细料混合物，厚度为10cm左右，再播一层菌种。然后堆放一层5cm厚的细料盖顶，拍实。使培养料与菌种块接触良好；最后在畦表面覆盖1～3cm厚的腐殖土，再覆盖一层竹叶或茅草叶（图3-12-1）。气温偏低时还可覆盖薄膜保温、保湿。每平方米用干料20～30kg。播种时应注意，菌种不能掰得太碎，

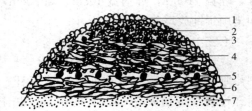

图3-12-1 竹荪栽培撒播法
1. 粗土层 2. 细料层 3、5. 菌种
4. 粗、细料混合物 6. 粗料 7. 畦床

最好呈块状，否则不易萌发，用种量为料干重的18%～20%。该法播种速度较快，适合在大面积生产中使用。

播种后将料面稍压平即可覆土。为了保证菌丝正常呼吸，最好采用规格相近的粗土（花生米大小），覆土层厚度为1～3cm。但含细沙量过高的沙壤土不宜用，否则一旦喷水或淋雨后易板结。土粒偏干时用清水逐渐调湿。较干燥地区最好在畦面再盖上10cm厚的松针或茅草、芒萁骨等遮光，每平方米用料量为5kg。

覆土后，为了提高料温和保湿，应在畦上搭塑料拱棚。如果是利用荒坡荒地，没有树冠遮阳，还应搭盖遮阳棚。

（五）发菌期管理

播种后的管理主要是做好保温保湿及通风换气工作。由于此季节气温低、雨水多，拱棚上的塑料薄膜要盖好，提高料温并保湿，最好控制料温在20℃以上。每天要打开拱棚两端薄膜通风换气30min。如果土面干燥发白，应喷适量清水，保持覆土层湿润。

菌丝在料层内蔓延的速度与栽培原料种类及质地有关。若以秸秆为主要栽培原料，一般播种覆土后30～50d长满培养料，并爬上覆土层，此时应加大畦面湿度，不使畦面

的遮盖物干燥。待菌丝布满畦面开始直立时，再降低湿度，一周不喷水，促使菌丝倒伏，形成原基。从播种到菌球形成需50～70d（视气温而定）。以秸秆为主要栽培原料时，虽然菌球形成较快，但一般仅能采收两潮菇，翌年因培养料已耗尽而不再出菇。以碎竹枝和碎木块为主的培养料，则从播种到菌球出现的时间比秸秆长很多，需要60～80d，但产菇潮次、菇蕾密度、单位面积产量均高于以秸秆为主的培养料，甚至翌年春末还会出菇。

（六）出菇期管理

1. 菌球期管理 索状菌丝形成后，受到温差（10℃）和干湿交替环境的刺激，在表土层内形成大量的原基，经过8～15d原基发育成小菌球，露出土面。

菌球发育要求空气相对湿度为85%，温度不超过32℃，每日午后注意通风。菌球初期白色，外表布满白色短刺，随着菌球迅速膨大，颜色由白转灰（颜色的深浅与栽培场所光线强弱有关），菌球表面刺突逐渐消失，残留在菌球外成褐色斑点。靠近菌球基部有时仍长有白色卷须状的菌刺，随着菌球的发育，外包被逐渐龟裂，出现不规则的龟斑。

菌球形成后，管理工作的重点是保湿和通风。要维持拱棚内有较高的空气相对湿度（85%～95%），以薄膜内有小水珠聚集，但不滴下为度。每天将拱棚两端薄膜打开换气30～60min。气温回升至25℃以上，除下雨外，均将薄膜架在拱棚顶。

2. 子实体形成期的管理 当菌球由近扁形发育进入蛋形期时，管理重点是维持畦床面上小区的空气相对湿度85%～90%，同时增加光照，以利于诱导菌球破口。具体措施：每日根据天气状况及畦面土块的干湿度决定喷水次数和喷水量，通常以喷水后土粒湿度为标准，即捏之会扁，松开不粘手。土壤含水量控制在20%左右。

若畦面湿度不足时，常会导致菌球缺水性萎缩，一般菌球色泽变黄、外包被表皮呈皱褶状、柔软、肉质白色、闻之无味，多是因为播种时培养料水分偏低，栽培管理中过分失水，菌球形成后空气相对湿度不足所致。因此应于傍晚向畦沟内灌水，翌日排出，以提高水分含量。

若畦面湿度过大，常会形成水渍状菌球，菌球色泽变褐色至深褐色，外包被表皮呈皱褶状，肉质呈褐色、质脆，闻之有臭味，底层栽培料变黑甚至积水。原因包括：①栽培场土质过于黏重，喷水过重，造成"渗漏"；②下雨时未能及时覆盖薄膜遮雨；③畦沟面高于畦床底，造成积水，使菌丝不能很好地分解底层培养料；④覆土块含沙量过高，喷水过度，土块松散，造成板结，影响畦内水分蒸发。一般采用深挖畦沟，排除积水，用团粒结构的土覆土，栽培畦凿孔，加速蒸发等办法解决上述问题。

随着菌球的发育，其外形逐渐由扁球形发育成椭圆形，再进一步演变成桃形（菌球顶部出现小突）。桃形菌球的出现，预示菌球即将破口，桃形菌球通常在清晨形成。

棘托竹荪菌球破口多在清晨5—6时开始。首先在桃形菌球顶尖出现"一"字形的裂口，菌盖突破外包被，随后菌柄伸出。当气温偏高时，菌球顶端外包被组织失水，有时不易破口，从而造成菌球侧面强行撕裂，造成菌柄弯曲，易折断，影响等级。此时，应用小刀及时"助产"，割断部分仍连接的外包被，使菌柄正常伸长。

菌柄破口伸出后，其伸长速度极为迅速，仅需数十分钟，菌柄伸长高度就可达10～20cm。30～60min后（视畦床温度及空气相对湿度），菌裙从菌盖下端开始向下放裙。此时空气相对湿度若低于80%，菌裙撒放速度很慢，甚至一直不放下，此时可喷雾增加空气相对湿度，也可用采后催撒裙的办法解决。正常情况下，从开始撒裙至撒裙结束仅需10～20min，空气相对湿度高，菌裙开张角度较大；相反，菌裙呈下垂状，随后菌盖潮解，污绿色孢子液流下，该孢

子液会沾污白色菌裙，且很难洗净，从而影响等级，故及时采收甚为重要。

3. 越冬管理 竹荪是"一年播种，两年收"的菌类。当畦面气温降至16℃以下时，就停止出菇。若栽培原料中粗料比较大，翌年还有希望出菇，应抓好清场补料和防寒越冬工作。

（1）清场补料。扒开畦床上的覆土层，清除畦床老菌丝的栽培料，添补新的粗、细料（每平方米补充5～10kg新料）。覆土，保温过冬。

（2）防寒保温。冬季气温较低，高纬度和高海拔地区更应注意做好防寒保温工作。通常卸下拱棚架的竹弓，将薄膜直接贴紧畦面，用土块压住，定期掀膜通风换气，并少量喷水。翌年气温回升后再分次喷水，调整湿度。

（七）采收

当竹荪菌裙达到最大开张度时，便及时采收，否则0.5h就开始萎蔫、倒伏。采收时，用小刀切割菌托基部索状菌丝，切勿用手强拉硬扯，否则菌柄易断。采后弃掉菌盖和菌托。若菌裙上沾有孢子液，可用清水漂洗。

由于竹荪成熟较为一致，污绿色孢子液易沾污菌裙。为了提高产品等级，常在竹荪子实体未撒裙之前就采收。采后马上用小刀切去菌盖顶2～3mm，再在菌盖上轻轻纵切一刀，剥离掉菌盖污绿色组织，放于竹篮内带回。放于预先洒湿的水泥地面上，一朵朵摆好，不定点放置砖块，再盖上薄膜，以维持薄膜内较高的空气相对湿度。在此环境下，由于后熟作用，菌裙依然会正常放裙。随后将之置于铺有纱布的竹筛上鼓风烘干。按子实体的大小、色泽、完整程度进行分级。一级：长12cm以上，宽4cm，色白，完整；二级：长10～11cm，宽3cm，色稍黄；三级：长8～9cm，宽2cm，色黄，略有破碎；四级：等外品，长7cm以下，色深，有破碎。

扫一扫，看
参考答案

复习思考题

1. 竹荪有何营养价值和药用价值？
2. 棘托竹荪有何特点？其栽培技术要点是什么？
3. 竹荪采收时的注意事项有哪些？

任务十三　茶树菇栽培

任务目标

知识目标 >>>
- 了解茶树菇的生物学特性。
- 掌握茶树菇的栽培管理技术。

能力目标 >>>
- 会栽培茶树菇。

相关知识

一、概述

茶树菇〔*Agrocybe aegerita*（DC. Fr）R. Maire〕又名柱状田头菇、柱状环锈伞、杨树菇、茶树菇、油茶菇、杨鳞耳、柳环菌、柳菇和柳松茸等，隶属于担子菌纲伞菌目粪锈伞科田头菇属。

茶树菇是一种食用兼药用菌类，其菌柄脆嫩，香气浓郁，味道鲜美。每 100g 茶树菇干品含蛋白质 19.6g、脂肪 2.1g、糖类 30.3g。茶树菇含有 18 种氨基酸，其中人体必需的氨基酸含量较高，尤其是赖氨酸含量高达 1.75%，比金针菇的含量还高，还含有丰富的 B 族维生素、丰富的矿质元素及大量的多糖。

茶树菇性平、甘温、无毒，有清热、平肝、明目的功效，可以补肾壮阳、利尿、渗湿、健脾、止泻，民间常用于治疗腰酸痛、胃冷、肾炎水肿、头晕、腹痛、呕吐、头痛等症，还具有降压、抗衰老和抗癌等功效。现代医学研究表明，茶树菇含有大量的抗癌真菌多糖，其提取物对小白鼠肉瘤 180 和艾氏腹水瘤的抑制率为 80%～90%，故人们将其称为"中华神菇"。

茶树菇的人工栽培最早始于南欧（公元前 50 年），但其栽培方法极为原始，即把长过茶树菇的木头埋于土壤，使之继续生长。1550 年，有人把茶树菇捣烂，撒于木头上，再盖上土壤进行栽培。1950 年，Kersten 曾用大麦皮和碎稻草栽培茶树菇。1974 年，法国巴黎国立自然历史博物馆隐花植物研究所的 R. Cailleur 和 A. Doip 对茶树菇的生物学特性进行了研究。1980 年，铃木敏雄等人对茶树菇的生育条件进行了研究。1981 年，捷克的 I. Jablonsky 用玉米芯作为培养基对茶树菇的生物化学和生理变化进行了研究，从而为茶树菇的人工栽培奠定了基础。我国福建三明真菌研究所最早在国内对茶树菇进行了驯化培育，并于 1972 年在福建分离到第一株野生茶树菇纯种。自 20 世纪 80 年代以来，我国开始了茶树菇的生物学特性及栽培技术研究，并开始零星栽培。目前，我国福建、江西、上海等地的茶树菇已形成规模栽培，产品出口新加坡、日本等国，福建古田是我国最大的茶树菇生产基地。

二、生物学特性

（一）形态特征与生态习性

茶树菇由菌丝体和子实体组成。

1. 菌丝体　菌丝体丝状，菌丝为白色，绒毛状，有分枝，具隔膜，形成锁状联合。菌丝匍匐生长，气生菌丝不发达。单核菌丝细弱，分枝角度小，生长缓慢，生活力较差；双核菌丝粗壮，分枝角度大，生长较快，生活力强。

2. 子实体　子实体单生、双生或丛生。菌盖直径 2.0～9.5cm，表面光滑，初为半球形，暗红褐色，后渐变为扁平，淡褐色或土黄色，边缘淡褐色，有浅皱纹，成熟后菌盖常上卷，边缘破裂。菌肉白色，略有韧性，中部较厚，边缘较薄。菌褶片状，细密，几乎直生，初白色，成熟后咖啡色。菌柄长 3～9cm，直径 4～10mm，中实，纤维质，脆嫩，表面有纤维状条纹，近白色，基部常污褐色。菌环膜质，生于菌柄上部。孢子椭圆形，淡黄褐色，表

面光滑，大小为（8.0～10.4）μm×（5.2～6.4）μm。孢子印褐色。

茶树菇原生长在温带及亚热带地区，春、秋季生于油茶树、杨树、柳树、榆树、二球悬铃木、榕树、小叶榕、枫树等阔叶树的树干或树桩的腐朽部分和根部。它分布于我国、日本及北美洲东南、南欧各国，在我国主要分布于福建、江西、台湾、云南、西藏、贵州、浙江等地。

（二）生活条件

1. 营养　茶树菇属木腐性菌类。菌丝利用纤维素的能力较强，利用木质素的能力较弱。对有机氮的利用较好，在人工栽培时，培养料中加入米糠、麦麸、玉米粉、各种饼粉等富含蛋白质的原料，以利于菌丝生长，缩短发菌周期。

2. 温度　茶树菇属中温型恒温结实性菌类。菌丝生长温度5～34℃，适宜温度为24～28℃；子实体分化适宜温度18～22℃，品种不同，对分化温度的要求也有所不同；子实体生长温度10～30℃，适宜温度20～25℃。原基分化不需要温差刺激，也不需要低温刺激，但在较低温度培养一段时间，再转入18～25℃培养，可使出菇整齐，提高子实体的商品性。

3. 水分和湿度　培养料含水量65%～70%时菌丝生长较快。菌丝生长期间，空气相对湿度以60%～70%为好；子实体生长阶段，以85%～90%为宜。湿度过高，菌盖极易开伞；湿度过低，菇体干瘪，生长受阻。

4. 空气　茶树菇属好气性菌类。发菌期和出菇期均应有充足的氧气，通风不良则菌丝生长极为缓慢，原基分化慢，但茶树菇属于食柄性菌类，在子实体生长阶段适当提高菇房内二氧化碳浓度，会形成柄长、盖小的优质商品菇。

5. 光照　茶树菇属喜光性菌类。菌丝生长不需要光照。子实体生长期间，需要250～500lx的散射光，光线不足，出菇慢，子实体颜色浅，菇脚长。茶树菇子实体有明显的趋光性，栽培时不可随意改变光源方向，以免发生畸形菇。

6. 酸碱度　茶树菇喜偏酸性环境，菌丝在pH 4～7范围内均可生长，适宜pH 5.5～6.5。茶树菇在出菇代谢过程中产生的有机酸很少，因此菌料表面和内部pH变化不大，常保持在pH 5.77～5.87。原基分化及子实体生长发育所需的pH一般为5.0～6.0。

三、栽培技术

（一）栽培工艺流程

原料处理→拌料→装袋→灭菌→冷却→接种→发菌期管理→催蕾→出菇期管理→采收→干制。

（二）栽培季节选择

根据茶树菇子实体生长对温度的要求，我国大部分地区可在春季和秋季栽培。华北地区，春栽3月中旬至4月末制袋接种，秋栽7—8月制袋接种；长江中下游地区春栽2—3月制袋接种，秋栽8—9月制袋接种；华南地区春栽2月下旬至4月上旬制袋接种，秋栽8—9月制袋接种。

（三）培养料处理

茶树菇栽培原料丰富，通常以木屑为主料，辅以棉籽壳、麦麸、米糠和玉米粉。木屑要求新鲜干燥，粗细适中，无霉变；棉籽壳应新鲜干燥、颗粒松散、色泽正常、无霉变；麦麸或米糠都必须新鲜，无霉变，无虫蛀。生产上常用的培养料配方有以下几种：

（1）杂木屑 36％，棉籽壳 36％，麦麸 20％，茶籽饼粉或豆饼粉 1％，玉米粉 5％，石膏 1％，糖 1％。

（2）棉籽壳 83％，麦麸 10％，玉米粉 5％，糖 1％，石膏粉 1％。

（3）杂木屑 73％，麦麸 20％，玉米粉 5％，糖 1％，石膏粉 1％。

（4）木屑 37％，玉米芯 37％，麦麸 23％，石膏粉 1％，糖 1％，石灰 1％。

（5）蔗渣 39％，棉籽壳 39％，麦麸 20％，糖 1％，石膏粉 1％。

（四）拌料

人工或机械拌料，但不管哪种拌料方式，要做到拌料三均匀，即粗料与精料均匀，干湿均匀，酸碱均匀，最后测定水分含量和酸碱度，装袋前含水量 65％左右，pH 7.0～7.5。

（五）装袋

人工或装袋机装袋，选用（15～17）cm×（33～38）cm、厚 0.004cm 的聚乙烯或聚丙烯塑料袋。装料要稍压实，料面平整，松紧一致，以免后期周身出菇。装好袋后，在料中央用打孔棒打一个深 10cm 左右的洞穴。

（六）灭菌

常压蒸汽灭菌 100℃保持 8～10h，高压蒸汽灭菌 128℃，0.147MPa 压力下维持 2h。

（七）接种

料袋内培养料温度降至 30℃以下时即可接种，接种时严格要求无菌操作。先除去表层 1～2cm 的老化菌种，将菌种分成蚕豆大小。茶树菇菌丝生长稍慢，要加大接种量，每瓶（500mL）菌种接 15～20 袋。

（八）发菌期管理

发菌期间培养室要保持干燥，空气相对湿度不超过 70％。经常通风换气，保持室内空气新鲜。室内保持黑暗，可有微弱的散射光照。每隔 7～10d 对菌袋全面检查一次，及时处理杂菌污染及其他发菌异常的菌袋。

接种后前 7d 保持室温 26～28℃，促进菌丝萌发定植。7d 后，保持室温 23～25℃。接种后 20d 左右，外部料面菌丝封满，内部菌丝缺氧，生长速度慢，有的甚至停止生长。此时可用铁钉、针锥等工具进行刺孔增氧。刺孔后 1～2d 菌丝体生长旺盛，释放出大量热量，使袋温上升，一定要注意采取相应的降温措施，以免造成烧菌。一般接种后适温下 40～50d 菌丝完全发满。

（九）催蕾

将长满菌丝的菌袋直立排放在床架或畦床上，菌袋上盖一层报纸或无纺布。料面初时有黄色水珠，继而变为深褐色，而后分化原基，形成小菇蕾。每天向空中、墙壁、地面喷雾，空气相对湿度保持在 85％～95％，保持报纸或无纺布湿润但不积水。温度控制在 18～26℃，加强通风换气，增加散射光照。一般经过 10～15d，小菇蕾即可大量发生。

在催蕾过程中，若培养料水分含量或环境中空气相对湿度低，或者气温较高，已分化的原基就会萎缩死亡。因此，在自然气温偏高时，不要急于催蕾。若原基已开始形成，则可采取降温措施，并注意保湿和调节干湿差。在割袋管理过程中，若给予过多的震动刺激，尤其是当菌袋上方 1/3 部位的菌丝体受到震动刺激时，会过早地形成子实体，造成小蕾、密蕾，

从而降低产品的质量和产量。

（十）出菇期管理

子实体生长期间温度控制在15～26℃，空气相对湿度保持在85％～90％，主要靠地面喷水和空中喷雾等方法维持湿度，喷雾时要防止水珠溅落在子实体上，以免造成腐烂或影响品质。小菇蕾生长整齐后，在袋口套一个稍大的塑料袋，适当提高小环境的二氧化碳浓度，加速菌柄生长，抑制菌盖张开，并适当增加散射光照，促使形成粗壮、色深的子实体，提高菇体商品质量。

（1）秋菇管理。秋季出菇期间，自然气温逐渐从28℃下降到10℃左右，空气干燥，昼夜温差越来越小，12月底进入低温期。前期气温偏高，因而保湿、补充新鲜空气及防治杂菌是管理重点。中秋后气温渐凉，温差拉大，应利用温差，保湿、增氧、增加光照，以促进出菇，后期气温较冷，管理的主要工作是增温、保温和保湿。

菌袋转色后7～8d，第一茬菇开始形成。此时，应注意通风换气和增湿，可采用喷雾调湿、覆盖薄膜保湿的措施。当气温降到23℃左右，每天早、中、晚各通风一次；当气温降至18～23℃时，每天早晚各通风一次；当气温降至18℃以下时，可每天通风一次，维持空气相对湿度在90％左右。

（2）春菇管理。春菇期间，气温由低向高递升，气候温和，空气湿润，雨量充沛，自然温度和湿度均提高，适合茶树菇菌丝的生长和出菇。管理要点是降低湿度，防止杂菌污染。加强通风换气，保持菇棚内清洁。如后期气温升高，管理上应采取相应降温措施。如加厚遮阳物，搭野外遮阳棚，创造阴凉环境。畦沟内灌水保持棚内湿润，每天午后向棚顶喷水，降低棚内温度。

（十一）采收

当子实体菌盖呈半球形，直径2～3cm，颜色逐渐变淡，菌膜未破裂，孢子尚未大量散发时及时采收。避免过度成熟，造成菌膜破裂，菌褶变成褐色，孢子成熟散发落在菌盖上，降低商品价值。

采收时用手轻握菌柄，旋转菌袋，整丛采下，要注意轻拿轻放，不使菇体挤压或折断菌柄。采收后，因菇体组织内酶继续作用，易发生褐变，影响菇的商品价值。因此，要及时进行保鲜处理或加工制干。

（十二）采后管理

去除菌袋上残留的老菌柄和萎缩的菇蕾及幼菇，搔去老菌皮。一般搔菌厚度为0.2～0.3cm。然后将袋口捏拢，保持温度24～28℃，停水5～10d，让菌丝恢复生长。待料面见到气生菌丝时进行补水。

补水后重新进行出菇管理。一般可采3～5潮菇，生物学效率可达80％左右。对于两头接种的菌袋，出完第一潮菇后，可将菌袋反转过来，让另一头出菇。从第二潮菇开始，菌袋可能周身出菇，应从菇蕾发生处破袋排放，进行管理。也可以进行覆土出菇。

（十三）干制

茶树菇子实体细长，易烤干。把采收下来的鲜品分拣后摊放在竹筛上进行烘烤，起始温度35℃，以后慢慢上升，最高不能超过60℃，以免温度过高影响质量。干品含水量应在13％以下，稍散热后，及时定量装入塑料袋内，密封袋口。

1. 简述茶树菇的栽培现状与发展前景。
2. 试述延长茶树菇出菇时间，提高盖小柄长的优质菇产量的主要管理措施。

扫一扫，看
参考答案

任务十四 巴西蘑菇栽培

任务目标

◎ **知识目标 >>>**

● 了解巴西蘑菇的生理特性。
● 掌握巴西蘑菇发酵料的制作技术。
● 掌握巴西蘑菇覆土处理方法。
● 掌握巴西蘑菇栽培技术。

人 **能力目标 >>>**

● 能制作发酵料。
● 会栽培巴西蘑菇。

相关知识

一、概述

巴西蘑菇（*Agaricus blazei*）又名姬松茸、小松菇，隶属于担子菌亚门伞菌纲伞菌目蘑菇科蘑菇属，原产于巴西秘鲁，是一种夏秋生长的草腐菌，多生于高温、多湿、通风的环境中。巴西蘑菇是一种珍稀的食用兼药用菇类，具高蛋白、高糖类、高矿物质及低脂肪，食用价值和药用价值均较高。子实体盖嫩柄脆，味纯清香，口感鲜美，具杏仁香味，菌盖嫩，菌柄脆，口感极好，含有 18 种氨基酸，其中包括人体必需的 8 种氨基酸，还含有多种维生素和麦角甾醇。其所含甘露聚糖对抑制肿瘤、医治痔瘘、防治心血管病等都有疗效，具有抗癌、增强身体免疫力的效果，是化疗后癌症患者的辅助保健用品。

巴西蘑菇是由日裔巴西人古本隆寿于 1965 年夏天在巴西圣保罗发现并分离得到的菌株，其被赠送给日本三重大学农学部教授岩出亥之助先生。此后两人分别在巴西和日本两国进行了园地栽培和室内栽培的研究。1972 年古本隆寿首先获得人工栽培试验成功；与此同时，岩出亥之助在室内进行高垄栽培法研究，经过几年试验性栽培，也于 1975 年获得了成功，形成了现在的室内栽培法。据报道，早在 20 世纪 90 年代初期巴西就已经开展了巴西蘑菇的产业化栽培，其产品主要以鲜销、出口为主；如今，日本、中国以及韩国等地均陆续实现了巴西蘑菇的工厂化生产。我国的巴西蘑菇人工栽培始于 1991 年，四川省农业科学院鲜明耀赴日本考察并带回了巴西蘑菇菌株，于当年开展栽培试验，摸索出了一套适合我国气候条件

的栽培技术。1992年福建省农业科学院引进了巴西蘑菇菌种栽培，获得成功，并对其生物学特性、栽培工艺等开展了较多研究。

二、生物学特性

（一）形态特征

1. 菌丝体 菌丝白色，粗壮，分枝多，无锁状联合。

2. 子实体 巴西蘑菇子实体多群生（图3-14-1）。菌盖初为浅褐色，成熟后为棕褐色，菌盖直径5～11cm，初为扁圆半球形，逐渐呈馒头形后平展，顶部中央平坦，表面有淡褐色至栗色的纤维状鳞片，盖缘有菌幕的碎片。菌盖中心的菌肉厚达11mm，边缘的菌肉薄，菌肉白色，受伤后为淡橙黄色。菌褶离生，密集，宽8～10mm，从白色转肉色，后变为黑褐色。菌柄圆柱状，中实，长4～14cm，直径1～3cm，上下等粗或基部膨大，表面近白色，

图3-14-1 巴西蘑菇

手摸后变为近黄色。菌环以上最初有粉状至棉屑状小鳞片，后脱落变平滑，中空。菌环大，上位，膜质，初白色，后淡褐色，膜下有带褐色棉屑状的附属物。孢子阔椭圆形至卵形，没有芽孔，孢子印黑色。

（二）生活条件

1. 营养 巴西蘑菇是草腐菌，对养分的要求与双孢蘑菇相似，与双孢蘑菇不同的是巴西蘑菇还能较好地利用木屑。栽培时主要以稻草等富含纤维素的原料提供碳素营养。可以利用的氮源包括有机氮和无机氮，生产上主要以牛粪、麦麸、玉米粉、尿素、碳酸氢铵等作为氮素营养。此外还需要少量的无机盐（如钙、钾、镁）及微量元素（铁、锰、锌等）。巴西蘑菇对重金属镉有较强的富集作用，培养料中微量的镉（10mg/kg以下）能促进菌丝生长和子实体形成，并能在子实体中富集，子实体中镉含量可达到800mg/kg。

2. 温度 巴西蘑菇属中温型菌类。菌丝生长温度10～36℃，适宜温度22～26℃。10℃以下或36℃以上菌丝生长速度极慢，超过45℃菌丝死亡。29℃时菌丝虽然生长最快，但菌丝较弱，老化快。子实体生长发育的温度为16～32℃，适宜温度为22～25℃。25℃以上子实体生长快，从扭结至采菇只需要5～6d，但菇薄、轻、不健壮，品质差；在18～22℃，子实体生长缓慢，从菌丝扭结到采收需11d左右，但柄粗，菇盖厚，不易开伞，品质好，商品价值高。

3. 水分 菌丝体生产阶段要求培养料适宜含水量60%～65%，发菌期要求菇房空气相对湿度在70%～75%，出菇期以85%～90%为宜。覆土层的含水量应维持在60%～65%。出菇期水分不足，菌丝生长缓慢、细弱，菇蕾难以形成，已形成的菇蕾干缩致死；水分过多，通气不良，若遇高温易长胡桃肉状菌，影响呼吸作用，易造成烂菇或死菇。

4. 光照 菌丝生长发育不需要光线。子实体分化和子实体生长发育需要一定的散射光，没有光照刺激不会形成原基，不能有直射光线，光线不能过量，以七分阴三分阳为好。光线

过强，空气相对湿度降低，从而使菌盖鳞片上卷，菇柄龟裂，降低品质。

5. 空气　巴西蘑菇是一种好氧性真菌。菌丝生长和子实体生长发育都需要充足的氧气。子实体生长发育阶段比菌丝体生长发育阶段需要更多的氧气，更要注意通风换气。若通气不良，菌丝生长缓慢，易形成柄长盖小的畸形菇，严重时菇蕾变黄、枯萎，甚至死亡。

6. 酸碱度　巴西蘑菇菌丝在 pH 3.5～9.5 的基质中均可生长，适宜 pH 为 6.5～7.5，覆土适宜的 pH 为 7。

三、栽培技术

（一）栽培工艺流程

备料→前发酵→铺料→后发酵→冷却→播种→发菌期管理→覆土→出菇期管理→采收→转潮期管理。

（二）季节的安排

根据当地气候条件和巴西蘑菇生长发育特点来安排生产栽培季节。巴西蘑菇在春、秋季均可栽培。春栽 2—4 月堆料播种，秋栽 7—8 月堆料播种。低海拔地区可延长至 4—5 月播种，6—7 月收菇。播种后经 40～50d 开始出菇时，气温能达到 20～28℃为好。各地气候条件不同，播种期应灵活掌握。一般秋栽比春栽好，春季前期气温较低，培养料堆制的质量不好，播种后菌丝生长慢，后期温度较高，出菇时间短，病虫害较严重。

（三）培养料的选择

栽培巴西蘑菇可供选择的培养料种类很多，应当根据当地资源情况就地取材。稻草、甘蔗渣、棉籽壳、玉米秆、玉米芯等农副产品下脚料均可采用。原料要求新鲜、无结块、无霉变。玉米芯粉碎成玉米粒大小的颗粒状；木屑使用前要过筛，或拣去大木柴棒，以免装袋时刺破料袋。常用的培养料配方有以下几种：

（1）稻草 55%，牛粪 41%，石膏粉 1%，碳酸钙 1%，石灰 1%，过磷酸钙 0.5%，尿素 0.5%。

（2）稻草 59%，牛粪 39.4%，石膏粉 0.6%，石灰 0.6%，尿素 0.4%。

（3）稻草 80%，麦麸 12%，干鸡粪 3%，石膏粉 2%，过磷酸钙 2%，尿素 1%。

（4）稻草 24%，甘蔗渣 25%，牛粪 43%，麦麸或花生饼 3.4%，石膏粉 1.5%，过磷酸钙 1.5%，石灰 1%，尿素 0.6%。

（5）玉米秆 36%，棉籽壳 36%，麦秸 11%，干鸡粪 15%，碳酸钙 1.5%，尿素 0.5%。

（6）稻草 42%，棉籽壳 42%，牛粪 7%，麦麸 6.5%，钙镁磷肥 1%，碳酸钙 1%，磷酸二氢钾 0.5%。

以上配方中的稻草也可用麦秸代替。

培养料主要有发酵料和熟料两种，比较常见的是以草料和牛粪的混合物为主的发酵培养料。在制作培养料的过程中一定要对重金属物质进行严格控制。在选择最合适的培养基的过程中，需要根据巴西蘑菇的生长习性，对培养料的物质比例进行严格控制，将碳源与氮源的比值控制在（30～33）∶1；在培养料逐渐发酵之后，需要将碳源与氮源的比值控制在（17～18）∶1，并且发酵之后的培养料中含氮量需要控制在 1.6%～1.8%。在不同地区培养巴西蘑菇的过程中，需要根据当地的生长环境，确定培养料物质含量。

（四） 培养料的发酵

培养料的发酵是巴西蘑菇栽培成功的基础。发酵方法分为一次发酵法和二次发酵法，目前生产上多采用二次发酵法。

1. 前发酵 包括堆料和翻堆。建堆前先将稻草、麦秸预湿浸泡2～3h，捞起预堆1～2d，禽畜粪打碎，加适量水搅拌均匀后预堆1～2d。建堆时先在地面上铺一层15～20cm厚的湿稻草或秸秆，撒上一层石灰，然后将粪料均匀撒在上面，厚约5cm，同时将其他辅料撒在粪料上，如此一层层堆制，最顶层盖稻草。堆宽1.8～2.0m、高1.5～1.8m，长度不限，堆顶呈龟背形。每隔1m插1根粗竹竿通气。最外层撒上石灰，并注意防风、避雨。

当料温上升至65～70℃时进行第一次翻堆，结合翻堆加入尿素、碳酸氢铵、过磷酸钙和1/2的石灰，其作用除增加钙元素外，还能促进微生物分解，使培养料的pH不至于变化过大。翻堆后当堆内温度达到65～70℃时，进行第二次翻堆，并加入石膏粉、碳酸钙和余下的石灰。前发酵一般翻堆4～5次，翻堆间隔时间分别为4～6d、4d、3d、2d。翻堆时通常不加水，整个发酵期15～21d。每次翻堆时要上下、内外对翻。

2. 后发酵 巴西蘑菇可采用室内床架式栽培，也可采用室外畦式栽培。若采用室内床架式栽培，应把经发酵的培养料及时搬进菇房，上架，密闭菇棚，靠太阳辐射增温，一般8月白天棚内温度可上升至60℃左右，晚上覆盖草帘保温，如此5～7d。可采用汽油桶改装成的蒸汽发生炉加热，通入蒸汽或生火升温，使室温上升至55～60℃，保持8～12h，然后降至48～52℃保持3d。保温过程中，每天小通风1～2次，每次几分钟。如采用室外畦式栽培，将前发酵的培养料趁热移入菇棚畦面上，堆成高1m、宽0.8～1.0m的料堆，料堆上打通风口。

发酵结束后，培养料呈深咖啡色，腐熟均匀，富有弹性，无氨味和臭味，培养料柔软而有弹性，一拉即易断裂，有白色放线菌菌丝，培养料含水量65%左右，pH 7.0～7.5。

（五） 铺料

培养料发酵完成后，打开门窗通风，当料温降至28℃左右时铺料，把培养料均匀分摊于各层架上，料厚15～20cm，厚薄一致，床面平整。

（六） 播种

播种方法有穴播、撒播等，一般每平方米用1.5～2瓶（750mL菌种瓶）菌种。麦粒菌种一般采用撒播法，先把70%菌种轻翻入料内，余下30%菌种捏碎均匀撒播在料面上。粪草菌种以穴播为好，播种时种块瓣成直径约3cm大小，穴距10cm×10cm，穴深为料厚的1/2。播后用木板将料面稍拍平压实，使菌种与培养料紧密结合，再在表面撒一层薄薄的培养料，在料面上盖一层报纸或塑料薄膜，以便保温、保湿。

（七） 发菌期管理

播种后的3～5d以保湿为主，要密闭发菌，防止菌种块和料面干燥，促使菌丝恢复生长和吃料。菇房温度保持在22～27℃，空气相对湿度75%左右。5d后当菌种块萌发，菌种块上的菌丝发白，有绒毛状菌丝长出，并向料内生长时，可开背风窗进行小通风，每天通风一次，并逐渐增大菇棚的通风量，促使料表面干燥，使菌丝向料内蔓延。播种后7～10d菌丝基本封面后，可加大通风。发菌期应避光培养，保持空气新鲜。在发菌期间，要经常检查病虫害发生情况，一旦发现要及时防治。

室外种植播种后要用地膜覆盖畦床，保温保湿。播种后 5d 内一般不必揭开地膜，也不用喷水，第六天揭膜通风。空气相对湿度以 80％左右为宜，若料面干燥应喷水保湿。

（八）　覆土及覆土后管理

一般播种后 20d 左右，当菌丝布满料面，并深入到料层 2/3 处时，就可覆土。覆土非常重要，覆土用的土粒不能太坚硬，以不含肥料、新鲜、保水、通气性能较好的大土粒最好，一般选用田底土，含水量为 65％～70％。

1. 土质要求　应用干净的稻田土（地表 20cm 以下），覆土前 3d 喷洒 0.2％的甲基硫菌灵或者多菌灵溶液，拌入土重 1％～2％的石灰，覆膜消毒 24h。后揭膜，调节水分（手握成团，落地能散），pH 调至 7.2～7.5。

2. 覆土　覆土直接影响巴西蘑菇的产量和质量，覆土的选择与处理同双孢蘑菇栽培相似，最好采用二次覆土法。具体做法：先覆一层土粒直径 1.5cm 的粗土，厚度掌握在 2.5～3.0cm。经 3～5d，待菌丝长入粗土近 1/3 时再覆土粒直径 0.5cm 的细土，厚度掌握在 0.8～1.5cm。

3. 覆土后管理　覆土后管理的重点是水分管理，要始终保持覆土湿润，以土粒捏得扁、无白芯为度。当土壤表面干燥变白时，就要及时喷水，每次喷水量不要过多，要做到轻喷、勤喷，避免出现通气不良，阻碍菌丝向土层生长。覆土后温度保持 18～28℃。覆土后盖膜 2～3d，减少通风量，5d 后正常通风，使菌丝尽快长出料面进入土中。

（九）　出菇期管理

巴西蘑菇从播种到出菇需要 40d 左右，子实体开始长出。当土表出现米粒大小的白色原基时应喷重水，用水量 2～3L/m²，分 2d 喷完，每天喷 3～4 次，并加大通风量。当大部分原基长至黄豆粒大小时，喷水量为 1～1.5L/m²，2d 内分多次喷完。当菇蕾长到 2～3cm 后，一般不再向覆土层直接喷水。出菇后应保温、保湿和通风，空气相对湿度保持在 90％左右，温度为 20～25℃，菇房以七分阴三分阳为宜。出菇后要消耗大量氧气，并排出二氧化碳，所以在出菇期间必须十分注意通风换气。

出菇期温度以 20～25℃为好。若早春播种的，出菇时气温偏低，可罩紧薄膜保温保湿，并缩短通风时间和次数。夏初气温超过 28℃时，可以在遮阳棚上加厚遮阳物，全天打开罩膜通风透气，创造较阴凉环境。室内种植时，也要注意门窗遮阳，并早晚通风。

（十）　采收及处理

巴西蘑菇的采收适期是菌盖刚离开菌柄之前的菇蕾期，即菌盖含苞尚未开伞，表面淡褐色，有纤维状鳞片，菌褶内层菌膜尚未破裂时采收为宜（图 3-14-2）。若菌膜破裂，菌褶上的孢子逐渐成熟，烘干后菌褶会变成黑色，降低商品价值。采菇时要轻捏菌盖，旋转摘下。采后切去带泥菌柄，切口要平，轻轻放入筐中，以免碰伤变色。采前停止喷水，如采前喷水，菇体含水量过多，保鲜时菌褶会变褐，烘干时菌褶会变黑，同时采后容易开伞。

采收后的鲜菇可以通过保鲜、盐渍、脱水等方法加工

图 3-14-2　待采巴西蘑菇

销售。若是干制，应根据客户的要求，有的是整朵置于干燥机内烘干；有的是由盖至柄对半切开，烘干成品。干品气味芳香，菌褶白，用透明塑料袋包装，外包装用纸皮箱或根据客户的要求进行。

（十一）转潮期管理

每茬菇采完后，应及时清理菇床，挑除床面上菇根和死菇，在菇床土层过浅的部分补充覆土，停水 3～5d。菌丝恢复后，重新喷水进行出菇管理。第二潮菇后可适当补充营养液，喷施 0.5%尿素、0.2%磷酸二氢钾等溶液。

扫一扫，看
参考答案

复习思考题

1. 简述巴西蘑菇的生活条件。
2. 简述巴西蘑菇的栽培方法。

任务十五　蛹虫草栽培

任务目标

◈ 知识目标 >>>

- 了解蛹虫草的生理特性。
- 掌握蛹虫草液体菌种的制作技术。
- 掌握蛹虫草栽培技术。

⚒ 能力目标 >>>

- 会制作蛹虫草液体菌种。
- 会栽培蛹虫草。

相关知识

一、概述

蛹虫草（*Cordyceps militaris*）是虫草属的药用真菌，又称北冬虫夏草，简称北虫草。在虫草属中，人们广泛研究其药用价值和栽培技术的有两种虫草，一种是冬虫夏草，另一种就是蛹虫草。冬虫夏草自然分布在高海拔地区，寄生在蝙蝠蛾的幼虫体上，为名贵中药，人工栽培难度大；蛹虫草野生菌株寄主范围十分广泛，广泛分布于低海拔地区，亦为名贵药材，已经实现了规模化人工栽培。

蛹虫草的主要活性成分为虫草菌素、虫草多糖、虫草酸、核苷类、超氧化物歧化酶等，保健价值和药用价值可以归纳为：调节免疫系统功能，直接抗肿瘤作用，提高细胞能量，抗疲劳，调节心脏功能，调节肝功能，调节呼吸系统功能，调节肾功能，调节造血功能，调节血脂，以及具有直接抗病毒、调节中枢神经系统功能、调节性功能等作用。

随着人们对蛹虫草的药用价值和保健功能认识的不断加深，以蛹虫草为原料的医药保健品在不断开发，野生蛹虫草的数量已经远远不能满足国内外市场的需求。自 20 世纪 50 年代以来，国内众多科研机构、开发部门投入了大量的人力、物力，对蛹虫草的人工培养技术进行了研究，到 80 年代中期就成功实现了蛹虫草的人工栽培，从而使我国成为世界上首次利用虫蛹等为原料，批量培养蛹虫草子实体的国家。20 世纪 90 年代以大米、小麦等原料作为培养基代替虫蛹培养基培育蛹虫草技术获得了成功，使蛹虫草栽培可以实现规模化生产。

二、生物学特性

（一）形态特征

蛹虫草是指蛹虫草真菌寄生在鳞翅目夜蛾科昆虫蛹体上形成的蛹（幼虫）与子座的复合体。因此蛹虫草的形态分为菌丝体和子座两部分。

1. 菌丝体　蛹虫草菌丝呈管状、无色、透明，有隔或无隔。在 PDA 培养基上，菌丝白色，呈短绒状，致密。随着菌落的生长，培养基表面分泌浅黄色至黄色的色素，背面为浅黄色。气生菌丝见光后，渐转黄橙色，并有少量浅黄色液滴分泌。在大米培养基上，菌丝浓白、粗壮，易产生黄色素，老化时为橙黄色。

2. 子座　子座单生或数个群生，从寄主头部或节间长出，圆柱形或扁形，橙黄或橘红色，一般不分枝，偶有分枝，长 2～6cm，顶部稍宽，头部呈棒状。子囊壳外露，呈卵形或瓶形，稍黑橙色，半埋于子座中，子囊细长，圆柱形，$(450～500)\mu m \times (3.5～5)\mu m$。内含 8 枚孢子，线形细长，多与子囊等长。子囊孢子成熟后产生横隔，并断为 $2～3\mu m$ 的节孢子。子座柄部近圆柱形，长 2.5～4.0cm，粗 2～4mm，内实心。

野生蛹虫草的生态习性较为复杂，加之寄主种类较多，与周围自然界有密切关系，易受环境的光、热、雨水及人为因素影响。蛹虫草在世界上均有分布，在我国以及美国、日本、俄罗斯、加拿大、意大利、德国等均有报道。我国主要分布于河北、山西、黑龙江、吉林、安徽、福建、广东、广西、湖南、湖北、四川、贵州、陕西、云南等地。

（二）生活条件

1. 营养　蛹虫草为兼性腐生菌。野生蛹虫草以天蛾科、大蚕蛾科、蚕蛾科、尺蛾科、枯叶蛾科和螟蛾科等鳞翅目昆虫蛹为营养，人工栽培时可利用的碳源主要有甘油、甘露醇、甘露糖、麦芽糖、果糖、葡萄糖、蔗糖和淀粉等，氮源主要有牛肉膏、酵母膏、蛋白胨、蚕蛹粉、丙氨酸、柠檬酸铵、尿素。但以甘露醇为碳源，牛肉膏为氮源时菌丝生长最好。以大米、小麦为基本培养基时，添加动物性氮源（如蚕蛹粉），营养成分则更为丰富，形成子实体快而多。另外，在培养料中加入维生素 B_1、维生素 B_6、维生素 B_{12}，有助于菌丝的生长和子座的形成。

2. 温度　蛹虫草属中低温型变温结实性菌类。孢子弹射温度为 28～32℃；菌丝生长温度范围为 5～30℃，适宜温度为 20～25℃；子座形成和生长发育温度范围为 10～25℃，适宜温度为 18～22℃，23℃以上生长不良。人工培育过程中，菌丝生长阶段和子座生长阶段应保持恒温管理，只有在原基分化期才需要较大的温差刺激，一般应保持 5～10℃的温差。

3. 水分和湿度　蛹虫草是喜湿性菌类。菌丝生长期培养基适宜含水量为 60%～70%。采收第一潮子实体后，培养基含水量下降至 45%～50%，应在转潮期补足水分。通常用营

养液进行补水，可同时补充营养。菌丝培养期间，室内空气相对湿度应保持在 65% 左右，以防止培养基水分蒸发过多，影响原基分化。子实体生长期间，要求空气相对湿度 80%～90%。

4. 空气 蛹虫草是好气性菌类。菌丝生长和子实体发育均需保持良好的通风换气。室内二氧化碳浓度超过 10% 时，子座难以正常分化，或出现密度大、子座纤细的畸形子实体，此时再遇低温，子座易出现白色的菌丝体。

5. 光照 蛹虫草是喜光性菌类。孢子萌发和菌丝生长阶段不需要光照，在完全黑暗的条件下就能正常生长发育。原基形成和子实体生长发育需要较充足的散射光，光照度应保持在 200lx 以上，这样有利于菌丝转色和子座原基的形成。发菌后期光照强，则易转色、分化早、产量高、品质好，但不要昼夜连续光照，否则又会阻碍原基的形成。

6. 酸碱度 蛹虫草是偏酸性菌类。其菌丝在 pH 5～8 范围内均能生长，但以 pH 5.4～6.8 为宜。但在配制培养基时调节 pH 为 7～8，同时添加 0.2% 的磷酸二氢钾或碳酸钙等缓冲物质。

7. 机械刺激 蚕蛹培养基培养蛹虫草时，一般还需机械刺激，即在培养基表面用松针覆盖，对于子实体形成有良好的作用。未做覆盖处理的，孢梗束和子实体形成都很少，甚至不产生子实体。重新覆盖松针，则可促进子实体再发生。用土壤覆盖，厚度为 2cm，子实体形成最佳。

三、栽培技术

蛹虫草栽培技术目前已经普及全国许多地区。我国北方主要采取日光温室层架式栽培，南方不少地区主要采取室内工厂化生产，管理上采用人工智能化模式。蛹虫草人工栽培分为蚕蛹培养基栽培和大米培养基栽培。我国辽宁、山东、河南等地以大米、小麦为主要基质，添加其他辅助成分进行蛹虫草人工培养；吉林、江苏、浙江等地则采用寄主感染培养法，以蚕蛹作为代寄主进行全草栽培。目前主要以大米、小麦等麦粒培养基栽培为主。

（一）栽培工艺流程

准备菌种→培养基配制→灭菌→冷却→接种→发菌期管理→出草期管理→采收→转潮期管理。

（二）菌种制备

1. 品种 在菌种的选择方面，蛹虫草菌种的选择更要慎重。因为与其他栽培品种比较，蛹虫草菌种退化很快，栽培上常常出现不稳定性，因此生产上使用的母种一般都是向权威的研究机构购买，不可随意通过子实体组织分离等方法获得菌种后盲目扩繁进行生产，这样往往给生产带来巨大的风险，甚至是不可挽回的损失。蛹虫草常见菌种的种性特点介绍见表 3-15-1。

表 3-15-1　常见蛹虫草栽培菌株

菌株名称	种性特点
Cm-23B	2005 年驯化的品种。草体黄红色，丛生性好。出草温度在 15～22℃
Cm-28A	野生驯化品种。草体红黄色，色泽鲜艳。草体粗壮，直立生长，组织致密，出草整齐集中，产量高。出草温度在 16～23℃

（续）

菌株名称	种性特点
农大 Cm-001	野生驯化种。草体金黄色，产量高
农大 Cm-029B	野生驯化种。金黄色，草体密集，丛生性强，产量高

2. 菌种制备　选择优良、纯净、健壮、适龄的菌种，是蛹虫草栽培实现高产、优质的关键。生产菌种要求侵染力强，生长周期短，易产生子座，产量高，药用与营养价值高。为保持菌种健壮，应采集野生蛹虫草进行子囊孢子或组织分离后选育优良菌株。组织分离时从子实体可孕部位切取组织块分离。

选择菌种时，要求菌苔底部呈鲜黄色且厚薄适中，平贴，无明显白色绒毛状气生菌丝，无杂菌污染；不用 3 代以上的母种进行扩繁；长期于冰箱保藏的菌种需转管复壮后方可使用。液体种应新鲜，否则子座不产生或产量低。

同其他食用菌、药用菌类一样，蛹虫草菌种按菌种培育代数分为母种、原种、栽培种三级。蛹虫草人工培养大多数为液体菌种接种，其培养液配方如下：

（1）玉米粉 2%，葡萄糖 2%，蛋白胨 1%，酵母粉 0.5%，磷酸二氢钾 0.1%，硫酸镁 0.05%，pH 为 6.5。

（2）马铃薯 20%，玉米粉 3%，葡萄糖 2%，蛋白胨 0.3%，磷酸二氢钾 0.15%，硫酸镁 0.05%，pH 为 6.5。

（3）葡萄糖 1%，蛋白胨 1%，蚕蛹粉 1%，奶粉 1.2%，磷酸二氢钾 0.15%，pH 为 6.5。

500mL 三角瓶装液量为 200～300mL，在 0.105MPa 条件下 121℃ 灭菌 20min，每瓶培养液中接入绿豆粒大小的母种块 7～10 块，静止培养 12h，用磁力搅拌器 1 000r/min 搅拌 24h，放摇床上振荡培养，130～140r/min，21～23℃，2～3d，再用磁力搅拌器 1 000r/min 搅拌 24h。培养好的液体菌种有大量小米粒大小的菌丝球，培养液变澄清，有浓郁香味（图 3-15-1）。

图 3-15-1　蛹虫草液体菌种

（三）栽培季节的确定

蛹虫草属中低温型菌类。在自然条件下，一年可栽培两季。春季在 2—3 月栽培，这时气温较低，可通过加温培养菌丝体，4—5 月自然气温上升至 20℃ 左右，空气相对湿度大，正是子座生长的好季节；秋栽在 7—8 月进行，9—10 月出草，这样前期气温较高，有利于培养菌丝体，后期气温下降至 20℃ 左右，有利于子座的生长发育。若在室内人工控制环境下四季均可栽培。

（四）培养基的配制

蛹虫草子实体的栽培主要有蚕蛹培养基栽培和麦粒培养基栽培两种方式，目前主要以大米或小麦培养基栽培为主，装瓶量见表 3-15-2。

表3-15-2　蛹虫草栽培不同规格瓶装瓶量

项　别	小麦主料		大米主料	
	小麦	营养液	大米	营养液
750mL 罐头瓶	30g	50mL	30g	40mL
500mL 罐头瓶	25g	40mL	25g	35mL

营养液配方主要有以下几种：

（1）葡萄糖 10g、蛋白胨 10g、磷酸二氢钾 2g、硫酸镁 1g、柠檬酸铵 1g、维生素 B$_1$ 10mg，捣碎，补充水至 1 000mL，pH 为 7。

（2）马铃薯 200g，煮汁去渣，滤液内加入蔗糖 20g、奶粉 15～20g、磷酸二氢钾 2g、硫酸镁 1g，补充水分至 1 000mL，pH 为 7～8。

（3）葡萄糖 10g、蛋白胨 10g、磷酸二氢钾 2g、柠檬酸铵 1g、硫酸镁 0.5g、维生素 B$_1$ 10mg，补充水至 1 000mL。

在制作培养基时要注意以下几点：一是主料与营养液的比例要适当，不能过干或过湿，适宜的含水量为 57%～65%；二是培养基 pH 严格控制在 5.5～7.2；三是主料与营养液在灭菌前的浸泡时间不能过长，一般不能超过 5h，否则会发生培养基发酵和糖化，影响前期的转色和出草；四是培养基采用常压灭菌时必须在 3h 以内使灶内温度达到 100℃，否则培养基容易酸化变质，影响产量。

（五）装瓶（盒）

取上述任何一种培养基，用罐头瓶、塑料瓶（盒）（耐高温高压）作为栽培容器，培养基装至瓶（盒）深的 1/4～1/3 处，并倒入营养液，灭菌前用聚丙烯塑料薄膜封口（图 3-15-2）。

图 3-15-2　栽培用塑料盒

（六）灭菌

一般采用高压灭菌，在 0.147MPa 压力下 128℃ 灭菌 1.5h；也可采用常压灭菌，100℃ 灭菌 10h。灭菌后培养基要求上下水分含量一致，米粒间有空隙，不呈糊状。

（七）接种

培养基冷却至 30℃ 以下时，于无菌条件下接种。500mL 的每瓶接种固体种 10g 或液体菌种 10mL。

（八）发菌期管理

将接种后的瓶子排放在培养室的层架上进行培养，室内要保持黑暗、通风，空气相对湿度控制在 65% 左右。菌丝发育初期，为减少杂菌污染，室内温度保持在 15～18℃，切忌温度忽高忽低，否则难以高产。经 15～20d 菌丝可长满料层，此时将温度调至 19～21℃，继续培养，超过 25℃不易形成子座。

（九）出草期管理

当菌丝体长满后即可增加光照，白天利用自然散射光，保持在 200lx，夜晚可用日光灯作光源，每天光照时间不少于 10h，以促进菌丝体转色和刺激原基形成。菌丝见光后由白色逐渐转变成橘黄色或橘红色（图 3-15-3）。当培养基表面或四周出现橘黄色，聚集黄色水珠，并可见大小不一的圆球状橘黄色菌丝隆起时，为子座即将形成的前兆。此时室内温度应保持在 19～23℃，并提高空

图 3-15-3 转色期

气相对湿度至 80%～90%。湿度太大易诱发瓶内气生菌丝，对子实体生长不利，湿度太小易使培养料过早失水而影响子实体生长发育。为保持适宜湿度，可喷雾水于地面，每天 3～4 次。子实体生长期间要适当通风，补充新鲜空气，为减少瓶（盒）内水分散发，应在整个培养期保留封口薄膜，在薄膜上用针刺穿小孔，以利于瓶（盒）内外气体交换（图 3-15-4）。

图 3-15-4 出草期（瓶栽）

另外，蛹虫草有明显的趋光性，光线不均匀会造成子实体扭曲或一边倒，因此在子实体形成之后，应根据情况适当调整培养瓶与光源的相对方向，或调整室内光源方向，使受光均匀，以保证子实体正常生长，提高产量和质量。

（十）采收加工

当子实体长到高 7～8cm，子座的上端有黄色粉末状物时，应及时采收。如采收过迟，则子实体枯萎或倒苗腐烂。采收时用无菌手术镊将子实体从培养基上摘下即可。

子实体采收后，将根部整理干净，及时晒干或采用低温下红外线烘干，然后用适量黄酒喷雾使其回软，整理平直后扎成小捆，用防潮包装保藏。如需保存，干品含水量应在 13% 以下，以防止发霉变质。

（十一）转潮期管理

采收第一潮菇后，停水 3～4d，然后在瓶内注入 10mL 营养液，薄膜扎口后放到适温下遮光培养，使菌丝恢复生长。待形成菌团后再进行光照等处理，使原基、子实体再次发生，一般经 10～20d 可长出第二批子座。

扫一扫，看
参考答案

复习思考题

1. 试述蛹虫草的生活条件。
2. 试述蛹虫草瓶栽关键技术。

项目四

常见食用菌工厂化栽培技术

任务一　金针菇栽培

任务目标

◇ **知识目标 >>>**

● 了解金针菇的生理特性。

● 掌握工厂化生产金针菇菌瓶的制作技术。

● 掌握工厂化金针菇栽培技术。

👥 **能力目标 >>>**

● 会生产金针菇菌瓶。

● 会在工厂化形式下生产挺拔盖小的金针菇。

相关知识

一、概述

金针菇（*Flammulina velutipes*）又名构菌、冬菇、朴菇、扑蕈、毛柄金钱菌等，隶属于无隔担子菌亚纲伞菌目金钱菌属。

金针菇脆嫩适口，味道鲜美，营养极其丰富。据上海市食品研究所测定：每 100g 鲜菇中含蛋白质 2.72g、脂肪 0.13g、灰分 0.83g、糖类 5.45g、粗纤维 1.77g、铁 0.22mg、钙 0.097mg、磷 1.48mg、钠 0.22mg、镁 0.31mg、钾 3.7mg、维生素 B_1 0.29mg、维生素 B_2 0.21mg、维生素 C 2.27mg。此外还含有丰富的 $5'$-磷酸腺苷和核苷酸类物质。在每 100g 干菇中，氨基酸总量为 20.9g，其中人体所必需的 8 种氨基酸为氨基酸总量的 44.5%，高于一般菇类。其中赖氨酸和精氨酸含量特别丰富，这两种氨基酸能有效地促进儿童的健康生长和智力发育，所以在国内外被誉为"增智菇"。金针菇子实体中含有酸性和中性的植物纤维，又称洗涤纤维、食物纤维，能吸附胆汁酸盐，调节胆固醇代谢，降低人体内胆固醇含量。金针菇的纤维可以促进胃肠的蠕动，防治消化系统疾病，还可以预防高血压，并有辅助治疗肝病和溃疡病的效果。金针菇子实体中还含有一种金针菇素，又称朴菇素、火菇素，是一种碱性蛋白质，具有显著的防癌作用。

金针菇是我国最早栽培的一种食用菌，大约有 1 400 年的历史。1928 年日本的森木彦三郎发明了以木屑和米糠为原料的金针菇栽培法。日本从 20 世纪 60 年代开始，利用各种自动化控制设备形成周年工业化生产金针菇的体系。1984 年日本长野县通过生物工程方法育出白色金针菇新品种，已在我国大面积推广栽培。

早期金针菇生产主要是根据气候条件进行季节性袋式栽培，20 世纪 90 年代末，上海浦东天厨菇业有限公司在学习借鉴的基础上，率先建成了日产 6t 规模的金针菇工厂化生产线。目前我国金针菇工厂化产业发展迅速，已有 5～6 家企业日产金针菇 100t 以上，生产技术达到了国际先进水平。

二、金针菇生物学特性

（一）形态特征

金针菇属于伞菌类食用菌。野生时呈丛状，着生于腐木上。

1. 菌丝体　菌丝白色，菌落呈细棉绒状或绒毡状，稍有爬壁现象。生长速度中等，13d 左右可发满培养基斜面。菌丝老化时，菌落表面呈淡黄褐色。条件不适宜时易形成粉孢子，粉孢子过多的菌株往往菇体质量差，菌柄基部颜色较深。试管内的母种在冷藏条件下易形成子实体。

显微镜下，菌丝粗细均匀，具有锁状联合结构。锁状突起一般为半圆形。

微课：金针菇
生物学特性

2. 子实体　成熟子实体由菌盖、菌褶和菌柄三部分组成，多数成束生长，肉质柔软有弹性（图 4-1-1、图 4-1-2）。菌盖呈球形或呈扁半球形，直径 1.5～7.0cm，幼时球形，逐渐平展，过分成熟时边缘皱褶向上翻卷。菌盖表面有胶质薄层，湿时有黏性，黄白色到黄褐色，菌肉白色，中央厚，边缘薄；菌褶白色或象牙色，较稀疏，长短不一，与菌柄离生或弯生。菌柄中央生，中空圆柱状，稍弯曲，长 3.5～15.0cm，直径 0.3～1.5cm，菌柄基部相连，上部呈肉质，下部为革质，表面密生黑褐色短绒毛，担孢子生于菌褶子实层上，孢子圆柱形，无色。

图 4-1-1　瓶栽白色金针菇

图 4-1-2　袋栽黄色金针菇

（二）生活条件

1. 营养条件　金针菇是一种木腐菌，需要的营养物质包括碳源、氮源、无机盐和维生素四大类。这些营养物质可以从甘蔗渣、棉籽壳、油菜壳、稻草、谷壳中获得；也可以从阔叶树的木屑中，甚至松、杉、柏的木屑中获得。但金针菇分解木质素的能力较弱，未经过腐熟的木屑一般不能用于金针菇栽培。在生产中，用陈旧木屑，一般经堆积发酵后更适合于金针菇栽培；同时因其抗逆性较差，生产中大多采用熟料栽培技术。

金针菇可以利用多种含氮化合物，最适宜的氮源为有机氮。生产中主要是从麦麸、米糠、玉米粉、豆粕等这些含氮量较高的农副产品下脚料中获得氮源和碳源。和其他菌类相比，金针菇所需要的氮源量较高。矿质元素中磷、钾、镁三要素对其生长最为重要，生产中常添加硫酸镁、磷酸二氢钾、磷酸氢二钾或过磷酸钙等作为无机营养，可促进菌丝生长。

2. 温度　金针菇是低温型恒温结实性食用菌。金针菇的孢子在 $15\sim25℃$ 时萌发形成菌丝体。菌丝在 $5\sim30℃$ 范围内均能生长，适宜生长温度为 $18\sim20℃$。金针菇的菌丝体耐低温能力很强，在 $-21℃$ 的低温下经过 $3\sim4$ 个月仍具有旺盛的生活力，但是不耐高温，在 $34℃$ 以上的温度下菌丝会停止生长而死亡。

金针菇子实体分化的温度为 $5\sim23℃$，生长适宜温度为 $8\sim12℃$。个别耐高温品种在 $23℃$ 时仍能出菇，但长出的子实体菇形差，商品价值低。金针菇在 $5\sim10℃$ 时，子实体生长要比 $12\sim15℃$ 时慢 $3\sim4d$，但子实体生长健壮，不易开伞，颜色白，更具有商品价值。

3. 水分和湿度　金针菇属喜湿性菌类，抗旱能力差。最适于菌丝生长的培养基含水量为 $63\%\sim66\%$，含水量过高时，菌丝生长缓慢，甚至不长。菌丝培养期间菇房的空气相对湿度以 70% 左右为宜；子实体催蕾期间，空气相对湿度应控制在 $90\%\sim95\%$；子实体发育期间，以 $85\%\sim90\%$ 为宜。

4. 空气　金针菇是好气性真菌，培养过程中必须通风换气。氧气不足，菌丝体活力下降，呈灰白色。

二氧化碳含量是决定金针菇子实体菌盖大小和菌柄长短的主导因子。当菇房空气中二氧化碳含量增高至 $5\,000\sim6\,000\mu L/L$ 时，菌盖生长受抑制，菌柄伸长，子实体菌盖小而菌柄长，商品菇品质优良。若二氧化碳含量过高，菌盖生长受抑制，形成菌柄长、无菌盖的针头菇，将直接影响到产品的商品价值。当金针菇子实体长出瓶口 $1\sim2cm$ 时，常套上套筒，这样有利于提高局部的二氧化碳含量，抑制菌盖生长，促进菌柄伸长。

5. 光照　金针菇是厌光性菌类，在黑暗条件下菌丝生长正常，但全黑暗条件下难以形成子实体原基。在弱光下原基形成的数目较完全黑暗条件下更多，但光照过强时菌盖易开伞，菌柄短，且基部绒毛多。在抑制阶段初期，光照会抑制纯白金针菇菌盖形成；但在抑制阶段中期至后期，采用 $200lx$ 间歇式光照能控制菌盖大小。因此，光抑制技术在工厂化生产优质白色金针菇中具有重要作用。

6. 酸碱度　金针菇适合在弱酸性培养基上生长。菌丝生长阶段的 pH 为 $4\sim8$，适宜的 pH 为 $6.2\sim6.5$。pH 过低或过高都会影响金针菇菌种萌发及原基分化形成。在实际生产中，通常采用轻质碳酸钙、贝壳粉调节培养料酸碱度。

三、工厂化瓶栽技术

按子实体色泽类型，可将金针菇品种分为黄色品系、浅黄色品系和白色品系。黄色品系的菌盖金黄色，菌柄基部茶褐色，绒毛多，子实体见光易变色；浅黄色品系的菌盖浅黄色，菌柄白色或基部略带淡黄色，绒毛少或无，深受广大消费者青睐，是目前金针菇工厂化生产

的主要品系。

2013年前我国金针菇工厂化生产主要采用袋栽方式，但袋栽金针菇口感较瓶栽金针菇差，而且机械化程度相比瓶栽方式低，用工多，所以瓶栽金针菇工厂化生产是目前我国主要栽培方式（图4-1-3、图4-1-4）。

图4-1-3　采收的袋栽金针菇

图4-1-4　采收的瓶栽金针菇

（一）工艺流程

培养料选择→培养料配制→拌料→装瓶→灭菌→冷却→接种→发菌期管理→出菇期管理→采收。

（二）培养料选择

微课：瓶栽金
针菇菌瓶制作

目前棉籽壳、玉米芯、甘蔗渣等被广泛用于金针菇工厂化生产中。由于金针菇分解木材能力较弱，国内工厂化生产中常用棉籽壳、玉米芯等提供碳源，日本工厂化生产中常用软质的水杉木屑，水杉木屑经过室外堆制3～6个月，可去除其中对金针菇菌丝有害的物质。金针菇工厂化生产周期短，产量高，对氮源质量要求更高，常用米糠、麦麸、玉米粉、豆腐渣、酒糟等作为氮源。

金针菇工厂化生产中除木屑外其他原料均要求新鲜无霉变，棉籽壳中壳中绒，玉米芯颗粒度直径6mm左右。培养料要达到一定的颗粒大小，且粗细度均匀。颗粒过粗，装瓶后料内空隙大，保水能力差；颗粒过细，则装料过于紧实，通气性差，菌丝生长缓慢而细弱。

日本企业常用的培养料配方：杉木屑60%，米糠16%，麦麸16%，豆腐渣2%，啤酒渣5%，贝壳粉1%。

国内企业常用的培养料配方：玉米芯30.2%，甜菜渣5.8%，棉籽壳8%，米糠33.6%，麦麸6.7%，啤酒糟（或豆粕）5%，大豆皮5%，玉米粉3.4%，轻质碳酸钙0.5%，贝壳粉1.8%。

（三）拌料

用拌料机拌料，按照配方将原料加入料斗内（图4-1-5）。拌料时先加玉米芯、甜菜渣、棉籽壳等粗料，其次再加米糠、麦麸、玉米粉等细料，最后加轻质碳酸钙、贝壳粉调节酸碱度，干拌5～10min，拌料机自动加水10～15min，水温控制在15～20℃，湿拌时间50～70min，保证拌料均匀，每次拌料完取样检测水分、pH。培养料含水量65%～67%，灭菌前pH 6.6～7.0。拌料时间不能过长，过长则培养料变酸较严重，pH下降幅度大，过短易拌料不均匀。

图 4-1-5 上料斗及搅拌机

（四） 装瓶灭菌

拌料完成取样检测水分和 pH 合格后立即装瓶，瓶的材质是高压聚丙烯，规格有 1 100～1 300mL，用装瓶机组自动装料（图 4-1-6）。以 1 100mL 的瓶为例，装干料量为 320～330g，装料后将料面压实，并用打孔机打 5 个接种孔，中心孔直径 2.2cm，周围 4 孔直径 1.2cm，料面距瓶口 1.5 cm（图 4-1-7、图 4-1-8）。打孔后盖盖（图 4-1-9）。

图 4-1-6 装瓶机组

图 4-1-7 装瓶后打孔

图 4-1-8　清晰可见的五孔　　　　　图 4-1-9　带无纺布的瓶盖（有透气孔）

注意装瓶时间与进入灭菌锅时间控制在 40～60min，夏天装瓶时间应控制在 40min 之内，超出时间须填写异常报告单，便于后续跟踪。

装瓶结束后要把料瓶移入灭菌锅内进行高温高压灭菌，灭菌时要进行两次抽真空，真空度 -0.02MPa，方形灭菌锅灭菌温度 123℃，升温开始至保持温度时间控制在 (200±5)min，排气时间≥30 min。圆形灭菌锅灭菌温度 128℃，0.15MPa，保温时间控制在 90min。

工厂化生产中用的灭菌锅是双开门的，进瓶门与拌料装瓶处于同一空间，灭菌结束后出瓶的门位于与冷却间相同洁净程度的空间，这样能做到污净分离，防止灭菌后培养料污染杂菌（图 4-1-10）。

图 4-1-10　双开门高压灭菌锅

（五）冷却

培养瓶从灭菌锅中搬出时料温在 90℃ 以上，需在冷却室内冷却至料温 20℃ 以下。在此过程中瓶内外空气交换体积约为 50%，所以冷却室应保证空气绝对净化。冷却室环境要求通常为：缓冲间为万级洁净空间，冷却间为千级洁净区。所谓的万级洁净区是指 $1m^3$ 空间中，直径小于 $0.5\mu m$ 的尘埃数量不超过 10 000 个。测定的方法是利用尘埃沉降法，直径 9cm 平板暴露 10min 时，平均每皿菌落数不超过 3 个。

（六）接种

工厂化瓶栽金针菇一般采用液体种接种。金针菇液体菌种常用的配方是黄豆粕 10g/L、蔗糖 30g/L、磷酸二氢钾 1g/L、硫酸镁 0.5g/L，培养周期为 6～7d。接种前取样检测，取 10mL 液体种，放入离心机，4 000r/min 离心 20min，去除上清液，称量，要求沉淀质量

1.0～1.3g。另取 50mL 液体种测量 pH，要求 pH 在 6.2～6.4，镜检没有杂菌污染，检测合格后开始接种，1 100～1 150mL 培养瓶每瓶接种 25～30mL。

待瓶内培养料温度降至（16±2）℃方可进行接种。接种室为百级洁净区，平皿检测菌落数≤1，接种室室温保持在 16～18℃。

（七） 发菌期管理

将接种好的栽培瓶移入培养室进行菌丝培养。菌丝生长过程中会产生大量的二氧化碳和热量，为此栽培瓶间应有一定的间隙，并且摆放密度也有要求，通常 450～500 瓶/m²。金针菇菌丝生长适宜温度为 18～20℃，但料温比室内温度高 3～4℃，一般培养室温度保持在 14～16℃。完全黑暗培养，二氧化碳浓度 2 500～3 000 μL/L，空间相对湿度保持在 60%～70%，每天记录瓶间温度，不可超过 18℃。如温度超过 19℃，出菇品质差，温度超过 22℃，后期难出菇。发菌期为 22～24d。

（八） 出菇期管理

1. 搔菌 金针菇发满菌后，菌瓶上层部分菌丝老化，水分散失，使其表面形成膜状菌皮（图 4-1-11）。菌皮过厚会阻碍空气和水分与内部菌丝体接触，延长出菇时间，为此要进行搔菌，使用搔菌机搔菌，搔去菌瓶料面 5～10mm 的老菌种及老菌丝，使子实体从培养基表面整齐发生。搔菌的菌刀每隔 1h 清理 1 次，并用 75% 的酒精喷洒刀柄消毒。搔菌后，料面平整，瓶口至料面约 1cm，瓶壁干净无粘料，搔菌后每瓶补水 30～35 mL，水温≤18℃（图 4-1-12）。

微课：瓶栽金针菇生产管理

图 4-1-11 搔菌前的菌瓶

图 4-1-12 搔菌注水后的菌瓶

搔菌时机应在菌瓶发满后进行。过早菌丝发育未成熟，原基形成期延长，分化原基少；搔菌过迟，营养消耗多，菌丝活性低，原基形成少，产量低。

2. 催蕾 搔菌后的菌瓶要移入出菇房，通过调节光照、温度、水分、通气量进行出菇培养。前3d室温保持15～16℃，二氧化碳浓度保持在（2 500±500）μL/L。搔菌后约5d，料面布满再生菌丝，温度降至13～14℃，光照度控制在300lx，空气相对湿度保持在95％～98％（图4-1-13）。搔菌后7～8d，料面菌丝扭结形成原基，应停止光照，温度降至12℃，空气相对湿度保持在85％～90％，二氧化碳浓度（3 000±500）μL/L（图4-1-14、图4-1-15）。形成菇蕾后，料面可见黄褐色水珠，此时可适当减少加湿次数，保持空气相对湿度85％～90％。注意料面不可积水，否则后期子实体腐烂，无法生长，还会造成金针菇黑心，影响其商品性。菇蕾菌柄高约1 mm时要将温度降至10℃，空气相对湿度控制在90％左右。

图4-1-13 菌丝恢复生长（搔菌后约5d）

图4-1-14 米粒状原基初期（搔菌后约7d）

图4-1-15 米粒状原基（搔菌后约8d）

3. 抑制期管理　抑制期采用低温、弱光和间歇式光照抑制等措施，促进菇蕾生长整齐和粗壮（图 4-1-16、图 4-1-17）。搔菌后 9～10d 菌柄高 0.5～1.0cm 时，温度降至 8℃，空气相对湿度控制在 80%～85%，二氧化碳浓度保持在（4 000±500）μL/L。然后温度逐渐降至 3～5℃，空气相对湿度 80%～85%，光照 200lx，每天间歇式照射 2～3h，室内分数次吹风，每天共约 3h，风速 3～5m/s，二氧化碳浓度保持在（2 500±500）μL/L。抑制期共需 5～7d。

图 4-1-16　搔菌后约 10d 的菇蕾

图 4-1-17　搔菌后约 11d 的菇蕾

4. 套包菇片　菇蕾长出瓶口约 2cm 时，要进行菇体定形套包菇片（图 4-1-18、图 4-1-19）。套片不仅可防止菇体下垂散乱，使之成束生长整齐，还可以增加二氧化碳浓度、抑制菌盖生长、促进菌柄伸长。选用蓝色塑料片，高 15cm，每隔 2cm 开直径 3mm 透气孔，塑料片下端缝上 1.5cm×3.0cm 粘合贴便于粘贴。采收后清洗消毒，可重复使用。

图 4-1-18　套片前的金针菇

图 4-1-19　套片

5. 伸长期管理　套片后金针菇进入了快速生长期，温度调至 5℃，二氧化碳浓度保持在 (7 000±500)μL/L，黑暗培养。进入快速生长期后的第三天光照可控制在 50 lx，采用自动控制固定光源，一般打开光源 5min 停 2h，根据菌盖大小调整光照时间，若菌盖较小，菌柄高低不齐，可适当增加光照时间。若菌盖大小合适，菌柄高低相对一致时，可适当减少光照。二氧化碳浓度保持在 (8 000±500)μL/L。套片 5d 后菇体高 4～5cm，且较整齐时温度调至 6℃，停止光照，二氧化碳浓度保持在 (9 000±500)μL/L。套片 9～12d，待菇盖直径 0.5～0.8cm、菇柄长 15～17cm 时即可采收包装（图 4-1-20、图 4-1-21）。

图 4-1-20　套片后 8～9d 的金针菇

图 4-1-21　套片后 11～12d 的金针菇

6. 采收　当子实体生长发育至商品菇标准时应立即采收。采收过迟，虽然产量高，但菇盖开伞，菇质纤维化，商品质量下降；采收过早则会降低产量。采收时，一手握住菌瓶，一手轻轻将菇丛拔起，平齐地收入筐内（图 4-1-22）。采收后子实体按照等级标准进行分级，然后计量包装，在 2～3℃能保鲜 30d 左右（图 4-1-23）。采收结束后，菌瓶必须立即移入挖瓶室，由挖瓶机将废料挖出。菌瓶可重复使用，废料可加工生产有机肥料或饲料，也可用于再次种菇。

图 4-1-22　采收后的金针菇

图 4-1-23　切菇根

复习思考题

1. 试述金针菇的生活条件。
2. 试述工厂化瓶栽金针菇生产关键技术。

扫一扫，
看参考答案

任务二　杏鲍菇栽培

任务目标

◈ 知识目标 >>>

● 了解杏鲍菇的生理特性。
● 掌握工厂化生产杏鲍菇菌棒的制作技术。
● 掌握工厂化杏鲍菇栽培技术。

能力目标 >>>

● 会生产杏鲍菇菌棒。
● 会在工厂化形式下生产杏鲍菇。

相关知识

一、概述

杏鲍菇（*Pleurotus eryngri*）是一种大型的肉质伞菌，又名刺芹侧耳、雪芹、雪茸，属担子菌纲伞菌目侧耳属。因该菇有杏仁香味，故福建和台湾称之为杏仁鲍鱼菇，简称杏鲍菇。它是平菇类中的珍品，被誉为"平菇王"。

杏鲍菇分布在欧洲南部、非洲北部及中亚地区。在我国主要分布在新疆、四川、青海。野生杏鲍菇常在春末夏初腐生或兼性寄生于大型伞形花科植物如刺芹、阿魏、拉瑟草等根上及四周泥土中。人工驯化栽培采用锯末、棉籽壳、豆秸、玉米芯等材料取得较好的效果。目前我国北从黑龙江南至福建广东均可栽培出品质优良的杏鲍菇。

杏鲍菇菌肉肥厚，质地脆嫩，味道鲜美，其营养丰富均衡，是一种高蛋白、低脂肪的营养保健品，蛋白质含量高达40％。杏鲍菇子实体内含有18种氨基酸，其中包括人体必需的8种氨基酸。矿质元素每100g杏鲍菇干菇含量分别为钙0.142mg、镁1.214mg、铜0.012mg、锌0.080mg、锰0.013mg、铁0.102mg等。

中医学认为，杏鲍菇有益气、杀虫和美容作用，可促进人体对脂类物质的消化吸收和胆固醇的溶解，对肿瘤也有一定的预防和抑制作用，经常食用有降血压的作用，对胃溃疡、肝炎、糖尿病有一定的预防和治疗作用，并能提高人体免疫能力，是老年人和心血管与肥胖症患者理想的保健品。

欧洲最早开始杏鲍菇栽培技术研究，20世纪50年代人工驯化成功，70年代初期东亚和南亚部分国家开始栽培。目前美国、韩国、日本及中国均实现了大规模工厂化生产。韩国、日本等主要采用瓶栽模式，中国多采用袋栽模式。

二、生物学特性

（一）形态特征

微课：据形态
结构对话杏鲍菇

1. 菌丝体 杏鲍菇的菌丝体分为初生菌丝和次生菌丝。次生菌丝粗壮、浓密，具有明显的锁状联合，生长快，具有很强的爬壁能力，生长发育到一定时期后，能在适宜条件下形成子实体（图4-2-1）。

2. 子实体 杏鲍菇子实体单生或群生（图4-2-2）。菌盖幼时略呈弓形，

图 4-2-1 杏鲍菇母种

后渐平展，成熟时，其中央凹陷呈漏斗状，直径 2～12cm。一般单生个体较大，群生时偏小。菌肉纯白色，杏仁味明显，菌褶延生、不齐、白色，与平菇相同。菌柄长 5～20cm，直径 3～10cm 不等粗，光滑，白色，中实。

图 4-2-2 杏鲍菇

（二）生活条件

1. 营养　杏鲍菇是一种木腐菌，具有较强的分解木质素、纤维素能力。菌丝生长最适宜的碳源为葡萄糖、蔗糖等，适宜生长的氮源为蛋白胨、酵母粉。栽培时需要丰富的氮源和碳源，在一定的范围内，氮越丰富，菌丝生长越好，产量越高。生产上常以棉籽壳、木屑、玉米芯、甘蔗渣等作为碳源，麦麸、玉米粉、米糠、豆粕等作为优质氮源。

微课：杏鲍菇生活条件

2. 温度　杏鲍菇属中温偏低型恒温结实菇类。菌丝生长温度为 5～32℃，适宜生长温度为 22～25℃。子实体原基形成和子实体生长发育适宜温度 12～16℃，但不同品种之间有差异。温度低于 10℃时，原基分化异常，只形成原基疙瘩没有组织的分化；温度高于 20℃，易出现畸形菇。菇体生长温度高于 16℃时，菇体组织变软，形成面包菇。

3. 水分和湿度　菌丝生长阶段，培养基含水量以 62％～65％为宜，空气湿度保持为 60％～70％。子实体生长阶段空气相对湿度以 85％～90％为宜，可向菇体喷雾状水。

4. 光照　菌丝生长在黑暗状态下生长良好。子实体分化需要一定的散射光，光照度 500～800lx。因杏鲍菇具有明显的趋光性，原基形成后需要黑暗条件。

5. 空气　菌丝体生长或子实体生长都需要氧气，但菌丝生长阶段稍高的二氧化碳浓度对菌丝的影响不大。原基形成和子实体生长需要一定的氧气，原基形成期若氧气量不足，原基不分化，仅形成瘤状疙瘩。子实体生长初期，若二氧化碳浓度过高，会形成盖小肚大的畸形菇；子实体快速生长期，若二氧化碳浓度过高会形成盖薄柄细的菇。

6. 酸碱度　杏鲍菇适宜在中性偏酸环境中生长发育，菌丝生长适宜 pH 是 6.2～6.5，出菇时适宜 pH 5.5～6.0。在生产时，因拌料装袋灭菌前微生物大量繁殖，产生苹果酸、琥珀酸、柠檬酸等使 pH 降低，故装袋前将 pH 应调高至 8.5～9.0。

三、工厂化袋栽技术

我国杏鲍菇工厂化生产有袋栽和瓶栽两种方式，袋栽生物转化率较高，品质与瓶栽方式差异不大，但固定机械设备成本低，目前我国杏鲍菇的工厂化栽培主要以袋栽形式为主。

（一）工艺流程

培养料选择→培养料配制→拌料→装袋→灭菌→冷却→接种→发菌期管理→出菇期管理→采收。

（二）培养料选择

微课：杏鲍菇
菌棒制作

杏鲍菇栽培常用的主料为阔叶树木屑、玉米芯、甘蔗渣、棉籽壳；辅料为玉米粉、豆粕、麦麸、米糠，以及石灰和轻质碳酸钙。

木屑一般选择新鲜或发酵的杨树、桉树木屑，新鲜的杨树木屑要淋水堆积一周方可使用。若用发酵木屑配制培养料时要注意孔隙度，不能过小，影响菌丝生长速度。注意，梧桐木木屑中含有抑制菌丝生长的物质，用时要发酵，否则菌丝生长速度慢、菇体易畸形。

玉米芯颗粒度一般为 8～10mm，过细则引起菌棒软、侧壁出菇、产量低、早开伞问题；同时玉米芯用前要浸泡，浸泡时根据温度的高低加入玉米芯干重 1%～2% 的石灰，防止 pH 下降较大。

棉籽壳要用中壳中绒规格，不能有绿霉、青霉等杂菌感染，否则菌棒即使经高压灭菌后仍会大量感染。

杏鲍菇栽培的配方根据当地原材料选择，一般各组分的含量为木屑 10%～30%、棉籽壳 5%～30%、玉米芯 20%～45%、甘蔗渣 5%～20%、麦麸 15%～22%、玉米粉 6%～10%、豆粕 4%～10%、石灰 1%～2%、轻质碳酸钙 1%～2%。

配制配方时，主料 63%、麦麸 20%、玉米粉 8%、豆粕 6%、石灰和轻质碳酸钙各1.5%，此配方产量高、品质好、成本低。配方中如无豆粕，菌棒只长菇蕾，不能成菇，产量低。此外，若用棉籽粕代替豆粕，菇畸形率高。若豆粕含量过高，产量增加不明显，但菌棒细菌性感染率增加，杏鲍菇细菌性腐烂病发病率高。

（三）拌料

采用拌料机拌料，用铲车将培养料加入料斗内，一般实行三级搅拌（图 4-2-3）。拌料时严格按照配方将培养料加入拌料斗中，原料的加入要有顺序，一般先加入含水量少的木屑，然后加入玉米粉、麦麸、豆粕、石灰、轻质碳酸钙，搅拌均匀后，加入含水量多的玉米芯，搅拌均匀后再加入棉籽壳。

图 4-2-3　主料用铲车放入拌料机料斗

拌料的均匀程度直接影响发菌及出菇的同步性及菇的品质（图 4-2-4）。为此，拌料应做到"三均匀"，即干湿均匀、主辅均匀、酸碱均匀。同时，拌料时间掌握在 30～40min，时间过长料酸败，过短则不均匀。

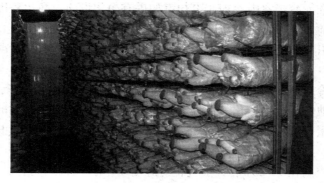

图 4-2-4　因拌料不均导致出菇同步性差

（四）装袋

用装袋机装袋（图 4-2-5）。装袋前检测 pH 和水分含量，杏鲍菇装袋前 pH 一般控制在 8.5～9.0，水分含量控制在 63%～65%。此外，装袋要注意培养料的松紧度，过松则侧壁出菇，过紧则菌丝生长过程中易缺氧、生长势弱（图 4-2-6）。如 17cm×35cm 的袋子，装料高度为 17.5～18.0cm，湿料重 1 150～1 200g。

图 4-2-5　装袋机装袋

图 4-2-6　装袋过松造成侧壁出菇

（五）灭菌

灭菌是否彻底是所有食用菌栽培成功的关键因素之一，杏鲍菇栽培中最常用的灭菌方式是高压灭菌，采用双开门高压灭菌锅，一般在 0.12～0.13MPa 的条件下 123℃灭菌 150～180min。

（六）冷却

灭菌后的菌包推入冷却室中冷却。冷却室如果有净化设施，净化程度要达万级，如果没有净化设施，则提前消毒。否则菌包在冷却过程中倒吸进不洁净的空气，会导致菌包后期感染，并且此种原因引起的感染袋内没有固定点，与灭菌不彻底的感染情况类似。

（七）接种

菌包内培养基冷却至 30℃ 以下方可接种，接种一般在接种室内进行，接种的局部空间达到百级净化，其他空间万级净化。接种室用沉降平皿法检测接种空间的空气洁净程度，平板培养基为牛肉膏蛋白胨培养基，每周 3～5 次，检测若不合格，则停止接种，对接种室进行消毒检查。

接种室内温度控制在 15℃ 左右，空气相对湿度以 45%～55% 为宜。

（八）发菌期管理

杏鲍菇发菌过程中，最为关键的问题是空间排放菌包密度、发菌室温度、湿度、空气的控制以及杀菌消毒处理。

微课：杏鲍菇
栽培管理

1. 发菌期菌包排放密度　培养室内菌包排放密度直接影响发菌质量和后期出菇的同步性。以 17cm×35cm 的袋子为例，最理想的排放密度是 55～60 包/m³，这样能保证架子中间菌包内部温度及空气质量与外部菌包一致，保证发菌质量一致。排放过于密集，若超过 85 包/m³，堆最上部菌包内部温度高于堆下部菌包内部温度 2℃ 及以上。

2. 发菌期温度、湿度、空气的控制　发菌期温度最好实行三段变温处理。接种后前 12d，即封料面前，温度控制在 24～26℃，菌丝快速生长，封料面速度加快，防止杂菌侵入；接种后 13～22d 为菌丝快速生长期，释放热量高，温度应控制在 21～23℃，若温度过高，则引起烧菌；发菌后期，温度控制在 20～22℃，较低温度使菌丝更充分分解培养料，菌丝变粗变壮，见图 4-2-7、图 4-2-8。

图 4-2-7　杏鲍菇培养室

发菌过程中，空气相对湿度控制在 60%～70%。不能高于 70%，过高则感染杂菌；不能低于 60%，过低则菌包内水分散失较多，影响后期产量。

发菌期二氧化碳的变化规律：接种后 1～12d，二氧化碳浓度在 4 000μL/L 以下；接种后 13～22d，为 5 500～7 500μL/L；接种后 23～30d，为 3 000～5 500μL/L。

图 4-2-8　枝条菌种接种后 16～17d 发菌状态

3. 发菌期杀菌消毒处理　发菌期注意环境卫生，若是大培养室，经常有电动叉车出入，则需要每周至少喷 1 次杀虫剂，喷 1 次杀菌剂，杀虫剂如高效氯氰菊酯、阿维菌素、敌敌畏等，杀菌剂如二氯异氰尿酸钠、二氧化氯多菌灵等，各种药剂要交替使用。同时，叉车出入口要铺浸杀菌剂溶液的无纺布，防止叉车在库内库外交替感染。

（九）　出菇期管理

杏鲍菇出菇期要注意菇房菌包排放密度、菇蕾分化期、控蕾期、快速生长期、采收期的温度、湿度、光照、二氧化碳浓度等问题。

1. 出菇期菇房菌包排放密度　以 17cm×35cm 的袋子为例，出菇期菇房菌包排放密度为 32～33 包/m³（图 4-2-9）。菌包排放量过大，温度不好控制，冷风机开启次数多，空气湿度降低明显，而且二氧化碳浓度高，菇体细，产量低。

图 4-2-9　菇房内排放发满菌的菌包

2. 菇体不同生长阶段的环境管理　菌包排放后，将袋盖去掉，摁住袋口底部，套环向上拉，这样出菇面减少，易减少菇蕾发生。

排包后 1～2d，温度控制在 15～18℃，空气相对湿度 65%～75%，包内温度降至 15～18℃，维持 12h 即可，主要目的是进行温差刺激，使发满菌的杏鲍菇从菌丝体生长阶段向子实体生长阶段转变。

排包后 3～5d，温度控制在 15～18℃，空气相对湿度 70%～85%，每天光照 12～24h，二氧化碳浓度 1 500～3 000μL/L，排包后约 5d 袋壁出现水雾（图 4-2-10）。

排包后 6～7d，温度 14～17℃，湿度 70%～85%，每天光照 12～24h，二氧化碳浓度 3 000～4 500μL/L，原基扭结（图 4-2-11、图 4-2-12）。

排包后 8d，温度控制在 14～17℃，空气相对湿度 70%～85%，光照 12～24h，二氧化

图 4-2-10　排包后 5d 状态

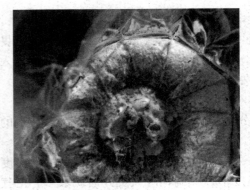

图 4-2-11　排包后 6d 状态

图 4-2-12　排包后 7d 状态

碳浓度 4 000～5 000μL/L，有菌盖出现，可以控制通风量，提高二氧化碳浓度，减少菇蕾发生（图 4-2-13）。

　　排包后 9d，温度 14～17℃，空气相对湿度 75%～85%，光照 6～12h，二氧化碳浓度 4 000～6 000μL/L，幼蕾形成，严格控制通风量，减少菇蕾发生。若此阶段菇蕾肚大盖小畸形，可适当加大通风量（图 4-2-14）。

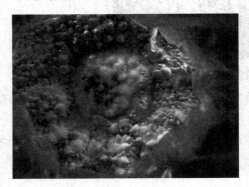

图 4-2-13　排包后 8d 状态（有菌柄和菌盖分化）

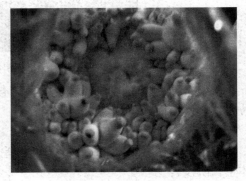

图 4-2-14　排包后 9d 状态

　　排包后 10～12d，温度控制在 13～15℃，湿度空气相对 75%～85%，没有光照，二氧化碳浓度 5 000～8 000μL/L，提高二氧化碳浓度控蕾，取掉套环，优势蕾形成（图 4-2-15、图 4-2-16）。

图 4-2-15　排包后 12d 状态

图 4-2-16　取掉套环后

　　排包后 13～14d，温度控制在 12～14℃或者 12～15℃，空气相对湿度 85%～95%，没有光照，二氧化碳浓度 5 000～8 000μL/L。如果菇蕾较多，可以提高二氧化碳浓度，减少通风，温度 14～16℃甚至 14～17℃，再适当延长控蕾时间。此外，一定要根据菇生长的状况调整温度及通风，如果盖薄颜色浅可降低温度，如果盖大可减少通风量，同时不能缺水，可直接向菇蕾上面喷水。

　　排包后 15～16d，温度控制在 11～14℃或者 12～14℃，空气相对湿度 85%～95%，没有光照，二氧化碳浓度 6 000～8 000μL/L。此阶段是菇蕾快速生长时期，温度低生长速度慢，但菇质硬，加强通风，菇体粗壮盖厚，后期不易早开伞。此阶段一定要将袋口撕开挽起，以免限制菇的生长（图 4-2-17、图 4-2-18）。

图 4-2-17　低温下生长的杏鲍菇（盖厚柄紧实表皮纹理细）

图 4-2-18　15℃以上生长的杏鲍菇（盖薄柄软表皮纹理粗）

排包后 17d，温度控制在 11～14℃或者 12～15℃，空气相对湿度 85％～90％，二氧化碳浓度 5 000～9 000μL/L，菇体快速生长，通风量要大，根据菇体生长状态调整温度。

排包后 18d，温度控制在 11～14℃或者 12～15℃，空气相对湿度 80％～90％，有的菇已达八成熟，菌柄长度 15～17cm，菇盖尚未完全展开时可以抽采。

排包后 19～20d，温度控制在 12～15℃，空气相对湿度 80％～90％，可安排采菇。

（十） 采收及分级包装

应根据市场需要，确定杏鲍菇采收标准。出口菇一般要求菌盖和菌柄的上下粗细较为一致，柄长 12～15cm；国内市场销售时，一般以菌盖平整、孢子尚未弹射时为采收最适期。采收时应戴上一次性手套，以减少菇体上的指纹印，采大留小。杏鲍菇头潮菇产量约占总产量的 80％，第二潮菇的产量低、品质差、经济效益低，和金针菇一样，工厂化栽培杏鲍菇也仅采收一潮，以提高工厂化生产的周转速度。

采收后将菇运到冷藏间，30min 内使菌柄中心温度降至 10℃以下，可延长货架期。将预冷的子实体运至包装间，削去子实体基部的菇渣及残次部分（图 4-2-19）。按照子实体大小和质量进行分级，采用环保聚乙烯袋半抽真空包装（图 4-2-20）。扎紧袋口，装入泡沫箱保温，并存放于 1～4℃的冷藏间待售。

图 4-2-19　削菇根

图 4-2-20　称量、抽气、包装

复习思考题

1. 杏鲍菇主要有哪些形态特征？
2. 试述杏鲍菇的生活条件。
3. 试述工厂化袋栽杏鲍菇栽培关键技术。

扫一扫，
看参考答案

任务三　真姬菇栽培

任务目标

◇ 知识目标 >>>
● 了解真姬菇的生物学特性。
● 掌握工厂化真姬菇栽培技术。

人 能力目标 >>>
● 会在工厂化形式下生产真姬菇。

相关知识

一、概述

真姬菇（*Hypsizygus marmoreus*）又名玉蕈、斑玉蕈，属担子菌亚门层菌纲伞菌目白蘑科玉蕈属。在自然条件下，真姬菇秋季生于壳斗科树种及其他阔叶树的枯木、树桩上，是一种白色木材腐朽菌，主要分布于北半球温带地区，美国、加拿大、欧洲、日本等都有分布。

真姬菇外形美观，质地脆嫩，味道鲜美，具有海蟹味，在日本称为蟹味菇、海鲜菇。真姬菇营养丰富，口感极佳，享有"闻之松茸，食之玉蕈"的美誉。真姬菇是一种低热量、低脂肪的保健食品，具有提高免疫力、预防衰老的功效。

真姬菇栽培始于 20 世纪 70 年代。1972 年日本保酒造株式会社人工栽培真姬菇获得成功，并申请了专利。目前日本真姬菇已成为继香菇、金针菇之后第三大菇类。80 年代引入我国栽培，以鲜品和盐渍品出口到日本。90 年代上海引进工厂化生产设备，实现了真姬菇周年工厂化生产，真姬菇已成为继金针菇之后发展最快的瓶栽品种。

二、生物学特性

（一）形态特征

1. 菌丝体　菌丝浓白色，边缘绒毛状。气生菌丝旺盛且爬壁力强，成熟时色泽变灰。培养条件不适时，生长速度减慢，菌丝可产生无性孢子。显微镜下单核菌丝直径 $1.0\sim2.0\mu m$，细胞狭长，有分隔，少分枝，无锁状联合。双核菌丝直径 $2.0\sim3.0\mu m$，细胞狭长，

有明显锁状联合。

2. 子实体 真姬菇子实体多丛生，菌盖幼时呈半球形，边缘内卷后渐渐平展，直径 3～8cm，灰褐色或白色，表面有裂纹。菌柄长 3～10cm，直径 0.4～0.6cm，洁白，多中央生少偏生，菌褶近白色，与菌柄呈圆头状直生。孢子近卵圆形至球形，无色透明，（4～5.5）μm×(3.5～4.2)μm，孢子印白色。

（二） 生活条件

1. 营养 真姬菇可分解利用木质素、纤维素和半纤维素。栽培种碳源主要来自各种阔叶树及针叶树木屑，若使用针叶树木屑须经 3～6 个月室外堆积才能使用，棉籽壳、玉米芯也是栽培种常用的碳源。除碳源外，真姬菇生长发育需要吸收蛋白质、维生素和矿物质等营养成分，因此培养料中需要添加麦麸、米糠、大豆皮、玉米粉等辅料。辅料混合使用比单独使用增产效果明显。

2. 温度 真姬菇不同菌株对温度的要求略有不同。菌丝发育温度范围为 9～30℃，适温22～24℃，温度由适温上升至 30℃左右，菌丝生长速度很快下降，升到临界温度 35℃，数天后菌丝便会死亡。子实体原基分化温度为 8～22℃，生长适温为 12～16℃。在 5～8℃的低温、22～25℃的高温下，子实体仍可缓慢生长，但长期的低温会造成菌盖畸形，出现大脚菇；长期高温会使菌柄徒长，菌盖下垂，对真姬菇的产量和品质不利。

3. 水分 真姬菇生长发育阶段基质含水量以 65% 左右为宜。基质含水量低于 45%，菌丝生长缓慢、稀疏，易衰老；高于 75%，菌丝生长缓慢或不生长。菌丝培养阶段菇房空气相对湿度为 70%～75%；子实体分化发育期间要求 90%～95%。尤其是菇蕾期对空气相对湿度要求更高，菇蕾期空气湿度过低则子实体难以分化，菇蕾易死亡；长期过湿的环境会影响子实体的正常发育，使其生长缓慢，菌柄发暗，有苦味，易受病害侵袭，出现菇上长菇现象。

4. 光照 真姬菇菌丝体生长不需要光照，黑暗条件下菌丝生长洁白粗壮，不易老化。但菇蕾分化需要 50～100lx 的散射光，促进原基分化。菌盖形成、菌柄伸长期需要散射光，否则子实体发育不良。子实体生长有明显的向光性，菇房应有 300～500lx 的光照。光照影响子实体的品质，光照不足，菇蕾发生少且不整齐，菌柄徒长，菌盖小而薄，子实体色淡，品质较差。

5. 空气 真姬菇属好气性菌类，菌丝体生长、原基分化、子实体生长都需要新鲜的空气。培养料应粗细搭配，含水量适宜，否则影响透气性及菌丝生长速度。氧气充足，发菌时间会缩短，菌丝体浓密，生长旺盛，为以后的优质高产创造条件。菌丝培养和出菇阶段要注意通风换气，菌丝培养室二氧化碳含量需控制在 0.4% 以下，出菇生育室控制在 0.3% 以下。菇房二氧化碳浓度过高，会造成子实体生长缓慢，出现畸形菇。

6. 酸碱度 真姬菇菌丝体生长要求弱酸性至中性环境，最适 pH 6.5～7.5，pH 超过8.5，接种块很难萌动。因培养料灭菌后 pH 会降低，菌丝体在生长过程中也会使培养料的pH 降低，为防止杂菌污染和促进菌丝体生理成熟，在拌料时应把培养料的 pH 调整到 8 左右为宜。

三、工厂化瓶栽和袋栽技术

目前，真姬菇栽培的主要方式是工厂化瓶栽和袋栽。

（一）栽培工艺流程

培养料选择→培养料配制→拌料→装瓶（装袋）→灭菌→冷却→接种→发菌期管理→后熟培养→搔菌→催蕾→出菇期管理→采收。

（二）菌种的生产

真姬菇的生产周期因品种不同而存在差异，褐色的蟹味菇品种为 100～110d，白色的白玉菇品种为 110～120d。其中在菌丝生长与后熟方面，蟹味菇约 80d，白玉菇约 90d，出菇期均为 23～27d。

长期以来真姬菇生产均使用固体菌种，目前部分厂家也已开始使用液体菌种进行规模化生产。真姬菇菌种生产的要求不同于金针菇，因为真姬菇菌丝培养时间较长，长达 80～90d，液体菌种接入后因培养时间长致使培养基失水严重；而固体菌种就有一定的优势，固体菌种接入后与瓶盖间空隙小，培养基失水少。此外，真姬菇容易在固体菌种馒头形老菌块上出菇，出菇整齐，朵形饱满，品质好，产量稳定；使用液体菌种时，出菇数量虽多，产量高，但整齐度差，朵形也不理想。

（三）培养料的选择

真姬菇栽培原料较广，木屑、棉籽壳、玉米芯、甘蔗渣、酒糟等都可进行栽培，实践证明棉籽壳和玉米芯是比较好的培养基原料。米糠、麦麸、大豆皮、棉籽仁粉是理想的氮源。培养料要求干燥、新鲜、无霉变和无虫害，培养料潮湿易产生霉变，会导致灭菌不彻底，也会影响到营养成分，最终影响产量和质量。生产中常用配方有以下几种：

（1）棉籽壳 50%，木屑 20%，甘蔗渣 8%，麦麸 10%，豆粉 5%，玉米粉 5%，石灰 2%。

（2）木屑 34%，棉籽壳 35%，玉米粉 5%，麦麸 25%，石灰 1%。

（3）棉籽壳 40%，木屑 38%，麦麸 10%，玉米粉 10%，碳酸钙 1%，石灰 1%。

（四）拌料

工厂化生产中多采用机械拌料，拌料方法可参照项目四任务一中工厂化瓶栽金针菇栽培中的拌料方法。

（五）装瓶（袋）

装瓶（袋）前测定培养料的含水量和 pH，含水量 65%～67%，pH 8.0～9.0。装料可以采用自动装料设备，袋料松紧度均匀一致，装料高度在瓶肩至瓶口 1/2 处为宜，通常 1 100mL 栽培瓶装料 700～720g，装料后，料面压实，并打一个接种孔，盖好瓶盖，及时装锅，不可久置。

一般选用 17cm×（30～33）cm、厚 0.004cm 高压聚丙烯塑料袋或聚乙烯塑料袋，装袋机装袋，每袋装料约 425g。袋口套颈圈加透气盖塞。

（六）灭菌

采用高压灭菌，123℃保持 2～3h；或常压灭菌，100℃保持 8～10h。

（七）接种

真姬菇子实体有在菌种层上分化出菇的习性，故接种时应有足够的用种量，并保持一定的菌种铺盖面积和表面积。

1.瓶栽接种　栽培瓶冷却至料温 20℃以下才可以接种。采用自动接种机定量接种，每瓶菌种（750mL 菌种瓶）约接种 40 瓶。

2. 袋栽接种 培养料灭菌后预冷至 20℃ 以下，在无菌条件下接菌。接种前要把菌种掰成花生仁大小，再接种在栽培袋的料面上，使之自然呈凸起状，这种凸起既增加了出菇面积，又有利于子实体的自然排列，不仅产量高而且整齐度好。真姬菇的接种量应多一些，每瓶栽培种约接 30 袋。

（八）发菌期管理

1. 菌丝培养 根据真姬菇生长特点，调节培养室温度、空气湿度和通风量，保持温度 22～25℃ 范围内，空气相对湿度为 70%～75%，保持通风良好，菌丝培养阶段不需要光照，真姬菇生长速度较慢，通常需要 30～35d 才能长满菌瓶。袋栽一般 50d 左右可长满袋。

2. 菌丝后熟培养 真姬菇的菌丝长满料后不会马上扭结现原基，因菌丝还未达到生理成熟，所以尚无结菇能力，仍需要继续培养，称为后熟培养。该阶段的管理是真姬菇和其他菇类不同的地方。后熟培养阶段是真姬菇能否顺利出菇及影响产量、质量的重要环节。据试验，在 20～30℃ 下后熟培养，瓶栽蟹味菇菌丝后熟期 40～50d，白玉菇菌丝后熟期 50～55d；袋栽则需 80d 以上。这种时间上的差异，主要就是由于不同容器内、外气体交换的程度不同所致。瓶栽装料量少，透气性好，菌丝成熟快。袋栽装料量多，菌丝呼吸量大，袋内二氧化碳积累的浓度高，透气口又相对较小，菌丝体后熟就慢。

后熟结束的标志是菌丝由稀疏转为浓白，形成粗壮的菌丝体，料面出现白色菌皮，并分泌浅黄色或黄褐色色素时，即达到菌丝生理成熟。

（九）出菇期管理

1. 搔菌与注水

（1）瓶栽。真姬菇菌丝达到生理成熟后，即可搔菌。采用馒头形的搔菌刀搔菌，即搔去瓶口表面边缘的老菌丝，留下中间部位的菌种块，使料中间高起呈馒头状，促使真姬菇原基从料面中间留存的老菌块上长出成丛菇蕾。搔菌后，立即注水 10～20mL，补充料面水分，增加原基形成数量。但搔菌后菌丝受伤，抵抗力较弱，注水后易引起污染，因此必须保持水及搔菌刀的洁净。

（2）袋栽。生理成熟的菌包用搔菌耙在料面中间轻轻耙掉直径 4～5cm、深 1.0～1.5cm 的老菌块，形成 1 个环沟呈圆丘状。搔菌后，可往袋内注入清水，保持 1h，然后把吸收的水倒掉，注意把水倒干净，以免产生杂菌。

2. 催蕾 搔菌注水后，进行黑暗管理 4～7d，菌丝恢复生长后，即进入原基分化期，此时催菇室温度控制在 14～15℃。催蕾期需要较高的空气相对湿度，通常采用超声波加湿器产生雾化状水，使空气湿度控制在 95%～98%。原基分化阶段需要光照度 100lx，每天光照 10h 以上。二氧化碳浓度控制在 1 000～2 000μL/L，利于原基分化，通过调节通风时间和通风量控制二氧化碳浓度。在适宜条件下，搔菌后 7～8d，培养料表面呈瘤状突起，出现成堆的小粒状白色菇蕾。

3. 育菇期 原基分化 2～3d 后，小粒状菇蕾渐渐长出上细下粗的菌柄，顶端分化出半球形菌盖。

（1）温度。子实体生长期温度控制在 14～15℃。温度过低子实体生长缓慢；过高则会引起菌柄徒长，菌盖开伞过大，菌盖变薄，同时也会引起杂菌生长。

（2）空气相对湿度。控制在 90%～95%。如果湿度不足，会造成菇蕾死亡；湿度过高则子实体生长缓慢，菌柄发黑，容易受病害侵袭。

（3）二氧化碳浓度。每天通风 5～7 次，每次 15min，保持二氧化碳浓度 2 000μL/L 左右。当菇盖长到直径 0.5～0.8cm 时，减少通风，提高二氧化碳浓度至 3 000μL/L，抑制菇盖生长，促进菌柄伸长增粗。

（4）光照。真姬菇子实体生长需要充足的光照，菇房需要 500lx 左右的光照，每天光照 10h 以上。

（十） 采收和包装处理

随着子实体生长发育，菌柄逐渐伸长增粗，菌盖渐增大成半球形，白玉菇菌盖表面形成白色龟裂状斑纹，蟹味菇菌盖表面形成褐色龟裂状斑纹。当菌柄长至 4～6cm、菌盖直径 0.8～1.2cm、菌盖呈半球形且尚未开伞时，即可采收。以手提菇柄，整丛子实体轻轻拧下，或一手按住瓶子，一手用压缩空气枪将整丛压出瓶口，防止压碎菇体及菇盖边缘破损。通常每个栽培瓶（1 100mL）的产量为 180～230g。真姬菇多以鲜食为主，通常采用盒式抽气保鲜薄膜包装。菌柄及菌盖表面易产生气生菌丝，影响商品菇品质，必须避免湿度波动，通常 2～3℃能保存 30～40d。工厂化生产的栽培瓶采收后即可挖瓶处理，废料可以重复生产，也可以加工成废料和燃料再次利用。

袋栽的真姬菇，当菌盖直径 1.5～3.0cm，菌柄长 4～8cm，粗细均匀，菌盖边缘没有全部展开，孢子尚未弹射时，一手按住菌柄基部培养料，一手握住菌柄，轻轻地将整丛菇拧下。

复习思考题

1. 简述真姬菇的生活条件。
2. 简述工厂化瓶栽真姬菇栽培要点。

扫一扫，
看参考答案

项目五
SHIYONGJUN ZAIPEI

食用菌病虫害及其防治

在食用菌栽培过程中，适合食用菌生长的温度、湿度等环境条件同样也适合一些病虫害的发生和生长繁殖。尤其随着代料人工栽培技术的出现和发展，培养料中使用木屑、棉籽壳、麦麸、米糠、糖等为原料，大幅度提高了我国食用菌的产量和质量，但也使食用菌的杂菌和病虫危害日趋严重。一些栽培时间长的菇房或地区由于杂菌或病虫的积累，整个环境受到污染，已无法栽培食用菌。病虫及杂菌的危害给食用菌产业的发展带来严重威胁，所以有效控制杂菌和病虫的危害是保证食用菌高产、稳产、优质的重要环节。

食用菌病虫害防治应遵循"以防为主，综合防治"的方针，特别强调以生态调控和物理防治为主，注意环境卫生，改进栽培措施，从各个环节入手，做好防范，防止病虫及抑制杂菌的发生，减少化学药剂的使用，以避免对食用菌产生药害和造成污染。

任务一　病害及其防治

任务目标

◇ **知识目标 >>>**
- 了解竞争性杂菌的特征，掌握防治方法。
- 了解寄生性病害的特征，掌握防治方法。
- 了解生理性病害的特征，掌握防治方法。

人 **能力目标 >>>**
- 会分析竞争性杂菌发生的原因并进行正确防治。
- 会分析寄生性病害发生的原因并进行正确防治。
- 会分析生理性病害发生的原因并进行正确防治。

相关知识

食用菌病害是指食用菌在生长发育过程中，因受其他有害微生物的侵扰或环境条件不适宜，使其不能正常地生长发育，导致食用菌菌丝体或子实体呈异常状态甚至死亡，并对食用菌生产造成损失的现象。

按照病害发生的原因，食用菌病害分为两大类，即侵染性病害和非侵染性病害。侵染性病害是指食用菌由于受到其他有害生物侵染而引起的病害。该病害的发生往往是由少到多，由点到面，其危害由轻到重，具有明显的扩张性、蔓延性。引起食用菌病害的生物（即病原物）主要有黏菌、真菌、细菌和病毒等。非侵染性病害是指食用菌生长过程中由于受到不适宜的生活条件和不当的栽培管理措施或遗传变异，引起食用菌生长发育障碍和生理性障碍，产生的各种异常现象。该类病害是不会传染的。引起食用菌非侵染性病害的主要因素有温度、水分、空气相对湿度、光照、酸碱度、二氧化碳浓度等环境条件不适或农药及其他化学物质的刺激等。

侵染性病害包括竞争性杂菌和寄生性病害，其中危害最多的是竞争性杂菌。非侵染性病害即生理性病害。

一、竞争性杂菌

竞争性杂菌简称杂菌，虽不直接侵染食用菌菌丝体和子实体，但其与菌丝体争夺生存空间和基质营养，改变培养料 pH，分泌毒素，导致烂料，抑制菌丝生长，子实体变色、畸形、甚至腐烂。在菌丝体阶段普遍发生，其对生长的环境条件要求多与食用菌极其相近，故一旦发生，很难防治，造成的危害一般比较严重，因此，对栽培者来说，关键在预防，防重于治。代料栽培中常见的竞争性杂菌有以下几种。

（一）青霉

1. 发生特点　青霉的污染普遍发生在食用菌制种及栽培过程中。培养基、培养料受青霉孢子污染后，可在 1～2 d 萌发成菌丝，形成小的绒状菌落。2～3 d 后从菌落中心开始产生绿色或黄绿色的分生孢子（图 5-1-1）。菌落中心为绿色，外圈为白色，菌落扩展有局限性。菌丝很快覆盖培养料表面，影响食用菌菌丝的正常生长，其分泌的毒素能导致食用菌菌丝死亡。高温（28～32℃）、高湿（85%～95%）、偏酸、通风不良条件下容易发生青霉污染。

2. 传播　主要是分生孢子通过空气进行传播。培养基、培养料灭菌不彻底，接种工具消毒不严格，或栽培袋破裂，均可引起病菌侵染。

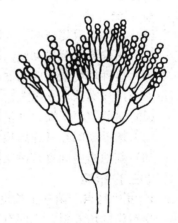

图 5-1-1　青霉
（刘波，1991）

3. 防治方法

（1）灭菌室、接种室和培养室内外要做好常规消毒，接种室、培养室要密封熏蒸，保持清洁卫生。

（2）选新鲜无霉变的培养料。

（3）栽培中一旦培养基或培养料被污染，用 0.2% 多菌灵或 0.1% 二氯异氰尿酸钠、3%～5% 石灰水喷施感染部位，也可在患处撒生石灰覆盖，严重时把污染的材料运往远离菇房处深埋。

（4）培养料和接种工具灭菌要彻底，严格遵守无菌操作规程，降低接种过程的杂菌污染率。

（5）控制菌种试管棉塞受潮，菌瓶、菌袋搬运过程中避免破损，严防霉菌孢子从破口处侵入。

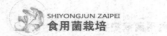

（6）生长期控制适宜的环境条件，加强通风，避免高温高湿。

（二）毛霉

1. 发生特点　在各类食用菌的制种及栽培中均可发生此菌污染。初为白色棉絮状，生长速度快，不久变为灰色、黄色或褐色（图5-1-2）。

图5-1-2　毛霉及侵染状
1. 毛霉　2. 毛霉侵染菌袋

2. 传播　毛霉广泛分布在谷物、土壤、粪便、空气及植物残体上。毛霉孢子通过空气和工具传播，生料栽培主要通过培养料传播。

3. 防治方法

（1）栽培原料要新鲜、干燥。

（2）培养料灭菌要彻底。

（3）接种环境消毒要彻底，接种前用0.25%的新洁尔灭溶液或0.1%的多菌灵溶液喷洒消毒，或用气雾消毒盒杀菌。

（4）培养室要干燥、清洁卫生。

（5）培养期间经常通风换气，避免高温高湿。

（6）其他措施同青霉污染防治。

（三）根霉

1. 发生特点　菌落生长迅速，初时为白色，老熟后变为褐色或黑色。受污染的培养料，表面有匍匐生长的菌丝，并在匍匐丝上生出假根（图5-1-3），假根接触基物，后期在培养料表面形成一层黑色颗粒状霉层。高温高湿条件有利于此病菌的生长繁殖。

2. 传播　通过空气和工具传播。

3. 防治方法　同青霉污染防治。

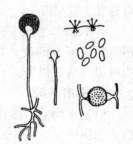

图5-1-3　根霉
（刘波，1991）

（四）木霉

1. 发生特点　木霉生长比青霉快。木霉可通过3种方式危害食用菌菌丝：一是木霉菌丝体生长很快，紧紧缠住食用菌菌丝；二是木霉代谢过程旺盛，可分泌有害物质；三是木霉菌丝侵入食用菌菌丝内部。凡受到木霉菌丝危害的地方，食用菌菌丝必定死亡，培养料变成褐色并很疏松。受污染后料面上产生霉层，初为白色，菌丝纤细，致密，由菌落中心向边缘逐渐变成浅绿色，最后变成深绿色，粉状物（图5-1-4）。如不及时处理，几天就会在整个料面上层形成一层绿色的霉层。高温高湿、偏酸性的条件有利于此病的发生。

图 5-1-4 绿色木霉及侵染状
1. 绿色木霉 2. 绿霉侵染菌袋
（1 引自刘波，1991）

2. 传播 病菌孢子靠气流传播，接种时消毒不严或棉塞潮湿及生产环境不洁、空气中的孢子便乘机侵入，生产中在菌丝愈合及定植或采菇时，菇根受伤也易感染木霉。

3. 防治方法 同青霉污染防治。

（五）曲霉

1. 发生特点 在各类食用菌制种及栽培中，在温度高时最常发生污染的有黄曲霉和黑曲霉（图 5-1-5）。在受污染的培养料上，初期为白色绒状菌丝，菌丝较厚，扩展性差，但很快转为黑色或黄色颗粒状霉层。用放大镜可看到一丛丛黄色、土黄色、褐色、黑色的色斑；黑曲霉菌落呈黑色；黄曲霉呈黄至黄绿色。

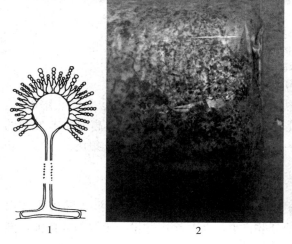

图 5-1-5 曲霉及侵染状
1. 曲霉 2. 黄绿曲霉侵染菌袋 3. 黑曲霉侵染菌袋
（1 引自刘波，1991）

2. 传播 曲霉广泛分布于土壤、空气及各种腐败的有机物上，分生孢子靠气流传播。

3. 防治方法

（1）应选用新鲜干燥无霉变的原料，并在其中添加干料质量 0.1%～0.2%的多菌灵可湿性粉剂或干料质量 0.1%的二氯异氰尿酸钠。

（2）在夏季潮湿季节，要防止棉花塞受潮，化纤棉花防潮效果好一些。

（3）在高温季节，最好不用麦粒、玉米粒等培养的菌种，避免菌种上生长黄曲霉。

（4）栽培场所要干燥、通风。

（5）其他防治措施同青霉菌的防治。

（六）链孢霉

1. 发生特点 受污染的棉塞和培养料上，初期长出灰白色或黄白色稀疏、纤细菌丝，菌丝呈棉絮状，几天后迅速变成橘红色或粉红色的粉状霉层，常成堆成团地出现于基物表面（图 5-1-6）。这种链孢霉能杀死食用菌菌丝，引起菌瓶（袋）发热，发酵生醇，很容易从菌种室内嗅到酒味或酒精味。在 25℃左右、通风不良的环境中生长极快，2～3 d 内可完成一个世代。分生孢子生命力强，在湿热、70℃条件下 4min 失去活力，而干热条件下可耐 130℃的高温。

图 5-1-6　链孢霉及侵染状

1. 链孢霉　2. 链孢霉长出套环

3. 感染链孢霉的菌包经高压灭菌后被链孢霉再侵染

（1 引自刘波，1991）

2. 传播 链孢霉大多数生活在土壤或有机质中，以分生孢子通过空气、土壤、培养料、水等途径传播。高温、高湿条件有利于链孢霉迅速传播和发展，是 7～8 月高温季节发生的重要杂菌，来势猛，蔓延快，危害大。该菌一旦发生，菌种、栽培袋将成批报废。

3. 防治方法

（1）培养料中尽量少用或不用玉米粉。

（2）一旦出现橘红色块状分生孢子团，用湿布或湿纸小心包好拿掉，浸入药液中或深埋，切勿用喷雾器直接对病菌喷药，以免孢子分散；也可及时涂刷适量的废煤油或柴油，然后用薄膜包扎，可使霉变糜烂死亡。

（3）发菌后期污染，可将受污染菌袋埋入深 40～50cm 透气性差的土壤中，经 10～20d 缺氧处理后，能减轻病害可出菇。

（七）酵母菌

1. 发生特点 各级菌种和栽培袋均易发生。培养料水分大、高温情况下，易引起培养料发酵变质，散发出酒酸味。试管菌种受红酵母污染后，在培养基表面形成红色、粉红色、橙色、黄色的黏稠菌落，试管和培养基都不产生绒状或棉絮状菌丝（图5-1-7）。高温、高湿时易发生。

2. 传播　广泛分布于土壤、水果、蔬菜、谷粒，甚至食用菌子实体上。

3. 防治方法

（1）谷粒菌种在拌料前用5％的石灰水浸泡1d。

（2）培养基灭菌要彻底，无菌条件接种及适宜环境条件培养均可减少酵母菌污染机会。

（八）细菌

1. 发生特点　细菌污染后的培养料表现为有水渍、湿斑、酸败、湿腐、黏液和腐烂等症状，闻之有酸臭味（图5-1-8）。高温季节发生较为严重，在PDA培养基上表现为湿斑，随之出现菌脓

图 5-1-7　酵母菌
（刘波，1991）

或菌斑，菌种块被细菌包围，菌丝停止生长；谷粒培养基被污染后，表现为水渍，随之出现黏液，并散发出腐烂臭味；熟料菌袋被污染，培养基局部出现湿斑，菌丝生长慢，出菇延迟，产量降低；低温季节发酵料堆制过程中，由于堆温难以上升并且通气不良，致使培养料黏结、变黑，并散发出酸臭味。

图 5-1-8　菌包底部被细菌侵染

2. 传播　细菌广泛分布于自然界中，喜欢高温、高湿、近中性的基质环境，气流、基质、水流、工具及昆虫等都可以传播。

3. 防治方法

（1）菌种要纯，不能带有杂菌。

（2）培养料灭菌要彻底。

（3）低温季节发酵，可在温室或大棚内进行，料内添加2％的石灰，并且注意料堆要有通气孔，以防细菌繁殖。

（4）注意发菌室和出菇室保持清洁卫生，发菌室及出菇房使用前用气雾消毒剂或高锰酸钾和甲醛进行熏蒸，通风晾干后使用。

（5）生料栽培时，培养料的含水量要适当偏低，发菌温度不能过高，培养料中精料含量要低。

（九） 鬼伞

1. 发生特点 鬼伞是夏季高温季节发生于粪草培养料上的竞争性杂菌，生料或发酵料栽培食用菌经常发生，培养料发酵未完全或氨气较多，以及发酵期间受到暴雨淋湿后，料温下降，都极易造成鬼伞爆发。鬼伞菌丝生长初期，料面上无明显症状，直到出现灰黑色鬼伞子实体时才可辨出（图5-1-9）。鬼伞子实体生长迅速，一旦成熟后很快自行消解腐烂，流出墨汁状黑色液体，不久即腐烂。鬼伞与食用菌争夺养分，严重影响出菇。

图 5-1-9　鬼伞

2. 传播 鬼伞在自然界广泛分布，一般生长于粪堆、肥土及植物残体上，在受潮霉变的稻草、麦秆、棉籽壳、废棉等原料中带有大量鬼伞类孢子，使用这些原料，未经堆制发酵或发酵不良，没有完全杀死鬼伞类孢子，栽培后就容易导致鬼伞大量发生。生料栽培和培养料中加米糠、麦麸多，使氮素含量过高，或者基质偏酸性，均有利于鬼伞的发生。鬼伞类孢子随气流、水流和培养料传播。

3. 防治方法

（1）选用新鲜、干燥、无霉变的培养料，而且发酵要彻底均匀。双孢蘑菇栽培时培养料应进行二次发酵，以杀灭鬼伞孢子。

（2）配料含氮量不要过高，特别是无机氮含量不要过高。

（3）发菌期避免培养料的高温高湿。一旦发现鬼伞，要在开伞前及时拔除，并进行降温、散湿和通风。

二、寄生性病害

食用菌寄生性病害中包括真菌性病害、细菌性病害、线虫性病害和病毒性病害。其中前两种危害最为严重。

（一） 真菌性病害

真菌引起的病害一般能表现出明显的症状，病部出现斑点、凹陷、软腐等现象。常见的真菌性病害有以下几种。

1. 褐斑病 又称轮枝霉病、干泡病、黑斑病等，主要危害双孢蘑菇、草菇和香菇等。

（1）症状。原基感染后畸形，幼菇感染可使菌柄变粗，出现褐色条纹，菌盖变小并有许多褐色斑点，以后斑点逐渐扩大并凹陷，但菇体不腐烂、无臭味，最后干裂枯死（图5-1-10）。

图 5-1-10 双孢蘑菇褐斑病

（2）病因。该病由轮枝霉侵染引起。覆土材料是初侵染源。褐斑病主要通过人、空气、水、工具及昆虫、螨等进行传播。该病菌不侵染菌丝体，但可沿着菌丝生长，进而侵染子实体。喷水过多、覆土太潮湿、通风不良，会导致该病害大面积发生。

（3）防治措施。

①褐斑病应以预防为主，要保证覆土消毒和用水清洁。

②如有少量发生时，减少床面喷水，加强通风，降低土表面和空气相对湿度，小心清除感病子实体。可用 70%甲基硫菌灵可湿性粉剂 1 000 倍液、50%多菌灵可湿性粉剂 500 倍液或 45%噻菌灵悬浮剂 2 000 倍液喷雾防治。

2. 褐腐病 又称疣孢霉病、白腐病、湿泡病，主要危害平菇、香菇、双孢蘑菇、白灵菇、草菇、银耳、灵芝、茶树菇等。

（1）症状。该病主要发生于菇蕾分化期，幼蕾受感染后，菌盖发育不正常或停止生长，菇柄膨大变形、变质、畸形，后期内部中空。菌盖和菌柄交界处及菌柄基部长出白色绒毛状菌丝，进而变成暗褐色，并流出褐色汁液，腐烂，有恶臭气味。在高湿条件下，褐色汁液溢出病菇表面，在菌盖、菌柄上出现褐色病斑。在菇体生长后期被轻度感染，菌盖表面产生许多瘤状突起，失去商品价值。

（2）病因。此病是由疣孢霉引起，菇场周围的土壤和废弃物是该病的主要来源，主要通过气流、工具、喷水、害虫以及操作人员传播。高温、高湿和通风不良时褐腐病发病严重，阴雨天气有利该病大发生，10℃以下极少发生。

（3）防治措施。

①搞好菇场的环境卫生，旧床架可用甲基硫菌灵或多菌灵、甲醛等溶液喷洒消毒。

②覆土材料可在烈日下暴晒 3～4d 或用咪鲜胺锰盐（施保功）均匀拌土进行消毒。

③若遇褐腐病大面积发生应立即停止喷水，发病处撒生石灰，第二天挖掉菇床上的病菇及疣孢霉菌丝块，再均匀喷洒苯多菌灵或甲基硫菌灵。

3. 软腐病 又称蛛网病、腐烂病，此病主要危害平菇、双孢蘑菇等。病菌生存于有机质丰富的土壤和有机残体中，使用营养丰富的土壤作覆土材料极易发生。

（1）症状。子实体长出前侵染，床面上会看到灰白色霉斑，然后病斑迅速扩大并变为暗绿色，发病部位不再出菇。子实体长出后受害，菇柄基部出现淡褐色不规则水渍状病斑，病菌逐渐向上蔓延，子实体很快被蛛网状菌丝体覆盖而软腐。

（2）病因。病原菌为树状枝葡霉，该病菌主要生活在土壤中，会随着覆土、空气、水和

昆虫传入菇场。湿度大、培养料含水量偏高易发生软腐病。这种病在菇房经常小面积发生，很少大面积流行。

（3）防治措施。

①将培养料和覆土的 pH 调为 6.5～7.0，如向菇床上喷 2%澄清石灰水等，可有效控制病原菌的发生和蔓延。

②在子实体生长阶段要控制适宜的含水量，要经常清除菇体表面积水，保持菇房空气新鲜。

③对已发病菌袋，发现病菇后应及时用石灰覆盖并清除，然后喷施 65%漂白粉。

（二） 细菌性病害

食用菌细菌性病害一般具有坏死、斑点、褐变、腐烂等典型症状，部分细菌性病害引起子实体腐烂，并散发出酸臭气味。常见的细菌性病害有：

1. 细菌性褐斑病

（1）症状。发生部位在菌盖和菌柄上，病斑褐色。菌盖上的病斑呈圆形、椭圆形或不规则形，潮湿时，中央灰白色，有乳白色的黏液，气温干燥时中央部分稍凹陷。菌柄上的病斑呈菱形或长椭圆形，褐色，有轮斑。条件适宜时会迅速扩展，严重时菌柄、菌盖变成黑褐色，最后腐烂。

（2）病因。病原菌为托拉斯假单胞杆菌。病菌广泛分布于自然界的水体、土壤、谷粒、堆肥、植物残体、有机肥料、腐败木材中。病菌通过人体、气流、虫类和工具等途径传播。在高温、高湿栽培场所，通风不良情况下极易发病。

（3）防治措施。一要选用抗病品种，加速品种更新，合理安排出菇时间。根据各种食用菌生长所需的温、湿度来合理安排栽培季节，尽量避开高温高湿的影响；二要做好出菇场地卫生消毒工作，场地用 0.05%～0.1%漂白粉喷雾 1～2 次，然后用消毒粉或高锰酸钾和甲醛熏蒸；三是发病初期用漂白粉兑水喷雾，稀释浓度为 0.2%，或用浓度为 40～50mg/kg 的土霉素喷雾，根据发病程度，间隔 3～5d 重喷一次。

2. 细菌性软腐病 又称细菌性腐烂病。

（1）症状。由荧光假单胞杆菌引起，主要危害双孢蘑菇、凤尾菇。该病菌侵染后，发病部位多从菌盖开始，有时也先感染菌柄。发病初期，在菌盖上可出现淡黄色水渍状斑点，然后迅速扩展，当病斑遍及整个菌盖或延至菌柄后，使整个子实体变为褐色，最后引起子实体软腐，有黏性，并散发出恶臭气味，湿度大时菌盖上可见乳白色菌脓。

（2）病因。菇房及周围环境卫生差，灭菌不彻底，灭菌结束出现"倒吸"现象，温度高、湿度大有利于此病发生。

（3）防治措施。培养料灭菌要彻底，冷却室空气要洁净，搞好菇房及周围环境卫生，控制好菇房的温度和湿度，空气相对湿度不宜超过 95%，注意通风，并及时防治菇蝇与螨类。要及时清除病菇，停止喷水 1d 后，再喷洒 0.2%的漂白粉溶液，也可喷洒 50%多菌灵可湿性粉剂 800 倍液。

3. 平菇黄斑病 又称黄菇病。

（1）症状。平菇子实体感染初期，菌盖边缘表面会出现黄色的小斑点，以后逐渐变暗褐色，并出现圆形、椭圆形或不规则形凹陷病斑（图 5-1-11）。病菇分泌黄色水滴并停止生长，致使整丛菇发病，但不腐烂。平菇和秀珍菇较易感染此病。

图 5-1-11 平菇黄斑病

（2）病因。病原为假单胞杆菌。病原菌主要通过土壤、水、昆虫、空气和病菇传播。在高温高湿、通气不良时黄斑病容易流行和发生。

（3）防治措施。可参考细菌性褐斑病防治方法。

4. 蘑菇干腐病 又称干僵病。

（1）症状。子实体侵染病菌后正常生长分化，但 2d 后即停止生长，菇体颜色暗淡失去光泽，菇盖皱缩，菇柄伸长，严重时菇盖歪斜，菇体干枯，逐渐萎缩死亡。病菇菌盖与菌柄连接处有明显的暗褐色病斑，将菌柄纵向撕开可发现一条暗褐色的变色组织，菇盖硬而脆。

（2）病因。病原菌为假单胞杆菌，病原沿着蘑菇菌丝传播，蔓延速度很快，一旦发生很快感染整个菌床。

（3）防治措施。隔离能有效阻止此病的传播。其他可参考细菌性褐斑病防治方法。

（三）病毒病害

病毒具有很强的侵染性，携带致病性的病毒浓度低时，菇体不出现病症，当病毒达到一定浓度时，菇体和菌丝出现一系列病变。

1. 双孢蘑菇病毒病 又称褐色病、菇脚渗水病、顶菇病。

（1）症状。菌丝体受病毒侵染后生长缓慢，子实体则表现为矮化，早熟易开伞，菇柄长得粗而短并有褐色条斑。往往只有头潮菇出现病症，主要是由于菌种带病毒引起。

（2）病因。由多种病毒感染导致。带病毒的孢子通过气流、工具及昆虫等途径传播。

（3）防治措施。

①选用抗病毒的优良品种。

②出菇室环境保证清洁，安装纱门、纱窗，防止害虫传播；出菇室、床架、器具等用前可进行巴氏消毒。

③培养料进行后发酵处理或巴氏消毒。

④发现病毒的菇棚，必须在子实体散发孢子前及时采收，防止病毒通过孢子传播。

2. 香菇病毒病

（1）症状。香菇病毒病的症状是香菇菌丝生长阶段表现为菌种瓶（袋）及栽培袋出现"秃斑"和退菌现象；在子实体生长阶段表现为畸形菇或子实体开伞早、菌肉薄、产量低。

（2）病因。香菇菌种带有病毒所致。通过香菇菌丝体和孢子传播。

（3）防治措施。可参照双孢蘑菇病毒病防治方法。

3. 平菇病毒病

（1）症状。菌丝生长阶段速度明显减慢，菌丝稀疏、发黄或吐黄水，出菇阶段表现为菌盖畸形、僵硬或菌盖较小，表面出现明显的水渍状条斑，转潮时间推迟，且第二、三潮菇同样畸形（图5-1-12）。

（2）病因。由球形病毒感染所致。带病毒的孢子通过气流、昆虫、工具等渠道传播。

（3）防治措施。参考双孢蘑菇病毒病防治方法。

图 5-1-12　球形菇

三、生理性病害

（一）菌丝徒长

1. 症状　菌丝在培养料面或覆土表面生长过旺，严重时结成菌块或组成白色菌皮，推迟出菇，甚至难以形成子实体（图5-1-13）。

微课：食用菌生理性病害及其防治

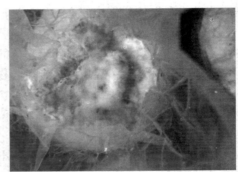

图 5-1-13　杏鲍菇菌丝徒长

2. 病因　高温高湿、通风不良或培养料中含氮量偏高，导致菌丝营养生长过旺。

3. 防治措施　科学设计配方，含氮量不要偏高。降温降湿，加强通风。如果土面或栽培块表面已发现菌丝徒长并结成菌块，可用刀将菌块划破。

（二）菌丝萎缩

1. 症状　食用菌栽培中，有时在发菌或出菇阶段出现菌丝生长稀少并出现萎缩甚至死亡现象。

2. 病因　一是选用针叶树木屑，或发酵不当，或缺少某些必需的营养元素，或化肥添加过迟，或培养料含氮量过高导致氨中毒而死亡；二是培养料或覆土层湿度过大，水分渗入料层，造成培养料过湿而缺氧，致使菌丝萎缩；三是发菌初期或刺孔增氧期间通风不好，在高温高湿条件下菌丝新陈代谢加快，烧菌引起菌丝萎缩；四是覆土和培养料带入害虫，使菌丝萎缩死亡。

3. 防治措施　选用长势旺盛的菌种，新鲜优质的培养料，采用合理配方；严格灭菌和对覆土进行消毒，不随意添加化学物质；合理调节培养料含水量和空气相对湿度，加强通风换气；分批刺孔，及时散堆，疏排菌棒。

（三）拮抗线

1. 症状　菌丝尖端不再继续发展，菌丝积聚，由白变黄，形成一道明显的菌丝线；或者菌丝交接处形成一道明显的菌丝线条，界线分明。

2. 病因 一是培养料含水量过高，菌丝不能向高含水料内深入，形成拮抗线；二是菌袋两头各接入了两个互不融合的菌种。

3. 防治措施 基料内的含水量要适宜；在一个菌袋内只接入同一菌株。

（四）菌丝稀疏

1. 症状 菌丝表现稀疏、纤弱、无力、长速极慢等现象（在排除细菌污染的前提下）。

2. 原因 种源特性退化、老化，种源自身带有病毒病菌，基料营养配比不合理，含水量过低，pH过高或过低，培养温度过高，湿度过大等。

3. 防治措施 选用适龄的脱毒菌种，科学合理地调配基料，注意基料pH变化，调控培养室的温度。

（五）菌丝不吃料

1. 症状 表面菌丝浓密、洁白，但菌丝不向下伸展。开料检查，发现有一道明显的断线，未发菌的基料色泽变褐，并有腐味。

2. 原因 基料配方不合理，原料中有不良物质，基料水分过大，菌种老化或退化。

3. 防治措施 合理选择原料，配方应科学合理，适量用水，选择适龄的脱毒菌种。

（六）发菌极慢

1. 症状 与正常生长速度相比菌丝生长极慢。

2. 原因 基料水分过大，通透性极差，菌丝无法深入内部；基料灭菌的起始温度低或者装料与灭菌之间的时间偏长，高温时基料酸败；基料配方不合理，某些化学物质抑制菌丝发生；种源的特性不适应或者生物性状退化。

3. 防治措施 基料配方合理，调控适宜的含水量，选择适合本地区的脱毒适龄菌种，装瓶或装袋后应立即灭菌。

（七）畸形菇

1. 症状 在食用菌栽培过程中常常出现子实体形状不规则，如花菜状平菇、高脚状香菇、鹿角状灵芝、光柄状杏鲍菇。

2. 病因 主要是通风不良，二氧化碳浓度过大，供氧不足；覆土颗粒过大，出菇部位低；光照不足，温度偏高；其他如用药不当而引起药害，机械损伤，进风温度远远低于菇体温度等（图5-1-14、图5-1-15）。

图5-1-14 平菇药害　　　　　　　　　　　图5-1-15 瞬间低温导致杏鲍菇畸形

3. 防治措施 改善菇房的通风条件，降低二氧化碳浓度，在子实体形成初期要做到早

中晚各通风半小时，出菇过程中尽可能少用农药和少用浓度高的营养液，并减少管理过程中的机械碰伤。

（八）死菇

1. 症状　在香菇、平菇、金针菇等多种食用菌的栽培中，均有死菇现象发生，尤其是头一二潮菇出菇期间，小菇往往大量死亡。具体症状是子实体萎缩，停止生长，最后死亡，严重影响前期产量（图5-1-16）。

2. 病因　一是出菇过密过挤且部位过高，营养不足；二是高温高湿，通风不良，二氧化碳浓度过高，致使小菇闷死；三是出菇时喷水过多，且对幼菇直接喷水，导致菇体水肿黄化、溃烂死亡；四是滥用农药，产生药害，致使原基死亡或长期不出菇；五是温度变化剧烈，过高或过低，超出子实体生长范围均会导致菇体死亡。

图5-1-16　草菇菇蕾死亡

3. 防治措施　依据上述原因，采取相应措施，如科学用水，加强通风换气，改善环境条件，正确使用农药等。

（九）菇盖着色

1. 症状　幼菇菌盖局部或全部变为黄色、焦黄色、淡蓝色，或有铁锈斑，使子实体生长受到抑制。

2. 病因　一是低温季节使用煤炉升温时，棚内一氧化碳浓度较高，子实体中毒而变色，菌盖变蓝后不易恢复；二是质量不好的塑料棚膜会有某些不明化学物质被冷凝水析出后滴落在子实体上，往往以菌盖变为焦黄色居多；三是覆土材料或喷雾器中的某些药物残留成分或外界有害气体的侵入等，均可导致该病发生。

3. 防治措施　不宜用煤炉在出菇房内加温，在出菇期不能施用农药，在阴雨天时菇房不宜浇水。

（十）薄皮早开伞

1. 症状　子实体菌柄细长，菌盖瘦薄，早开伞。

2. 病因　一是温度高使菌丝生长过快、出菇过密；二是菇体发育过程中，若培养基的水分、营养不能正常输送，则会因菇体饥渴而早开伞。

3. 防治措施　应适当降低菇房温度，注意保持菌袋的水分和营养。

四、线虫

线虫属线形动物门线虫纲，主要危害双孢蘑菇、平菇、凤尾菇、草菇、银耳、黑木耳、毛木耳、金针菇、香菇、茶树菇、鸡腿菇和大球盖菇等食用菌。危害食用菌的线虫主要有两大类：一类是寄生性线虫，都具有能穿刺菌丝体并吸吮其内含物的吻针，主要有堆肥线虫（又称蘑菇堆肥滑刃线虫）和蘑菇菌丝线虫（又称嗜菌丝茎线虫）；另一类为腐生线虫，无吻针，不仅取食食用菌菌丝，也取食食用菌菌丝生长所需的基质，且其排泄物能阻滞食用菌菌丝的生长，主要有小杆线虫。其中小杆线虫最多，堆肥线虫次之，蘑菇菌丝线虫极少。

1. 形态特征　线虫是一种体形细长（长约1mm，粗0.03～0.09mm），两端稍尖的线状小蠕虫，肉眼看不到（图 5-1-17）。虫体多为乳白色，成熟时体壁可呈棕色或褐色。

1   2   3

图 5-1-17　线虫

1. 堆肥线虫　2. 蘑菇菌丝线虫　3. 小杆线虫

2. 危害特点　线虫嗜食菌丝体，使菌丝萎缩死亡。菇体受害后呈软腐水渍状，菌盖变黄，形成柄长盖小的畸形菇。木耳被线虫危害后，常引起烂耳和流耳等症状。线虫数量大，发生密度高，每克培养料的线虫密度可达 200 多条，其排泄物是多种细菌的良好培养基，使得被线虫危害的基质具有腥臭味。

3. 防治方法

（1）搞好培养室和出菇场所的环境卫生，消灭各种媒介害虫，防止线虫传播。

（2）强化培养料和覆土材料的处理，尽量采用二次发酵，利用高温杀死培养料和覆土中的线虫。生料栽培时可用 2% 石灰水浸泡 24h 杀灭线虫；拌料时可喷洒敌敌畏，堆闷 8～12h，可有效杀灭线虫。

（3）用水要清洁。

（4）在水泥地面撒一层生石灰防治。

（5）一旦菇场发生线虫，可喷布 1.8% 阿维菌素乳油，能有效杀灭料中和菇体上的线虫。

复习思考题

1. 竞争性杂菌对食用菌有哪些危害？

2. 褐腐病与褐斑病有什么区别？

3. 诱发病害的条件有哪些？

4. 在发菌阶段出现了局部的根霉污染，是什么原因导致的？怎样处理？

扫一扫，
看参考答案

任务二　虫害及其防治

任务目标

◈ **知识目标 >>>**

● 了解害虫的特征，并掌握防治方法。

🔻 **能力目标 >>>**

● 会分析虫害发生的原因并进行正确防治。

相关知识

在食用菌生长发育过程中常受到许多害虫的危害。危害特征为咬食，直接造成减产和影响菇体外观，降低商品价值；间接导致病菌感染，而造成更大的损失。危害食用菌的害虫主要有昆虫、螨类及软体动物等，应针对不同害虫发生原因，采取相应的防治措施。

一、昆虫

危害食用菌的昆虫主要是双翅目、鳞翅目、鞘翅目、等翅目、弹尾目和缨翅目中的一些害虫，其中以双翅目害虫种类多，数量大，寄主广泛，危害最为严重，双翅目害虫主要分布于菌蚊科、眼蕈蚊科、瘿蚊科、蚤蝇科、粪蚊科和蛾蚋科。下面介绍 3 类生产上危害严重的昆虫。

（一）菌蚊类

俗称菇蚊、菇蛆、菌蚊等，危害双孢蘑菇、平菇、茶树菇、秀珍菇、毛木耳、银耳等多种食用菌。

1. 形态特征 菌蚊品种不同，形态亦有差别，生产上常见的菌蚊主要有以下几种（图 5-2-1）。

微课：食用菌
虫害及防治

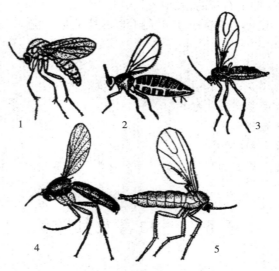

图 5-2-1　常见的菌蚊类害虫
1. 小菌蚊　2. 真菌瘿蚊　3. 厉眼蕈蚊　4. 折翅菌蚊　5. 黄足蕈蚊

（1）小菌蚊。雄虫体长 4.5～5.4mm，雌虫体长 5～6mm，淡褐色，头深褐色。触角丝状，黄褐色或褐色。前翅发达，后翅退化成平衡棒。幼虫白色，半透明，头部黑色，老熟幼虫长 10～13mm。蛹乳白色，长 6mm 左右。

（2）真菌瘿蚊。又称嗜菇瘿蚊。成虫为微弱细小的昆虫，雌虫体长约 1.17mm，雄虫长 0.82mm。成虫头部、胸部背面深褐色，其他为灰褐色或橘红色。头小，复眼大、左右相连。触角细长，有毛。前翅发达，后翅退化为平衡棒。幼虫蛆形，初为白色，老熟幼虫为米黄色或橘红色，体长 2.3～2.5mm（图 5-2-2）。

（3）厉眼蕈蚊。又称平菇厉眼蕈蚊。成虫体长 3～4mm，暗褐色，头小，复眼大，有毛。幼虫头黑色，体长约 0.6mm，老熟幼虫 4.6～5.5mm。蛹刚开始是乳白色，后渐变为淡黄至褐色，长 2.9～3.1mm。

（4）折翅菌蚊。成虫体黑灰色，雄虫体长 5.0～5.5mm，雌虫 6.0～6.5mm，体表具灰毛。复眼大，深褐色。触角长约 2mm。前翅发达，烟色，后翅退化成乳白色平衡棒。幼虫乳白色，老熟幼虫长 15～16mm，头黑色三角形。蛹灰褐色，长 5.0～6.5mm。

（5）黄足蕈蚊，又称菌蛆。成虫体形小，如米粒大，繁殖力强，一年发生数代，产卵后 3d 便可孵化成幼虫。幼虫似蝇蛆，比成虫长，全身白色或米黄色，仅头部黑色。

图 5-2-2 瘿蚊幼虫危害状

2. 危害特点 幼虫取食培养料，并钻蛀幼嫩子实体，造成菇蕾萎缩死亡。喜咬食毛木耳、黑木耳、银耳等胶质食用菌耳片，使耳基变黑，引起流耳。老熟幼虫爬出料面或子实体结茧化蛹。成虫常携带螨虫和病原物，造成多种病虫害同时发生。

3. 防治方法 保持好菇房内外的清洁卫生，减少虫源；对空菇房进行熏蒸，熏蒸可用甲基溴、硫黄、甲醛、磷化铝等；菇房通风口及门窗安装纱门、纱窗，避免成虫飞入。

（1）物理防治方法。

①控制光源。菇房的门、窗附近不要开灯，避免飞虫飞入。

②灯光诱杀。利用飞虫的趋光性和趋腐性，可在菇房开黑光灯或普通白炽灯诱杀。方法是在灯下置一盘废菇或废料浸出液，加入几滴敌敌畏诱杀（在白天诱杀）。或将 20W 黑光灯管装在菇棚顶上，在灯管正下方 35cm 处放一个盛有 0.1% 的敌敌畏药液的收集盆，诱杀成虫。

（2）药物防治方法。在菌蚊多发环境中，可在播种前向培养料中喷洒 40% 二嗪磷乳油 1 200～1 500 倍液。菌床受害后可用 40% 二嗪磷乳油 800～1 000 倍液或 2.5% 溴氰菊酯乳油 3 000 倍液喷洒，也可用 50% 敌敌畏乳液 2 000 倍液喷雾。采菇前 7～10d 禁止用药。

（二）菇蝇类

危害食用菌的菇蝇常见的种类有蚤蝇、黑腹果蝇、大蚤蝇、黑蚤蝇、果蝇、嗜菇蚤蝇等，均属双翅目蚤蝇科。

1. 形态特征 菇蝇品种不同，形态略有差异，下面介绍几种常见的蝇类特征：

（1）蚤蝇。又名菇蝇、粪蝇、菇蛆。幼虫为白色半透明小蛆，头尖，黑色，尾钝，在培养料深处化蛹；蛹初为白色，后变棕褐色；成虫小，黑色或黑褐色，触角短，头小，复眼大，腿很发达，头和体上多生刚毛（图 5-2-3）。

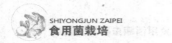
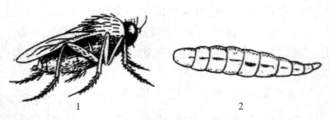

图 5-2-3　蚤蝇
1. 成虫　2. 幼虫

（2）黑腹果蝇。幼虫蛆状，体长 4.5～5.0mm，白色至乳白色。成虫黄褐色，腹部末端有黑色环纹 5～7 节，体长 5mm 以下，复眼大，触角芒状（图 5-2-4）。

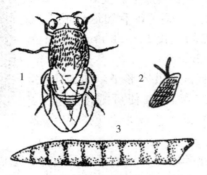

图 5-2-4　黑腹果蝇
1. 成虫　2. 卵　3. 幼虫

2. 危害特点　菇蝇虫卵产在菇床或菌盖上，幼虫在初期以取食蘑菇菌丝和幼菇表层的嫩组织为主，后期侵入子实体内危害，食其汁液。幼虫危害严重时，蘑菇菌丝萎缩、颜色由白变褐最后变黑，培养料被蛀成糠状，致使菌床不出菇或出菇很少。子实体受害后，组织内出现孔道，外表变褐，菇体空瘪呈软腐状。

3. 防治方法　同菌蚊类防治。

（三）跳虫类

1. 形态特征　跳虫又称烟灰虫。跳虫体长 1～2mm，无翅，成虫灰色或紫色，虫体无变态（图 5-2-5）。

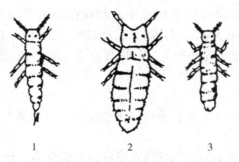

图 5-2-5　跳虫
1. 雌成虫　2. 雄成虫　3. 幼虫
（常明昌，1998）

2. 危害特点　跳虫取食双孢蘑菇、平菇、草菇、香菇等食用菌子实体。

3. 防治方法　同菌蚊类防治。

二、螨虫

螨类俗称菌虱，又称菌蜘蛛，统称菌螨。在生物分类中属于节肢动物门蛛形纲蜱螨目，是食用菌害虫的主要类群。螨类繁殖力极强，一旦侵入，危害极大。主要危害双孢蘑菇、香菇、平菇、金针菇、草菇、猴头菇、黑木耳、银耳等。危害食用菌的螨类很多，其中危害最为普遍和严重的是蒲螨类和粉螨类（图5-2-6）。

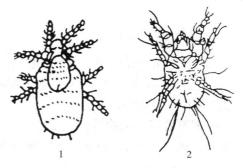

图 5-2-6　蒲螨和粉螨
1. 蒲螨背面　2. 粉螨腹面

1. 形态特征　螨类个体很小，肉眼几乎看不见，只有在放大镜或显微镜下才能看清它们的形态特征。

（1）蒲螨身体呈椭圆形，淡黄色或深褐色，扁平，长0.2mm左右，刚毛较短。行动缓慢，喜群体生活。常在料面或子实体上集中成团，类似"土粉"散落状（图5-2-7、图5-2-8）。

图 5-2-7　螨虫危害菌包

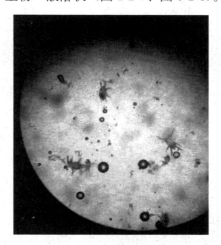

图 5-2-8　显微镜下的螨虫

（2）粉螨体形比蒲螨大，肉眼可见，圆形，白色，体表覆盖长刚毛，爬行较快，常群集在菌床表面，数量多时呈粉状，故称粉螨。

2. 危害特点　螨类分散活动时很难发现，当聚集成团被发现时，已对生产造成损害，使人防不胜防。螨类取食菌丝，造成接种后不发菌，或发菌后出现退菌现象，导致培养料变黑腐烂；在子实体生长阶段发生螨害时，可造成菇蕾死亡，子实体萎缩或成为畸形菇、破残菇，严重时，子实体上上下下全被菌螨覆盖，影响鲜菇品质。菌螨还会携带病毒，传播病害。

3. 防治方法　以防为主。一是搞好环境卫生，杜绝螨类栖息和繁殖。菌种场或栽培场周围严禁饲养家禽。麦麸、米糠等原辅材料存放场所尽可能通风干燥，并且远离菌种场。二是培养室、菇房在每次使用前都要进行消毒杀虫处理。三是培养料进行杀虫处理。用3％～

5％的石灰水浸泡，高温堆积发酵，常压或高压蒸汽灭菌，以达到杀死螨虫的目的。四是发菌期间出现螨虫，可喷洒氟虫腈、阿维菌素、敌敌畏等；出菇期间如有螨虫，可用毒饵诱杀。五是严防菌种带螨。

三、软体动物

危害食用菌的软体动物主要是蛞蝓。蛞蝓又称水蜒蚰，俗称鼻涕虫，属软体动物门蛞蝓科。常见的有黄蛞蝓、野蛞蝓及双线嗜黏液蛞蝓 3 种。主要危害平菇、草菇、双孢蘑菇、香菇、黑木耳及银耳等。

1. 形态特征　蛞蝓身体柔软，无外壳，身体颜色因种类不同而有差异，有灰白色、淡黄色、黄褐色等。有两对能伸缩的触角（图 5-2-9）。蛞蝓爬过后会留下白色发亮的痕迹。

2. 危害特点　蛞蝓咬食原基和菇体，造成孔洞和缺刻，并留下黏液或白色透明分泌物，严重影响食用菌的产量和品质（图 5-2-10）。

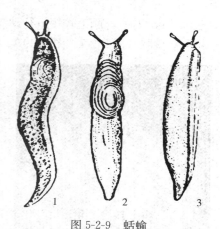

图 5-2-9　蛞蝓

1. 黄蛞蝓　2. 野蛞蝓　3. 双线嗜黏液蛞蝓

图 5-2-10　蛞蝓危害状

3. 防治方法

（1）保持场地清洁卫生，清除杂草及枯枝落叶，并洒一层生石灰。

（2）人工捕杀。

（3）毒饵诱杀。用多聚乙醛 300g、砂糖 300g、90％敌百虫原药 50g、豆饼粉 400g，加适量的水拌成颗粒状毒饵，施在蛞蝓潜伏及活动的场所进行诱杀。

（4）发现蛞蝓危害后，可在夜间喷洒 5％甲酚皂溶液或稀释 100 倍的氨水。

扫一扫，
看参考答案

复习思考题

1. 出菇期间培养料中出现了螨虫，出现的原因是什么？怎样处理？

2. 简述食用菌菇蚊发生的原因及防治方法。

3. 如何防治蛞蝓危害？

任务三 病虫害的综合防治

任务目标

△ **知识目标 >>>**
● 掌握病虫害的综合防治措施。

⚓ **能力目标 >>>**
● 会利用物理、化学、生物防治方法综合防治病虫害。

相关知识

一、综合防治原则

食用菌本身是保健食品，与农作物相比较，生产周期短，多种病虫害又多发于出菇期，因此，防治食用菌病虫害应遵循"预防为主、综合防治"的方针，要选用抗病虫品种，采用合理的栽培管理措施，组成较完整、有机的防治系统，降低或控制病虫害发生。

防治时应注意以下几点：一是子实体生长期短，又直接食用，严禁使用剧毒农药；二是需化学药剂辅助治疗时，一定要选用有产品登记号的高效、低毒、低残留药剂，并做到适时、适量合理使用；三是出菇期间禁用化学药剂防治。

二、综合防治措施

（一）预防措施

1. 菇场选址和设计要合理 菇场是食用菌生长和结实的重要场所，应选择地势开阔、通风、向阳、水质干净、排水方便、无任何污染源的地方。尽量避开病虫害滋生或聚集的地方。要合理设计菇场，把原料贮藏库、配料场、废料或污染物处理场与易感区（如菌种室、接种室、培养室等）隔离。菌种室远离栽培室，单独设置。装料间、灭菌锅和接种间建筑设计要合理，灭好菌的菌种袋或菌种瓶能直接进入接种间，以减少污染机会。

微课：食用菌
病害综合
防治措施

2. 环境卫生清洁要做好 搞好环境卫生是有效预防病虫害的重要手段之一。菇房门窗要安纱门和纱窗，防止害虫飞入。及时清理栽培场内的废弃菌渣、感病菇体、污染菌袋及其他各种垃圾，并进行消毒处理。每一栽培季结束，要对菇场进行彻底清理。清洗床架、用具，并用药剂熏蒸菇房，杀灭建筑物中及床架、工具上等可能附着的有害生物，确保菇房在下一个栽培季节有一个清洁卫生的环境。对于发生过严重性病虫害的菇房或栽培场所应采取换茬或轮作等方法，避免病虫害再次暴发。

3. 栽培原料要严格把关 选用无霉变木屑、麦粒、米糠、麦麸等原料，拌料所用的水质要达饮用水标准。

4. 菌种的甄选 选用高产、优质、抗病虫害能力强、抗逆性强的菌株。出厂的菌种要

保证没有污染，不带病虫。

（二） 加强栽培管理

不同的食用菌对其生长发育条件有不同的要求，要按照不同食用菌种类的要求对温度、湿度、水分、光照、酸碱度、营养、氧气与二氧化碳等进行科学的管理，使整个环境适合食用菌的生长，不利于病虫害发生。当食用菌生长健壮时，也可抑制病原菌和害虫的发展，即所谓促菇抑虫抑病。

（三） 加强农业防治措施

1. 利用害虫的习性进行防治 有些害虫有着特殊习性，如菌蚊有吐丝的习性，该虫的幼虫吐丝将菇蕾罩住，在网内群聚为害，对这些害虫可人工捕捉。瘿蚊有幼体繁殖的习性，一头幼虫从体内繁殖 20 多头小幼虫。瘿蚊虫体小，怕干燥，将发生虫害的菌袋在阳光下暴晒 1～2h，或撒生石灰，则幼虫会干燥而死，从而降低虫口密度。有些鳞翅目的幼虫老熟后个体很大，颜色鲜艳，在工作中很容易发现这些幼虫，可以随时捕捉消灭。有的幼虫爬行后会留下痕迹，人们可以寻迹捕捉。

2. 水浸法防治害虫 水浸法是一种简单易行的方法，将虫体浸于水中造成缺氧和促使原生质与细胞膜分离而致死。但必须确保栽培袋无污染、无杂菌，菌块经 2～3h 浸泡不会散，菌丝生长很好，否则水浸后菌块就散掉，虽然达到了消灭害虫的目的，但会使生产效益降低。操作方法是：瓶栽和袋栽的可将水注入瓶或袋内，块栽的可将栽培块浸入水中压以重物，避免浮起，浸泡 2～3h，幼虫便会死亡漂浮，浸泡后的瓶或袋沥干水即放回原处。

3. 诱杀害虫 即利用害虫的各种趋性进行诱杀，如用灯光或炒好的菜籽饼等。

（四） 化学防治

在现代化食用菌生产中，不提倡用化学药剂防治病虫害。食用菌化学防治是在其他方法失败后的一种补救措施，但在用药前一定要将菇床上的食用菌全部采收完。

1. 杀真菌药剂 食用菌的病害和竞争性杂菌大多是由真菌引起的，它们对药物的敏感程度有许多相似之处，多采用多菌灵、硫菌灵、苯菌灵、二氯异氰尿酸钠、石硫合剂、波尔多液等杀菌剂。但要注意在食用菌栽培的不同阶段，其浓度、剂量都应按规定用量选用，防止发生药害。另外，多种药剂交替使用，以免产生抗药性。

2. 杀细菌药剂 漂白粉（次氯酸钙）是食用菌细菌性病害防治最常用的药剂，此外还有二氯异氰尿酸钠、三氯异氰尿酸钠、二氧化氯等，为保证杀菌效果一定要注意使用浓度。

3. 杀虫药剂 菇房内发生眼蕈蚊可喷洒敌百虫。敌敌畏具有熏杀和触杀作用，对菇蝇类的成虫、幼虫和跳虫有特效（但对螨类杀伤力差）。一定要注意平菇对敌敌畏很敏感，浓度稍大就可能产生药害，最好改用敌百虫或辛硫磷。同样双孢蘑菇对敌百虫敏感，最好改用敌敌畏。若有跳虫和螨类同时发生，用辛硫磷和杀螨剂混配效果较好。另外，用磷化铝熏蒸防治也很有效。

（五） 生物防治

运用生物方法防治食用菌病原微生物，不仅降低了农药对自然环境的污染，也是发展绿色有机食用菌的可靠途径。报道的有大蒜提取液、蒲公英提取液、海头红萃取物及一些植物提取液，对食用菌病原微生物都有不同的抑制效果。但对食用菌致病微生物的生物防治，尚处于实验室研究的起步阶段，运用到大田实践生产中的生防制剂还鲜有报道。生物防治不污染环境、没有农药残留、对人体无害，因此，在未来的食用菌病虫害防治中有广泛的应用前景。

复习思考题

1. 食用菌病虫害的综合防治原则是什么？
2. 食用菌病虫害的预防措施有哪些？
3. 使用农药防治食用菌病虫害时应注意哪些事项？

扫一扫，
看参考答案

技 能 训 练

技能训练一 食用菌的形态结构观察

一、目的要求

通过肉眼观察，初步了解菌丝体和子实体的宏观形态特征，借助显微观察手段进一步了解菌丝体和菌褶的微观形态特征。

二、实训准备

1. 材料用品 平菇、香菇、双孢蘑菇、草菇、金针菇、黑木耳、银耳、猴头菇、灵芝、蜜环菌、虫草等子实体干品、浸制标本、罐头、鲜品，常见品种的适龄平板母种或试管斜面菌种，胡萝卜等。

2. 仪器用具 普通光学显微镜、接种针、镊子、无菌水滴瓶、染色剂（苯酚品红或亚甲蓝等）、酒精灯、75％酒精、火柴、载玻片、盖玻片、刀片、培养皿、绘图纸、铅笔等。

三、方法步骤

1. 菌丝体形态特征观察

（1）菌丝体宏观形态观察。

①观察平菇、草菇、金针菇、香菇、黑木耳、银耳、双孢蘑菇、猴头菇、灵芝等食用菌的试管斜面菌种或 PDA 平板上生长的菌落，比较其气生菌丝的生长状态，观察菌落表面是否产生无性孢子，观察基内菌丝体是否分泌色素等特征。

②观察菌丝体的特殊分化组织。双孢蘑菇菌柄基部的菌丝束；香菇的菌膜；蜜环菌的菌索；虫草等子囊菌的子座等。

（2）菌丝体微观形态观察。

①菌丝水浸片的制作。取一载玻片，滴一滴无菌水于载玻片中央，用接种针挑取少量平菇菌丝于水滴中，用两根接种针将菌丝拨散。盖上盖玻片，避免气泡产生。

②显微观察。将水浸片置于显微镜的载物台上，仔细观察菌丝的细胞结构等特征，并辨认有无菌丝锁状联合的痕迹。

2. 子实体形态特征观察

（1）子实体宏观形态观察。

①仔细观察子实体的组成部分及其形态特征。

②用解剖刀纵切子实体观察其菌盖组成，菌肉的颜色、质地、菌褶形状和着生情况（离生、延生、直生、弯生）。

③观察菌柄的组成与质地（中实或中空）。

④要想得到清晰的孢子印，一般的做法是提前3～7h将八成熟的子实体放置在适合颜色的纸张上静置收集。

（2）子实体微观形态观察。

①观察子实层。将洁净的胡萝卜用解剖刀切开一个缝隙，将一片平菇菌褶夹在缝隙中，用锋利的解剖刀将胡萝卜和平菇菌褶快速进行切片。横切菌褶若干薄片漂浮于培养皿的水中，用接种针选取最薄的一片制作水浸片，显微观察平菇担子及担孢子的形态特征。

②观察有性、无性孢子。观察灵芝担孢子水浸片；观察羊肚菌子囊及子囊孢子水浸片；观察草菇厚垣孢子水浸片；观察银耳芽孢子水浸片（以上各类孢子的观察可用标本片代替）。

四、实训作业

1. 列表说明所观察各种类型的食用菌子实体的形态特征，如伞状、头状、耳状、花絮状、肾形、扇形、蛋形、钟形等。

2. 用绘图笔绘制一种食用菌子实体的形态图，要求图形真实、准确、自然，画面整洁。

3. 绘制你所观察到的菌褶横切面的微观形态，并标明主要形态、结构特征。

技能训练二　食用菌母种的制作

一、目的要求

熟悉母种培养基（PDA培养基）制作的工艺流程，掌握母种培养基制作的关键技术。熟悉母种扩繁的工艺流程，熟练掌握母种扩繁的操作技术。

二、实训准备

1. 材料用品　马铃薯、葡萄糖、琼脂、水、磷酸二氢钾、硫酸镁、维生素B_1、普通棉花、纱布、报纸、皮套、黑木耳、平菇、香菇等母种，待接试管斜面培养基等。

2. 仪器用具　高压蒸汽灭菌锅、可调式电炉（或电磁炉）、铝锅（或不锈钢锅）、玻璃棒、托盘天平、切刀、切板、量杯、剪刀、试管（18mm×180mm或20mm×200mm）、烧杯、漏斗、漏斗架、1cm厚的长形木条（摆放斜面时垫试管用）、捆扎绳、标签、超净工作台或接种箱、紫外线灯、75%酒精棉球、接种铲、酒精灯、火柴、气雾消毒剂、恒温培养箱等。

三、方法步骤

1. 母种培养基配方　马铃薯200g，葡萄糖20g，琼脂15～20g，水1000mL，pH自然。

2. 母种培养基的配制

（1）马铃薯去皮，挖掉芽眼，切成黄豆大小的块。称量后用略多于用量的水煮20min左右，至马铃薯块酥而不烂，再用4层纱布过滤，取其滤液定容至1000mL。

（2）琼脂称好后，将琼脂条边煮边搅拌，至全部融化。

（3）将葡萄糖等可溶性药品加入营养液中，并不断搅拌使之完全溶解，营养液的 pH 不需要特意调制。

（4）母种营养液分装。

①将熬成的营养液趁热分装。将培养基加入漏斗中，左手握 2～5 支试管，右手持漏斗下面的玻璃管入试管口内，同时放开止水夹，让培养基逐个流入试管内，培养基高度为试管长度的 1/4（15mL），注意避免试管口内外沾到培养基。分装后的试管，在培养基凝固前必须立放。

②营养液装好后，制作循环使用的纱布棉塞，棉塞松紧适度，以手提棉塞轻晃试管不滑出为度。棉塞大小为试管长度的 1/5，管口内棉塞底部要求光滑，侧面要求无褶皱，2/3 长插入试管，1/3 长留在管外。

③每 7 支或 10 支试管捆成一束，管口一端用防潮纸包好，待灭菌。

3. 母种培养基的灭菌　按照高压蒸汽灭菌锅的操作规程对培养基进行灭菌，一般 121℃灭菌 30min。灭菌结束后待压力降到"0"，打开锅盖，让锅内多余蒸汽逸出，利用锅体余热烘干棉塞后取出已灭菌物品；趁热将试管摆成斜面，培养基以试管长度的 1/2～2/3 为宜，斜面试管上应覆盖洁净的厚毛巾或几层纱布，防止试管内产生过多的冷凝水。斜面制成后，如不马上使用，可在 5℃的冰箱中保存待用。

4. 母种转管技术

（1）物品、用具准备。将除母种外的接种用的相关物品、用具整齐有序地放入超净工作台或接种箱中备用。

（2）接种设备预处理。超净工作台在接种操作前 30min 开启紫外线灯与风机；接种箱用气雾消毒剂熏蒸 30min 后使用。

（3）接种操作。

①将洗净的双手伸入超净工作台或接种箱内，用酒精棉球擦拭双手、接种工具和母种试管壁，点燃酒精灯。

②在无菌的条件下，左手持母种管和待接试管并排于拇指和食指间，拇指在上，食指在下。注意两支试管口对齐于火焰上方；右手持接种铲，用食指和手掌拔掉试管棉塞，使棉塞底部朝外；接种铲用 75％酒精棉球擦拭并在火焰上灼烧灭菌后，伸入菌种管内经管壁冷却，然后切取绿豆大小的菌种块，轻轻抽出接种铲（注意不要在火焰上烧灼菌种），迅速将接种铲伸进待接试管中，在斜面中部放下菌种；然后将棉塞和试管口在火焰上快速灼烧后塞紧棉塞（注意不要用试管口去迎棉塞）。换上第二支待接斜面试管，重复如上操作。注意：操作过程中，试管口处于火焰无菌区；动作要求做到轻、快、准，接种铲不要触碰管口及试管壁，以防杂菌污染；接种完毕后及时贴上标签，规范标签书写内容，进行适温培养。

5. 培养　接种后，在恒温培养箱中闭光培养，及时淘汰杂菌污染的试管，一般 10d 左右菌丝可长满管。

四、实训作业

1. 总结培养基制作过程及其需要注意的几个关键环节。

2. 如何正确使用高压蒸汽灭菌锅对培养基进行灭菌？

3. 母种扩繁的全过程为什么要在火焰上方进行？指出母种扩繁过程中的关键技术。

4. 观察培养结果并对出现的问题进行分析、讨论。

技能训练三　食用菌菌种的分离

一、目的要求

了解食用菌菌种分离基本原理，通过操作熟悉掌握子实体组织分离、担孢子采集关键技术。

二、实训准备

1. 材料用品　平菇、香菇等新鲜子实体，试管斜面培养基，三角瓶培养基，95%酒精，75%酒精棉球，火柴，记号笔等。

2. 仪器用具　超净工作台、酒精灯、尖头镊子、接种针、接种铲、刀片、金属丝、培养皿、废物罐等。

三、方法步骤

1. 种菇选择　选择个体肥大、菌盖肉厚、开伞 5～7 分的幼嫩子实体，切去菇柄，待分离。最好在第一潮菇中采摘，保持菇体洁净备用。

2. 母种分离方法

（1）组织分离法。此法是生产中最常用的方法，操作简便，菌丝萌发快，分离所得的菌种遗传性较稳定，在培养基条件适宜的情况下，能保持原有菇种的优良性状和特性。操作步骤如下。

①将实验用的材料用品和仪器用具准备好、摆放整齐，并按照超净工作台的使用方法使其处于工作状态。

②在超净工作台无菌区，按照无菌操作规程，进行常规的手部消毒和器械的烧灼灭菌。随后用 75%酒精棉球对子实体进行表面消毒。

③可以直接将子实体沿菌柄迅速纵向撕开，用灼烧灭菌后的尖头镊子移取菌盖、菌柄交界处的组织块（绿豆大小），移至试管斜面培养基的适当位置，迅速塞上棉塞。

④将分离的试管放在 25℃恒温箱培养，培养期间每天都要检查菌种的萌发与生长情况，对污染的试管及时挑选、处理。分离后培养 3～5d，即可见到组织块的周围长出白色菌丝，当菌丝团直径接近 1cm 时，挑选无杂菌、长势旺的试管，用接种针挑取菌丝生长的前端移接到新的试管培养基上，再经过 7～10d 培养，菌丝体长满试管，即为纯菌种。

（2）孢子分离法。将子实体成熟后散出的孢子收集在培养基上萌发并长成菌丝而获得纯菌种的分离方法。三角瓶钩悬法是常用的方法，具体操作步骤如下。

①在无菌条件下，取即将弹射孢子的鲜平菇等，在菌盖边缘向内 2/5 处切取一小块带有菌褶的菌盖组织。

②金属丝钩悬挂菌块于底部有培养基的三角瓶内。注意菌块不要碰到瓶壁或培养基。菌褶朝下，使孢子能散落在培养基上。

③然后将三角瓶放在 25℃条件下，经 1～2d 在培养基上即可见到白雾状的孢子印，在无菌条件下，把悬挂于瓶内的菌块取出，再将三角瓶移回恒温箱继续培养。经 2～3d，培养基表面就会出现许多乳白色的菌落，转接到试管培养基上得到纯菌种。

四、实训作业

1. 试比较组织分离法和孢子分离法的优缺点。
2. 分析分离的试管菌种发生污染的原因。
3. 观察组织块生长情况，并填写观察记录。

技能训练四　食用菌原种及栽培种的制作

一、目的要求

掌握食用菌原种及栽培种的制作方法，学会原种及栽培种培养料的灭菌和接种技术。

二、实训准备

1. 材料用品　试管母种、瓶装原种、棉籽壳、杂木屑、麦麸、蔗糖、石膏粉、过磷酸钙、优质小麦等。

2. 仪器用具　菌种瓶、菌种袋、棉塞、无棉盖体、打孔棒、标签、立式高压蒸汽灭菌锅、接种箱、接种用具等。

三、方法步骤

原种的制作是把母种移接入原种培养料中，经培养而成，也称二级种。栽培种是由原种移接入栽培种培养料中，经培养而成，又称三级种。二者的生产程序是相同的：培养基的配制→装瓶（或装袋）→灭菌→接种→适温培养。

1. 培养基的配制　主要有以下几种配方。

（1）谷粒培养基。谷粒98％，石膏粉1％，过磷酸钙1％。

制作时先将谷粒洗净，浸泡4～8h，放入锅内水煮20min左右，使谷粒吸足水分，掰开后无白芯，但不煮开花为度。然后捞出，用凉水冲一下，后拌入1％石膏粉和1％过磷酸钙，即可装瓶。

（2）棉籽壳80％，杂木屑17％，蔗糖1％，石膏粉1％，过磷酸钙1％。

（3）棉籽壳78％，麦麸20％，石膏粉1％，蔗糖1％。

（4）木屑77％，麦麸20％，蔗糖1％，石膏粉1％，过磷酸钙1％。

配方（1）多用于原种制作，谷粒是指麦粒、稻谷粒、玉米粒等的总称；配方（2）、（3）、（4）多用于栽培种制作。分小组各取一种配方，按常规称量，进行培养料的预处理，拌料时应掌握"均匀、湿透"的原则，其含水量以调至60％～65％为宜（即用手握培养料时，指缝略有水渗出，不滴为度）。

2. 装瓶或装袋　培养料拌好后就可装瓶或装袋，边装边压实，料装至瓶肩（或距袋口6～7cm）处，再用手指或工具将料面压紧压平，用打孔棒从中间由上至下打一通气孔，然后清洁瓶口内外，塞上棉塞或袋口套上无棉盖体。

3. 灭菌　将料袋或瓶装入高压锅或土蒸灶里进行灭菌。装锅时，分层排列，灭菌袋或瓶不能互相挤压，应留有一定的空隙。采用高压蒸汽灭菌一般在0.147MPa压力下128℃灭菌1～2h；若采用常压蒸汽灭菌，一般在100℃下维持8～10h。

4. 接种　灭菌后，待料温降至 30℃ 左右时，可移入已消过毒的接种箱或接种室进行接种。接种时在无菌条件下，将菌种表面的老菌皮去掉，按无菌操作方法进行抢温接种，用接种铲取一块菌种放入料瓶或料袋内孔穴处，并使菌丝紧贴在培养料上，封口，注明菌种名称和接种日期。

5. 适温培养　接种后，将菌种瓶或菌种袋置于适温下培养。空气相对湿度以 65％～70％为宜。要注意避光、通风，经常检查，淘汰污染的菌种瓶或菌种袋。一般 25～35d 菌丝可布满瓶或袋。培养成的原种和栽培种，菌丝浓白健壮，菌柱紧贴瓶壁不干缩，生命力强，有菇香味，无任何杂菌污染。

四、实训作业

简述原种和栽培种的制作步骤。

技能训练五　平菇枝条菌种的制作

一、目的要求

掌握平菇枝条菌种的制作方法，学会枝条菌种培养基的灭菌和接种技术。

二、实训准备

1. 材料用品　杨树枝条、瓶装原种、棉籽壳、木屑、玉米芯、麦麸、豆粕、轻质碳酸钙、石灰等。

2. 仪器用具　菌种袋、套环及无棉盖体、立式高压灭菌锅、超净工作台、接种工具等。

三、方法步骤

1. 枝条的选择与处理　杨树枝条，规格为直径 0.3～1.0cm，长度 2～18cm。

用 1％石灰水浸泡枝条 24～36h，直至枝条完全泡透，捞出枝条沥水。枝条一定要浸透，否则后期会因灭菌不彻底而感染。

2. 培养基配制　沥水后的枝条外裹一层麦麸。将枝条装入菌种袋内，用其他辅料填充枝条间隙。

3. 装瓶（袋）及封口　为了防止枝条扎破菌种袋，在袋底先装 1cm 厚的辅料，再装入枝条，最后于表面覆盖 1cm 厚的辅料，封口。菌种袋封口方法是在袋口套环，之后把塑料膜翻下来，盖上无棉盖。

4. 灭菌　在 0.15MPa 压力下 128℃ 灭菌 1～2h（高压灭菌）。也可以采用常压灭菌，当灭菌仓内温度达到 100℃ 左右时开始计时，灭菌 8～10h。

5. 接种　在无菌条件下，刮去原种瓶表面 1cm 的老化菌皮，用大镊子取直径约 3cm 大小的原种 1～2 块接种于枝条菌种培养基上，封好口。一般每瓶原种大约可接种栽培种 30 袋。

6. 培养　21～23℃ 黑暗培养 25d 左右，空气相对湿度 60％～70％。

四、实训作业

简述平菇枝条菌种的制作步骤。

技能训练六　蛹虫草摇瓶液体菌种的制作

一、目的要求

掌握蛹虫草摇瓶液体菌种的生产技术。

二、实训准备

1. **材料用品**　马铃薯、玉米粉、葡萄糖、麦芽汁、蛋白胨、酵母膏、蛹虫草斜面菌种。
2. **仪器用具**　玻璃棒、三角瓶、棉塞、接种环。

三、方法步骤

1. **配制液体培养基**　蛹虫草液体菌种培养基配方：马铃薯20％，葡萄糖2％，玉米粉3％，蛋白胨0.3％，磷酸二氢钾0.15％，硫酸镁0.05％。

按配方配制，其中马铃薯和玉米粉开锅后煮20min取滤液，其余营养成分溶于滤液，彻底融化后分装于500mL三角瓶中，装量为三角瓶容量的50％～55％。塞好棉塞后，于0.1MPa压力下121℃蒸汽灭菌30min，灭菌后取出放凉备用。

2. **接种**　将灭菌放凉的三角瓶培养基放置在超净工作台上，紫外线灭菌30min。按照无菌操作规程，在酒精灯火焰上将分离培养好的蛹虫草斜面菌种，挑出10块绿豆粒大的菌种接入液体培养基中，塞好棉塞。

3. **静置培养**　将接好种的摇瓶放于20～23℃条件下静置培养12h。

4. **磁力搅拌器打碎菌种**　将摇瓶放到磁力搅拌器上，转速为1 000 r/min，在20～23℃温度下搅拌24h，打碎菌种块，增加萌发点，使菌丝球小且均匀一致。

5. **摇床培养**　将摇瓶放到摇床上，温度20～23℃，转速为130～140 r/min。2～3d后即为培养好的液体菌种。

四、实训作业

简述蛹虫草摇瓶液体种的制作过程。

技能训练七　食用菌菌种的保藏

一、目的要求

了解食用菌菌种容易变异和退化的特性，掌握利用低温、干燥、缺氧进行菌种保藏的原理，学会保持食用菌菌种的生活力及优良性状的主要方法。

二、实训准备

1. **材料用品**　母种试管、双孢蘑菇或灵芝八成熟的子实体、制备好的斜面培养基和木屑培养基、液体石蜡（装入三角瓶中，经高温灭菌后再放入40℃干燥箱中烘干水分后备用）、滤纸条（装入培养皿中经 0.098MPa 高压蒸汽灭菌后备用）、灭菌插菇铁丝架、无菌空试管（带棉塞与变色硅胶）、标签、塑料薄膜、牛皮纸、捆扎绳、75％酒精棉球、火柴、固体石蜡等。

2. 仪器用具　超净工作台或接种箱、紫外线灯、接种铲、无菌镊子、酒精灯、天平、试管架、坩埚、冰箱等。

三、方法步骤

先将接种箱（或超净工作台）及操作人员双手的表面进行消毒灭菌,然后在无菌条件下操作。

1. 斜面低温保藏法　将保藏的母种接入 PDA 培养基中，待菌丝长至斜面的 2/3 时，选择菌丝生长粗壮整齐的母种试管，将试管口的棉塞用剪刀剪平，利用酒精灯在坩埚里溶化固体石蜡，用以密封试管口，在外包扎一层塑料薄膜。最后将试管斜面朝下，置于 4℃冰箱里保藏。

2. 木屑培养基保藏法　提前两周将平菇母种接入已灭菌的木屑培养基的菌种瓶内，待菌丝长至培养基 1/2 时，剪平瓶口棉塞，用蜡密封，牛皮纸包扎后置于 4℃冰箱内保藏。

3. 矿物油保藏法　选择优良的平菇母种试管放入已消毒的接种箱内，在无菌条件下，将种管竖立于试管架上，将已灭菌的液体石蜡注入种管内，淹没菌苔，液体石蜡的量以高出斜面尖端 1cm 为宜，最后用牛皮纸包扎试管口，立放，闭光保藏。

4. 孢子滤纸保藏法　将双孢蘑菇或灵芝置入已消毒的接种箱里的插菇铁丝架上，插菇铁丝架立于装有灭菌滤纸条的培养皿内，待担孢子弹射在滤纸条上之后，用无菌镊子将载有担孢子的滤纸条移入灭菌的空试管内，塞入棉塞剪平，用石蜡密封，干燥、低温保藏。

四、实训作业

简述食用菌菌种保藏的原理及方法。

技能训练八　平菇生料栽培

一、目的要求

掌握平菇生料栽培的基本技术及管理要点。

二、实训准备

1. 材料用品　新鲜无霉变的棉籽壳、（24～25）cm×（45～50）cm 聚乙烯塑料袋、平菇栽培种、新鲜生石灰、石膏粉、二氯异氰尿酸钠、高锰酸钾、甲酚皂或新洁尔灭溶液、75％酒精、脱脂棉球、过磷酸钙、磷酸二氢钾、火柴等。

2. 仪器用具　拌料机、秤（杆秤、台秤或磅秤）、塑料水桶、塑料绳、剪刀、铁锹、pH 试纸、温湿度计、木棒（直径 5cm）等。

三、方法与步骤

1. 培养料配制　培养料配方：棉籽壳 86％，麦麸 10％，豆粕 1％，石膏粉 1％，过磷酸钙 1％，石灰 1％。

将石灰、石膏粉、过磷酸钙等溶于一定量的水中，水的用量按料水比 1：（1.3～1.4）

计算。先把称好的棉籽壳倒在已消毒好的水泥地面，把豆粕和麦麸混匀后撒入棉籽壳中，并混匀，再把溶解好的水溶液倒入棉籽壳中，边用铁锹拌料边加水，直至均匀。刚开始水分倒入不宜过快，以免流失。

拌好的培养料含水量应为62%～63%，用手握法判断含水量，培养料抓到手中，攥紧，手指缝中有水印，但无水滴滴下，即为合适的含水量。堆闷一晚，然后拌入培养料干重0.1%的70%二氯异氰尿酸钠可湿性粉剂，最后用pH试纸测试培养料的酸碱度，使料的pH在7～8，即为拌料结束。

2. 装袋接种 先将料袋一端用透气塞封口，由开口一端撒入薄薄一层已掰成蚕豆粒大小的栽培种，再装入一层厚约5cm的栽培料，要求边装料边用手将料稍压紧，再加一薄层栽培种，如此重复，直到料装至距袋口8cm左右时，再放一层菌种，将料表面压平，加入一透气塞后将袋口扎紧。装料松紧适宜的标准是手按料袋有弹性，手抓料袋有硬感，过紧或过松均不利于菌丝生长。已接入菌种的料装好袋后，此时可用直径0.5mm铁丝向袋内有菌种层的部位各打6～8个透气孔，以利菌丝通过透气孔吸收氧气正常萌发生长。菌种用量约为干料量的15%。

3. 发菌期管理 将接完种的菌袋移入棚室中进行发菌培养。大棚内要求卫生、清洁、通风良好。一般将菌袋放在地面，一层层堆放，堆放的层数依培养环境的气温而定，温度高则单层摆放，温度低则摆放2～4层。此外，发菌初期要加强通风，以防料温升高过快，出现烧菌现象；要及时翻堆，每隔7～10d翻堆1次，以使菌袋发菌均匀。经过30d左右培养，菌丝可长满菌袋，随后进入出菇管理阶段。

4. 出菇管理 当菌袋内菌丝长满后立即搬入出菇室进行出菇。出菇室同样要求洁净卫生、通风透光。

出菇室内温度保持在10～15℃，有一定的散射光，拉大昼夜温差，刺激子实体原基的分化。培养3～7d后，菌丝开始扭结形成原基（菌袋两端出现米粒状的扭结物）。此时将菌袋两端的透气塞拔掉，使菌袋通风换气，向室内空间喷雾状水，提高菇棚空气相对湿度至85%左右。

当原基长到黄豆粒大小的菇蕾时，菇房内温度维持在10～15℃，空气相对湿度为85%～90%，给予适当通风和散射光。通风应在喷水后进行，以免菇蕾因通风而失水干缩，甚至死亡。

菇蕾形成后，迅速长大，此时对氧气和水分的需求量很大，应增加通风次数、延长通风时间来增加菇房内的氧气，排出二氧化碳。空气相对湿度保持在85%～90%。

当子实体长到八成熟，菌盖边缘还没有完全平展时，要及时采收。第一潮菇采收后，要将残留的菌柄、碎菇、死菇清理干净，停止喷水2～3d，让菌袋内菌丝恢复生长，然后再喷水促使第二潮原基形成，整个生产周期可收获3潮菇。

四、实训作业

试述平菇生料栽培的工艺流程。

技能训练九　平菇废料栽培草菇

一、目的要求

了解草菇的生物学特性，学习利用平菇废料种植草菇的关键技术。

二、实训准备

1. 材料用品　平菇废料、石灰、麦麸、木棒、塑料薄膜、草菇菌种。

2. 仪器用具　铁锹、温湿度计。

三、方法步骤

1. 配料　培养料配方：平菇废料 93％，麦麸 4％，石灰 3％，水分含量 64％～66％，pH 8.5～9.0。平菇废料用粉碎机粉碎。

2. 建堆发酵　按照配方将培养料混匀，调节含水量为 65％～68％，建堆发酵，做成宽 1.5～1.8m、高 1.2～1.3m 的料堆。从顶部至料底部用 5～8cm 粗的锥形木棒每隔 50cm 打一个孔，再覆盖草帘，堆温 65℃以上维持 24h，翻堆，翻堆后重新建堆，整个发酵过程共翻堆 3～4 次，发酵时间约为 7d。

3. 整畦铺料和播种　把栽培床整成宽 80～100cm 的畦，高 15～20cm，两侧挖宽 30cm 的排水沟，灌水 1 次，让畦面浸透水。床面略干后，在床面撒一层生石灰，铺料 8～10cm，用消过毒的铁锹或木板轻压料面，将料整成中间厚、两边略薄，表面做成波浪形，然后撒播 40％菌种，再铺第二层培养料 5cm，同样轻压料面，使菌种和培养料面充分接触，表面撒播 35％菌种，然后铺第三层培养料 5cm，轻压后均匀撒播剩余的 25％菌种，再铺薄薄 1 层培养料，菌种似露非露，然后覆 1～2cm 厚的土，用塑料薄膜盖好进行发菌。

4. 发菌和出菇管理　从发菌培养开始，料温控制在 30～35℃，一般 3～4d 后即可观察到菌丝蔓延至培养料。通过揭膜散热或浇水降温；若温度过低，晚上用厚草帘覆盖保温。培养料湿度保持在 65％～70％。6～7d 后，出现小菇蕾时，将地膜用细竹片或铁丝支起加大通风量。出菇期间气温控制在 28～35℃，空气相对湿度提升至 85％～90％。可向畦表面或畦间水沟喷洒与料温相近的雾水来保持湿度，不可直接向菇体洒水。

5. 采收　一般出现菇蕾 1～2d 后即可采收，此时草菇由宝塔形发育成椭圆形，顶部外菌膜未破裂。采收时一手按住草菇培养料，一手轻轻握住菇体旋转摘下。采收后要立即清理床面，然后喷 1 次 1％的石灰水，以调整酸碱度，压实后覆盖塑料薄膜进行发菌培养，重复以上出菇管理，可连续出 2～3 潮菇。

四、实训作业

简述平菇废料栽培草菇关键技术。

技能训练十　香菇熟料袋栽

一、目的要求

了解香菇的生物学特性，学习香菇熟料袋栽的生产程序，掌握其关键技术。

二、实训准备

1. 材料用品　香菇栽培种、棉籽壳、玉米芯、木屑、麦麸或米糠、玉米粉、蔗糖、石

膏粉、过磷酸钙、石灰等。

2. 仪器用具　聚丙烯塑料袋、捆扎绳、竹筐、铡刀、铁锹、水桶、磅秤、农用薄膜、接种箱、接种工具、灭菌锅、消毒杀菌剂等。

三、方法步骤

1. 备料与配方

(1) 木屑78%，麦麸（或米糠）20%，蔗糖1%，石膏粉1%。

(2) 棉籽壳40%，木屑38%，麦麸（或米糠）20%，蔗糖1%，石膏粉1%。

(3) 玉米芯60%，木屑20%，麦麸（或米糠）17%，蔗糖1%，石膏粉1%，过磷酸钙1%。

以上各配方中的原材料必须新鲜，发生霉变或腐烂的原料不能使用；木屑要以硬质阔叶树种的为好，最好是堆放1年以上的陈木屑，松木屑堆制发酵后晒干也可备用；棉籽壳用1.5%的石灰水浸泡24h后，捞起沥干备用；玉米芯粉碎成玉米粒大小备用。

2. 拌料与装袋　各小组各选一种配方，按比例将培养料拌料，含水量在50%～55%为宜。菌袋选用（15～17）cm×（50～55）cm规格的聚丙烯塑料袋。装袋前先将塑料袋的一头扎起来，边装料边压实，使料和袋紧实无空隙，同时要防止料袋有漏洞等，装好后把另一端袋口扎严扎紧，最好将袋口反折扎第二道，每袋装湿料2.1～2.3kg。

3. 灭菌与接种　为避免培养料变酸，装袋后要及时进行灭菌。常压灭菌的温度要求尽快升至100℃，并维持10～12h，方能彻底灭菌。高压灭菌在0.147MPa压力下128℃灭菌150～180min。当温度降至70℃时，取出料袋置于接种室（箱），待料温降至30℃时准备接种。接种时要严格无菌操作，用尖木棒在料袋两面打2～3个2cm深的错位孔，接入菌种，再用灭菌的胶布或专用胶片封口。接种后也可以直接在料袋外加套一个灭菌的菌袋，扎上口，此法能增氧，使菌丝萌发快。

4. 发菌管理　接种后，将菌袋及时移入培养室，以"井"字形堆叠，袋堆约为1m高，利于散热。室温控制在25℃左右，若温度达30℃，则要全开门窗，使空气流通，并把菌袋稀疏堆码，降低温度，以防烧菌。空气相对湿度以在70%为宜。接种后的3～4d，菌块生白色绒毛状菌丝，每隔7～10d要翻堆检查1次。当菌丝长至8～10cm时，可适当加大通风量，以利菌丝生长。

5. 脱袋与排场　香菇接种后，适温培养60d后达到生理成熟便可脱袋。菌丝成熟的时间长短，除了环境条件外，也因香菇品种不同而异。脱袋的标志：袋壁四周的菌丝体膨胀、有皱褶，起蕾发泡占整袋面积的2/3；在接种穴周围和袋壁部分出现轻微的棕褐色；用手抓起菌袋感觉富有弹性时，表明生理成熟，可将菌袋移至室内或室外脱袋排场。用刀片纵向割破菌袋，取出菌筒斜立排放于菇架上，立即用薄膜覆盖以保温保湿，设遮阳棚，防强光直射。

6. 转色催蕾　排放的菌筒由于湿度增大、光照增强，菌筒表面长出一层浓白色绒毛状菌丝，倒伏成菌膜，分泌色素，渐变成棕红色。满足转色的生态条件是香菇增产的重要环节，主要措施是拉大昼夜温差、湿差，变温催蕾，同时要处理黄水。

7. 出菇管理　经催蕾后的菌筒出现龟裂花斑，孕育着大量香菇原基，此时管理的主要措施是调节菇棚的湿度、通气及光照，使菇蕾顺利发育成子实体。

8. 采收　一般以菌盖开七八分，菌盖边缘仍内卷，菌褶下的内菌膜刚破裂时采收为最好。

9. 后期管理　采收后应给菌筒补水，加大湿度，昼盖夜露，造成温差，诱导第二潮菇产生。

四、实训作业

1. 如何用手测法判断培养料的适宜含水量？
2. 试述香菇熟料袋栽的生产程序，并指出关键技术措施。

技能训练十一　黑木耳熟料短袋栽培

一、目的要求

了解黑木耳的生物学特性，掌握黑木耳熟料短袋栽培的生产程序，掌握其关键技术。

二、实训准备

1. 材料用品　黑木耳栽培种、木屑、棉籽壳、玉米芯、麦麸或米糠、蔗糖、过磷酸钙、石膏粉、尿素等。

2. 仪器用具　聚丙烯塑料袋、打孔棒、捆扎绳、铁锹、农用薄膜、接种箱、接种工具、常压灭菌锅、消毒杀菌剂等。

三、方法步骤

1. 培养料配方

（1）木屑（阔叶树）78％，麦麸（或米糠）20％，石膏粉1％，蔗糖1％。

（2）棉籽壳78％，麦麸（或米糠）15％，玉米粉3％，豆粕2％，石膏粉1％，蔗糖1％。

（3）玉米芯（粉碎成黄豆大小的颗粒）70％～80％，木屑（阔叶树）10％～20％，麦麸（或米糠）8％，石膏粉1％，蔗糖1％。

2. 拌料装袋　每小组各选一种配方，将培养料按比例称好、拌匀，把蔗糖溶解在水中拌入培养料内，加水翻拌，使培养料含水量达65％左右，或加水至手握培养料有水渗出而不下滴，然后将料堆积起来，闷30～60min，使料吃透水，立即装袋，用手把料装入袋中，边装边压实，待料装至距袋口5cm处为止，用线绳扎紧或袋口套上无棉盖体。

3. 灭菌　将料袋装入灭菌锅。装锅时，分层排列，灭菌袋不能互相挤压，应留有一定的空隙，装好锅后点火升温，100℃条件下维持8～10h，再闷一夜，第二天早晨出锅。采用高压灭菌时，在0.147MPa压力下128℃灭菌90min。

4. 接种　灭菌后，待料温降至30℃左右时，可移入已消过毒的接种箱或接种室进行接种。接种时，在无菌条件下将菌种表面的老菌皮去掉，然后快速解袋接种，表面菌种应压实，让菌种紧密地接触培养料，以利菌丝萌发、定植。

5. 发菌管理　接种完毕后移入培养室进行培养。室温应保持在23～25℃，空气相对湿度以65％～70％为宜，要注意避光、通风、翻堆捡杂。一般经25～30d，菌丝可长满菌袋。

6. 出耳管理 菌丝长满菌袋后,移入出耳棚,可用消毒小刀在菌袋四周开8～12个V形出耳穴,或用黑木耳打孔机打孔。然后吊袋培养,出耳温度保持在20～24℃,空气相对湿度为85%～90%,需要一定量的散射光。

7. 采收 当耳片充分长大后可采收,晒干或烘干后及时销售。

四、实训作业

1. 比较黑木耳栽培方法与其他食用菌栽培方法的异同。
2. 培养优质黑木耳的重要措施有哪些?

技能训练十二 双孢蘑菇发酵料栽培

一、目的要求

了解双孢蘑菇的生物学特性,学习发酵料栽培管理方法,掌握其关键技术。

二、实训准备

1. 材料用品 双孢蘑菇栽培种、稻草、麦秸、干牛粪(或马粪、猪粪、鸡粪等)、饼肥、石膏粉、过磷酸钙、尿素、土粒等。

2. 仪器用具 铡刀、托盘天平、农用铁叉、装料铲、水桶、农用薄膜、温度计、喷雾器、接种钩、消毒杀菌剂等。

三、方法步骤

生产流程:原材料准备→预湿→预堆→建堆加辅料→翻堆→进菇房后发酵→播种→覆土→出菇管理→采收。

1. 配方 稻草48%,干牛粪48%,饼肥1.5%,石膏粉1%,过磷酸钙1%,尿素0.5%。

2. 建堆发酵

(1) 原料预处理。将稻草铡断,用1%石灰水浸湿预堆2～3d,软化秸秆;粉碎干粪,浇水预湿5d;粉碎饼肥浇水预湿1～2d,同时拌0.2%敌敌畏,盖膜熏杀害虫。

(2) 建堆。建堆时以先草后粪的顺序层层加高。规格为宽2m、高1.5m,长度不限。肥料大部分在建堆时加入。加水原则为下层少喷,上层多喷,建堆后有少量水外渗。晴天用草被覆盖,雨天用薄膜覆盖,防止雨水淋入,雨后及时揭膜通气。

(3) 翻堆。第一次翻堆是在建堆后7d。翻堆宜在堆温达到最高后开始下降时进行。第二次发酵的每隔5d、4d、3d翻1次堆,翻堆时视堆料干湿度酌情加水。第一次翻堆时将所添加的肥料全部加入。测温时用长柄温度计插入料堆的好氧发酵区。发酵后的培养料标准应当是秸秆扁平、柔软,呈咖啡色,手拉草即断。

3. 后发酵 将发酵好的培养料搬入已消毒的菇房,分别堆在中层菇床上加温使菇房内的温度尽快上升至57～60℃,维持6～8h,随后通风,降温至48～52℃,维持4～6d,进行后发酵,其目的是利用高温进一步分解培养料中的复杂有机物和杀灭培养料中的虫卵及杂菌、病菌的孢子。后发酵结束后的培养料呈暗褐色，有大量白色嗜热真菌和放线菌，培养料柔软，富有弹性，易拉断，有特殊香味，无氨味。

4. 播种 播种时料温必须低于28℃。播种方法用撒播法：先将播种量的一半撒在料面上，翻入料内6～8cm深处，整平料面，再将剩余的一半菌种均匀地撒在料面上，并立即用已发酵完毕的培养料覆盖保湿。用木板轻压料面，使菌种和培养料紧密结合。此法床面封面快，杂菌不易发生。

5. 发菌管理 发菌初期以保湿为主，微通风为辅，播种后1～3d，使料温保持在22～25℃，空气相对湿度70％左右；中期菌丝已基本封盖料面，此时应逐渐加大通风量，以使料面湿度适当降低，防止杂菌滋生，促使菌丝向料内生长；发菌后期用木扦在料面上打孔到料底，孔间相距20cm，并加强通风。发菌中后期由于通风量大，如果料面过干，应增大空气相对湿度，经过约20d的管理，菌丝就基本吃透培养料。

6. 覆土 播种后15d左右进行覆土。选近中性或偏碱性的腐殖质土为宜，先将土粒破碎，筛成粗土粒（蚕豆大小）和细土粒（黄豆大小），浸吸2％石灰水，并用5％甲醛消毒处理。先覆粗土，后覆细土，覆土总厚度为3cm，有的不分粗细土。覆土后要调节水分，使土层保持适宜的含水量，以利菌丝尽快爬上土层。调水量随品种、气候等因素而定，通常每天喷水4～5次，每平方米每次喷水0.7～0.9mL，掌握少喷、勤喷的原则。

7. 出菇管理 出菇管理是双孢蘑菇生产的关键时期。此时的主要任务是调节水分、温度、通风，特别是喷水管理，它关系到双孢蘑菇的产量高低和质量的优劣。常按照"晴天多喷水，阴天少喷水，高温早晚通气，中午关闭"原则进行管理。当菌丝长至土层2/3时喷洒出菇水，每平方米的喷水量每次可达3L，持续2～3d。当菇蕾长到黄豆粒大时，应喷保菇水，加大喷水量，持续2d。

8. 采收 双孢蘑菇一般在现蕾后5～7d，菌盖直径长到2.5～4.0cm时采收。以旋菇的方法采下，削去菇脚，轻拿轻放，勿碰伤菇体。采收后注意填土补穴。依床温而定，每潮菇生长8～10d，间歇5～8d，可出第二潮菇。一般可出6～8潮。

四、实训作业

1. 优质发酵料的标准是什么？
2. 简述双孢蘑菇生产的关键技术。

技能训练十三 食用菌主要病虫害的识别

一、目的要求

在病虫害危害症状宏观观察的基础上，通过微观镜检观察，进一步确认主要病虫害的种类，在此基础上能设计正确的防治方法。

二、实训准备

1. 材料用品 被污染的各级菌种、主要食用菌病害、害虫标本、各种细菌的标本片、各种污染霉菌的标本片、培养料、吸水纸、火柴、无菌水、乳酚油（浮载剂）、革兰氏染色

液、香柏油等。

2. 仪器用具　显微镜、放大镜、解剖镜、接种针、尖头镊子、载玻片、盖玻片、擦镜纸、酒精灯、广口瓶、捕虫网、毒瓶等。

三、方法步骤

1. 竞争性杂菌侵染症状的识别

（1）细菌污染。

①细菌污染培养基的菌落特征，细菌污染菌种、菌袋、菌床培养料的特征。

②细菌形态观察。取一载玻片，中央滴一滴无菌水，用接种针从培养的细菌菌落上取少量黏液，在无菌水中混合均匀，载玻片快速通过火焰固定，然后用染色剂染色 1min，置于显微镜下，通过油镜头观察细菌形态特征。观察各种细菌的标本片。

（2）真菌污染。

①真菌污染培养基的特征，如黑曲霉、黄曲霉、青霉、绿色木霉、根霉、链孢霉、鬼伞等。

②真菌形态观察。取一载玻片，挑取霉菌的培养物少许制作水浸片，置于显微镜下，用 40 倍物镜观察霉菌的形态特征。观察各种污染霉菌的标本片。

2. 食用菌子实体主要病害的识别

（1）细菌性病害。双孢蘑菇细菌性褐斑病、平菇细菌性软腐病、金针菇锈斑病等子实体的危害特征（病状及病症）观察。

（2）真菌性病害。平菇木霉病、双孢蘑菇褐斑病、双孢蘑菇或草菇褐腐病、金针菇软腐病等子实体的危害特征（病状及病症）观察。

（3）病毒性病害。双孢蘑菇、香菇、平菇病毒病的病状观察。

（4）生理性病害。畸形子实体、死菇（子实体变黄、萎缩）、蘑菇硬开伞、农药敌敌畏中毒等子实体病害特征观察。

3. 食用菌主要害虫的识别

（1）外观用肉眼和放大镜观察菇蚊、菇蝇、螨虫等害虫的危害症状。

（2）镜检。

①昆虫类。用体视显微镜观察菇蚊、菇蝇、跳虫、地下害虫等幼虫、蛹、成虫的形态特征。注意观察害虫的大小、体段、体色、触角、口器、翅类型等。

②螨类。用体视显微镜观察蒲螨、粉螨的形态特征。注意观察螨的大小、体色、体段、触角、口器、有无翅等。

③线虫类。用显微镜观察线虫的形态特征。注意观察线虫的体色、体形、大小、体段等。

四、作业

1. 绘制曲霉、青霉、木霉、根霉等的菌丝、分生孢子梗及分生孢子形态图。

2. 试述食用菌细菌病害及真菌病害病状的区别。

3. 绘制一种食用菌害虫的幼虫及成虫的形态结构图。

主要参考文献

边银丙，2013. 食用菌菌丝体侵染性病害与竞争性病害研究进展［J］. 食用菌学报，20（2）：1-7.

边银丙，2016. 食用菌病害鉴别与防控［M］. 郑州：中原农民出版社.

边银丙，2017. 食用菌栽培学［M］. 3 版. 北京：高等教育出版社.

常明昌，2009. 食用菌栽培［M］. 2 版. 北京：中国农业出版社.

常山县志编纂委员会，1990. 常山县志［M］. 杭州：浙江人民出版社.

陈俏彪，2015. 食用菌生产技术［M］. 2 版. 北京：中国农业出版社.

陈小浒，宋金，方芳，2005. 食用菌生产新技术［M］. 南京：南京出版社.

陈作红，杨祝良，图力古尔，等，2016. 毒蘑菇识别与中毒防治［M］. 北京：科学出版社.

冯明献，任文彦，2009. 姬松茸栽培技术要点［J］. 中国农技推广（3）：25-26.

韩建东，宫志远，任鹏飞，等，2011. 金针菇菌渣栽培金顶侧耳研究［J］. 北方园艺（21）：154-156.

郝涤非，许俊齐，2019. 食用菌栽培与加工技术［M］. 北京：中国轻工业出版社.

侯祥保，魏峰，孙家宁，等，2018. 真姬菇工厂化栽培技术［J］. 食药用菌，19（2）：18-19.

黄良水，2018. 猴头菇的历史文化［J］. 食药用菌，26（1）：54-56，60.

黄年来，林志彬，陈国良，等，2010. 中国食药用菌学［M］. 上海：上海科学技术文献出版社.

黄毅，2008. 食用菌栽培［M］. 3 版. 北京：高等教育出版社.

阚天洋，王勇，2018. 蟹味菇高产栽培技术［J］. 现代园艺（6）：85-86.

康源春，贾春玲，2011. 食用菌高效生产技术［M］. 郑州：中原农民出版社.

李崇新，2020. 判断污染原因的一个重要方法（液体菌种工艺）.（2020-04-20）.［2021-04-15］. https：// www.lichongxin.com/zhishi/5785.html.

李玉，刘淑艳，2015. 菌物学［M］. 北京：科学出版社.

林小花，2019. 真姬菇菌株白玉菇 19 系工厂化栽培技术［J］. 福建农业科技（5）：36-38.

刘波，等，1991. 食用菌病害及其防治［M］. 太原：山西科学教育出版社.

刘随记，张静，2019. 金针菇工厂化栽培关键技术要点［J］. 食用菌，41（4）：50-51，54.

吕飞，姚梅，石文权，等，2011. 西北地区平菇废料栽培草菇技术［J］. 陕西农业科学（4）：267，274.

吕作舟，2006. 食用菌栽培学［M］. 北京：高等教育出版社.

马瑞霞，王景顺，2017. 食用菌栽培学［M］. 北京：中国轻工业出版社.

孟庆国，邢岩，侯俊，2019. 平菇、香菇、黑木耳、灵芝栽培关键技术图解［M］. 北京：化学工业出版社.

申进文，2014. 食用菌生产技术大全［M］. 郑州：河南科学技术出版社.

沈雪玲，王雪梅，2017. 姬松茸高产栽培技术［J］. 农技服务（19）：55-56.

宋金娣，曲绍轩，马林，2013. 食用菌病虫识别与防治原色图谱［M］. 北京：中国农业出版社.

唐木田郁夫，2018. 中国金针菇工厂化生产中的问题［J］. 食药用菌，6（1）：23-25.

王德芝，刘瑞芳，马兰，等，2012. 现代食用菌生产技术［M］. 武汉：华中科技大学出版社.

王德芝，2015. 食用菌生产技术［M］. 重庆：重庆大学出版社.

王海英，姚方杰，陈靓，等，2012. 金顶侧耳新品种旗金 2 号选育报告［J］. 吉林农业科学，37（2）：20-21.

王贺祥，刘庆洪，2014. 食用菌栽培学［M］. 北京：中国农业出版社.

王贺祥，2014. 食用菌学实验教程［M］. 北京：科学出版社.

王静岩，2005. 姬松茸高产栽培技术及病虫害防治［J］. 吉林农业（6）：36-37.

武秀华，2018. 姬松茸高产栽培技术及病虫害防治措施［J］. 乡村科技（11）：111-112.

薛会丽，王明才，郑铮，2004. 榆黄菇栽培技术［J］. 中国食用菌，23（1）：32-32.

应建浙，1987. 中国药用真菌图鉴［M］. 北京：科学出版社.

应建浙，等，1982. 食用蘑菇［M］. 北京：科学出版社.

曾先富，熊维全，李昕竺，等，2015. 工厂化栽培姬松茸的关键技术［J］. 中国食用菌（4）：39-40.

曾英书，黄贺，2014. 秀珍菇设施栽培高产新技术［M］. 北京：金盾出版社.

张金霞，2004. 食用菌安全优质生产技术［M］. 北京：中国农业出版社.

张金霞，2010. 中国食用菌产业现状与发展趋势［J］. 食用菌学报（增刊）：15-18.

张金霞，2011. 中国食用菌菌种学［M］. 北京：中国农业出版社.

张瑞华，刘振龙，王承香，等，2020. 春季大棚吊袋栽培黑木耳技术［J］. 食用菌，42（4）：54-55.

张瑞华，王承香，于图图，2020. 工厂化袋栽杏鲍菇关键技术［J］. 食用菌，42（2）：55-57.

张瑞华，张金枝，2014. 食用菌生产技术［M］. 重庆：重庆大学出版社.

张胜友，孙响林，2014. 新发栽培秀珍菇［M］. 北京：金盾出版社.

张淑霞，2007. 食用菌栽培技术［M］. 北京：北京大学出版社.

张祥茂，2019. 中国食用菌产业发展现状与展望［EB/OL］.（2019-11-30）.［2021-05-19］. https：// www. sohu. com/a/357431900 _ 120234120

张影，包海英，李玉，2003. 珍贵食药用菌金顶侧耳研究现状［J］. 吉林农业大学学报，25（1）：54-57.

读者意见反馈

亲爱的读者：

感谢您选用中国农业出版社出版的职业教育规划教材。为了提升我们的服务质量，为职业教育提供更加优质的教材，敬请您在百忙之中抽出时间对我们的教材提出宝贵意见。我们将根据您的反馈信息改进工作，以优质的服务和高质量的教材回报您的支持和爱护。

地　　址：北京市朝阳区麦子店街 18 号楼（100125）

中国农业出版社职业教育出版分社

联系方式：QQ（1492997993）

教材名称：＿＿＿＿＿＿＿＿ ISBN：＿＿＿＿＿＿＿＿

个人资料

姓名：＿＿＿＿＿＿＿＿＿所在院校及所学专业：＿＿＿＿＿＿＿＿

通信地址：＿＿＿＿＿＿＿＿＿＿＿＿＿＿＿＿＿＿＿＿＿＿

联系电话：＿＿＿＿＿＿＿＿电子信箱：＿＿＿＿＿＿＿＿＿

您使用本教材是作为：□指定教材□选用教材□辅导教材□自学教材

您对本教材的总体满意度：

从内容质量角度看□很满意□满意□一般□不满意

改进意见：＿＿＿＿＿＿＿＿＿＿＿＿＿＿＿＿＿＿＿＿

从印装质量角度看□很满意□满意□一般□不满意

改进意见：＿＿＿＿＿＿＿＿＿＿＿＿＿＿＿＿＿＿＿＿

本教材最令您满意的是：

□指导明确□内容充实□讲解详尽□实例丰富□技术先进实用□其他＿＿＿＿＿＿

您认为本教材在哪些方面需要改进？（可另附页）

□封面设计□版式设计□印装质量□内容□其他＿＿＿＿＿＿

您认为本教材在内容上哪些地方应进行修改？（可另附页）

＿＿＿＿＿＿＿＿＿＿＿＿＿＿＿＿＿＿＿＿＿＿＿＿＿＿＿

＿＿＿＿＿＿＿＿＿＿＿＿＿＿＿＿＿＿＿＿＿＿＿＿＿＿＿

本教材存在的错误：（可另附页）

第＿＿＿＿页，第＿＿＿＿行：＿＿＿＿＿应改为：＿＿＿＿＿

第＿＿＿＿页，第＿＿＿＿行：＿＿＿＿＿应改为：＿＿＿＿＿

第＿＿＿＿页，第＿＿＿＿行：＿＿＿＿＿应改为：＿＿＿＿＿

您提供的勘误信息可通过 QQ 发给我们，我们会安排编辑尽快核实改正，所提问题一经采纳，会有精美小礼品赠送。非常感谢您对我社工作的大力支持！

欢迎访问"全国农业教育教材网"http：//www.qgnyjc.com（此表可在网上下载）

欢迎登录"中国农业教育在线"http：//www.ccapedu.com 查看更多网络学习资源

图书在版编目（CIP）数据

食用菌栽培/张瑞华，常明昌主编 . —3 版 . —北
京：中国农业出版社，2021.10
高等职业教育农业农村部"十三五"规划教材　高等
职业教育"十四五"规划教材
ISBN 978-7-109-28403-6

Ⅰ. ①食⋯　Ⅱ. ①张⋯ ②常⋯　Ⅲ. ①食用菌类－栽
培技术－高等职业教育－教材　Ⅳ. ①S646

中国版本图书馆 CIP 数据核字（2021）第 120615 号

中国农业出版社出版

地址：北京市朝阳区麦子店街 18 号楼
邮编：100125
责任编辑：吴　凯　　文字编辑：杨金妹
版式设计：王　晨　　责任校对：沙凯霖
印刷：中农印务有限公司
版次：2002 年 5 月第 1 版　　2021 年 10 月第 3 版
印次：2021 年 10 月第 3 版北京第 1 次印刷
发行：新华书店北京发行所
开本：787mm×1092mm　1/16
印张：16.25
字数：380 千字
定价：46.00 元